Heinz Stark

Marketing nach strategischen Vorgaben gestalten

Für die praxisnahe Vorbereitung auf den
„Geprüften kaufmännischen Fachwirt nach der Handwerksordnung"

Aus Gründen der besseren Lesbarkeit wird auf eine geschlechtliche Differenzierung in den Formulierungen verzichtet. Wir bitten, sämtliche Bezeichnungen (z. B. Handwerker, Mitarbeiter, Unternehmer etc.) im Sinne der Gleichbehandlung für beide Geschlechter zu interpretieren und anzuwenden.

1. Auflage 2017
© 2017 by Holzmann Medien GmbH & Co. KG, 86825 Bad Wörishofen

Lektorat: Achim Sacher, Holzmann Medien | Buchverlag
Bildquelle Umschlag: © contrastwerkstatt - Fotolia.com
Layout und Satz: Markus Kratofil, Holzmann Medien | Buchverlag
Druck: Druckerei Steinmeier | Deiningen

ISBN (Print):   978-3-7783-1175-2 | Artikel-Nr. 1451.01
ISBN (E-Book):   978-3-7783-1176-9 | Artikel-Nr. 1451.99

Vorwort der Herausgeber

Die bundesweite Verordnung nach § 42 des Gesetzes zur Ordnung des Handwerks (HwO) zum anerkannten Fortbildungsabschluss „Geprüfte/r kaufmännische/r Fachwirt/in nach der HwO" ist zum 1. April 2016 in Kraft getreten. Zum einen wurden damit die bisherigen Kammerregelungen durch die bundeseinheitliche Rechtsverordnung ersetzt, zum anderen die Lücke zwischen kaufmännischer Ausbildung und dem/der „Geprüften Betriebswirt/in nach der Handwerksordnung" geschlossen.

Der Zentralverband des Deutschen Handwerks in Berlin verfolgte in enger Zusammenarbeit mit den Handwerkskammern die Zielsetzung, eine zum Betriebswirt passfähige und am betrieblichen Bedarf ausgerichtete kaufmännische Aufstiegsfortbildung anzubieten. Der klare Fokus in den Lehrgängen liegt folgerichtig darauf, die Lernenden zu befähigen, kaufmännisch-administrative Bereiche in Handwerksbetrieben und auch anderen kleinen und mittleren Unternehmen eigenständig führen zu können. Hierzu zählt die Mitarbeiterführung, aber auch die eigenständige Planung, Gestaltung und Kontrolle von typischen kaufmännischen Arbeitsprozessen in den Betrieben.

Mit dem anerkannten Fortbildungsabschluss sollen die Teilnehmer befähigt werden, die auf einen beruflichen Aufstieg abzielende Erweiterung der beruflichen Handlungsfähigkeit nachzuweisen. Dazu gehören im Einzelnen folgende Aufgaben:

1. Gesamtwirtschaftliche und rechtliche Rahmenbedingungen und Entwicklungen analysieren sowie Vorschläge erarbeiten, um damit die Wettbewerbsfähigkeit zu optimieren.
2. Die Entwicklung und Umsetzung strategischer Unternehmensziele unterstützen.
3. Marketingkonzepte entwickeln sowie Einkauf, Kundenmanagement und Vertrieb danach ausrichten.
4. Betriebliches Rechnungswesen, Controlling sowie Finanzierung und Investitionen gestalten.
5. Beschaffungs-, Produktions- und Dienstleistungsprozesse betriebswirtschaftlich analysieren und optimieren.
6. Personalwesen gestalten.
7. Mitarbeiter führen, motivieren und fördern.
8. Ausbildung vorbereiten, organisieren, durchführen und abschließen.

Die Lehrgangsschwerpunkte verteilen sich auf sechs Handlungsbereiche: (1) Wettbewerbsfähigkeit von Unternehmen analysieren und fördern, (2) Marketing nach strategischen Vorgaben gestalten, (3) Betriebliches Rechnungswesen, Controlling sowie

Finanzierung und Investitionen gestalten, (4) Personalwesen gestalten und Personal führen, (5) Prozesse betriebswirtschaftlich analysieren und optimieren sowie (6) Erwerb der berufs- und arbeitspädagogischen Qualifikationen. Diese Handlungsbereiche waren Basis für die vorliegende fünfbändige Lehrbuchreihe. Dabei wurde der Handlungsbereich „Prozesse betriebswirtschaftlich analysieren und optimieren" in die Lernsituationen der Handlungsbereiche 2 bis 4 integriert. Die Inhalte orientieren sich im Übrigen an den Lernsituationen und Lerneinheiten, an den zu erwerbenden Kompetenzen mit den zugehörenden Lerninhalten.

Die neue bundesweite Fortbildungsmaßnahme wendet sich zuerst an die bisherigen Absolventinnen und Absolventen kaufmännischer Ausbildungsberufe im Handwerk sowie an die vielen Tausend Auszubildenden, die jährlich eine kaufmännische Ausbildung im Handwerk absolvieren. Im Vordergrund stehen dabei die kaufmännischen Berufe im Handwerk in den Bereichen Büromanagement, Automotiv oder auch Lebensmittel. Der neue Abschluss nach der Handwerksordnung ist der DQR-Stufe 6 zugeordnet. Dort stehen schon der Bank-, Handels- und Industriefachwirt. Das ermöglicht nunmehr, künftig mit der Bezeichnung „Fachwirt" eine bundesweite Bildungsmarke zu gestalten.

Die vorliegende Lehrbuchreihe dient zur bestmöglichen Vorbereitung auf die Prüfung „Geprüfte/r kaufmännische/r Fachwirt/in nach der Handwerksordnung". Sie ist darüber hinaus ein hilfreiches Handbuch und Nachschlagewerk für die täglichen Arbeits- und Entscheidungssituationen in der kaufmännischen Betriebsführung. Der „Kaufmännische Fachwirt" ist darauf ausgerichtet, die Unternehmensführung durch kaufmännische Spezialisierung zu unterstützen. Absolventen der Lehrgänge zum „Kaufmännischen Fachwirt" sind daher in der Lage, komplexe betriebswirtschaftliche Aufgaben und Probleme in den Betrieben des Handwerks und anderer kleiner und mittlerer Unternehmen zu lösen.

Viel Erfolg wünschen wir bei der Arbeit mit der Lehrbuchreihe, bei der Vorbereitung auf die Prüfung und nicht zuletzt bei der Ablegung der Prüfung.

Die Herausgeber und
Holzmann Medien | Buchverlag

Vorwort des Autors

Geprüfte kaufmännische Fachwirte nach der Handwerksordnung und ihre Kolleginnen übernehmen kaufmännisch-administrative Aufgaben zur Entlastung von handwerklichen Unternehmern und Unternehmerinnen. Als dessen engste Mitarbeiter müssen sie über fundiertes betriebswirtschaftliches Wissen und soziale Kompetenz verfügen.

Das vorliegende Lehrbuch soll Ihnen persönlich dabei helfen, dieses Fachwissen zu erwerben, zu vertiefen und zu erweitern. Es ist als Begleitmaterial zu den Weiterbildungslehrgängen sowie zum ergänzenden und vertiefenden Selbstlernen konzipiert und inhaltlich eng an den Vorgaben des bundeseinheitlichen Rahmenlehrplans zum Handlungsbereich 2 „Marketing nach strategischen Vorgaben gestalten" ausgerichtet.

Der Aufbau dieses Lehrbuchs entspricht den für dieses Fachgebiet vorgegebenen sieben Lerneinheiten, in denen schwerpunktmäßig die **Handlungsgebiete Marketing, Logistik und Einkauf** angesprochen werden. Diese gelten als die zentralen kostenprägenden und gewinnbringenden Funktionsbereiche eines Unternehmens.

Ziel dieses Lehrbuch ist es auch, Sie in den Vorbereitungskursen zur Prüfung und beim Selbstlernen zu unterstützen und so zu qualifizieren, dass Sie am Ende der sieben Lerneinheiten befähigt sind,

- mithilfe der Markt-, Unternehmens- und Umweltanalyse Marketingziele auszuarbeiten und zu begründen,
- Marketingstrategien unter Verwendung von Marketinginstrumenten vorzubereiten und Marketingkonzepte zu entwickeln,
- Marketingstrategien und Marketingfunktionen sowie -instrumente einzuordnen, Marketingkonzepte umzusetzen sowie die Chancen des digitalen Marketings und des E-Business zu nutzen,
- beim Vertriebscontrolling mitzuwirken,
- ein Customer-Relationship-Management (CRM) aufzubauen, umzusetzen und zu pflegen,
- Einkauf und Lagerhaltung zu planen, Logistik als Wertschöpfungsprozess zu verstehen und
- die Wettbewerbsfähigkeit und Marketingprozesse eines Unternehmens zu analysieren und zu optimieren.

Um das zu erreichen, werden die sechs Hauptabschnitte dieses Buchs jeweils mit Beispielen von typischen, handlungsorientierten Aufgaben abgeschlossen. Im 7. Hauptabschnitt findet sich als Lerneinheit eine große, umfassende Handlungssituation, die einer Prüfungsaufgabe im Fachgebiet „Marketing" entsprechen könnte.

Das Lehrbuch wurde für die entsprechenden Weiterbildungslehrgänge inhaltlich und didaktisch als Begleitmaterial für die Prüfungsvorbereitung ausgerichtet. Durch die handlungsorientierten Ausführungen ist es darüber hinaus auch als Nachschlagewerk für Problemlösungen in der täglichen Praxis geeignet.

Allen Leserinnen und Lesern wünsche ich einen großen Know-how-Gewinn für ihre tägliche Arbeit und allen Kursteilnehmern einen guten Abschluss zum „Geprüften kaufmännischen Fachwirt nach der Handwerksordnung".

Korntal, im April 2017

Heinz Stark

Inhaltsverzeichnis

Einführung

Marketing ist mehr als „besseres" Verkaufen. Marketing zu betreiben bedeutet mehr als „neue" Produkte, progressive Werbung in alten und neuen Medien und auch mehr als „neue" dynamische Vertriebsformen.

Bedeutung von Marketing

> **Marketingorientiertes Entscheiden** und Handeln bedeutet, den Kunden mit seinen Bedürfnissen, Wünschen und Erwartungen in den Mittelpunkt aller unternehmerischen Aktivitäten zu stellen.

Einzelkunden oder einzelne Kundengruppen bestimmen Art und Umfang des Leistungsangebots, der Leistungserbringung und das Verhalten von Führungskräften und Mitarbeitern im Kundenkontakt.

Damit ein Unternehmen aktives Marketing betreiben kann, muss es die Veränderungen in seinem Umfeld, speziell bei Mitbewerbern und Kunden, erkennen und möglichst zu seinem Vorteil nutzen. Dies bedingt eine dauernde Suche nach Problemen und Wünschen bei bisherigen und möglichen neuen Kunden, um daran ausgerichtet kundengerechte Leistungen zu entwickeln, anzubieten und gewinnorientiert zu verkaufen.

Dabei muss in den Augen des Kunden ein **im Vergleich zu Mitbewerbern „vorteilhaftes Preis-Leistungs-Verhältnis"** geboten werden und eine zuverlässige Leistungserbringung erfolgen, denn:

> Erst eine subjektiv als positiv empfundene Übereinstimmung von erwarteter und erhaltener Leistung macht aus einem „Kunden" einen „zufriedenen Kunden".

Kundenzufriedenheit

Damit werden zufriedene Kunden häufig zu treuen Kunden, d. h. zu Stammkunden mit geringer Neigung zum Wechseln des Anbieters bzw. Dienstleisters.

Deshalb sollten die gesamten **Marketingaktivitäten** eines Unternehmens darauf ausgerichtet sein,

- von bisherigen Kunden ertragswirksame Aufträge zu erhalten,
- Neukunden mit ertragswirksamen Aufträgen zu gewinnen,
- bei Kunden hohe Kundenzufriedenheit zu erreichen und
- möglichst viele zufriedene Kunden zu Stammkunden zu machen (Kundenbindung praktizieren).

Welche Aufgaben bei einem aktiv betriebenen Marketing anfallen, wird aus folgender Wortanalyse erkennbar:

**Marketing-
aufgaben**

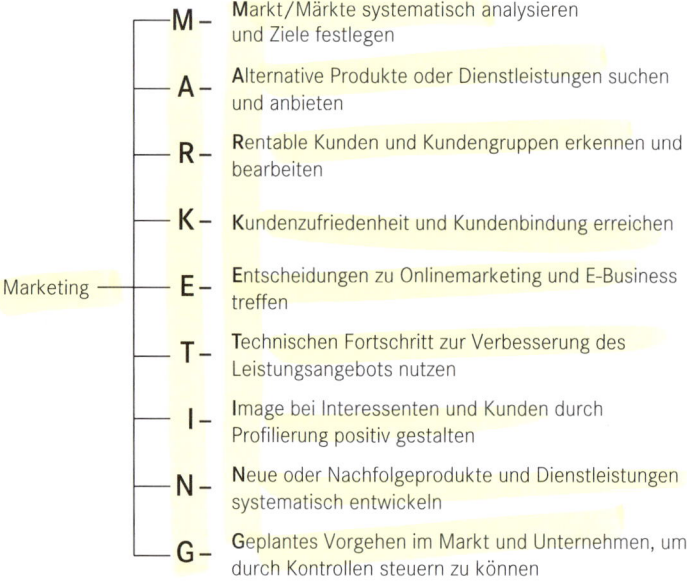

Marketing

M –	Markt/Märkte systematisch analysieren und Ziele festlegen	
A –	Alternative Produkte oder Dienstleistungen suchen und anbieten	
R –	Rentable Kunden und Kundengruppen erkennen und bearbeiten	
K –	Kundenzufriedenheit und Kundenbindung erreichen	
E –	Entscheidungen zu Onlinemarketing und E-Business treffen	
T –	Technischen Fortschritt zur Verbesserung des Leistungsangebots nutzen	
I –	Image bei Interessenten und Kunden durch Profilierung positiv gestalten	
N –	Neue oder Nachfolgeprodukte und Dienstleistungen systematisch entwickeln	
G –	Geplantes Vorgehen im Markt und Unternehmen, um durch Kontrollen steuern zu können	

Marketing

**Entscheidungs-
felder**

Damit diese Aufgaben koordiniert und erfolgswirksam durchgeführt und einen optimalen Gewinnbeitrag liefern können, müssen die Unternehmensführung oder das Marketingmanagement eines Unternehmens – und ganz besonders in kleinen und mittleren Betrieben – die folgenden **vier zentrale Entscheidungsfelder des Marketings** aktiv gestalten:

Zentrale Entscheidungsfelder des Marketings

Dies betrifft folgende handlungsauslösende Entscheidungen:

(1) Geschäftsfelder auswählen: Welche Bedarfe will das Unternehmen bearbeiten?

Produktbereiche

Ermittlung und Festlegung des Geschäftszweckes, d. h. jener Problemfelder und Bedarfe, für die das Unternehmen ertragswirksame Leistungen anbieten möchte.

Aus den möglichen Tätigkeitsbereichen des Unternehmens werden jene Problem- und Wunschfelder der privaten und geschäftlichen Kundenfelder ausgewählt, die am besten geeignet erscheinen, die Unternehmens- und Gewinnziele zu erreichen. Diese sind als **strategische Geschäftsfelder (SGF)** Gegenstand der Geschäftstätigkeit des Unternehmens. Für ihre Auswahl ist u. a. auch die Kenntnis von der jeweiligen Phase im Lebenszyklus des betrachteten Produkts oder der Leistung wichtig.

(2) Marketingziele festlegen: Was will das Unternehmen am Markt erreichen?

Hier sind für die einzelnen SGF strategische und operative Marktziele festzulegen. **Strategische Marketingziele** betreffen langfristig in den einzelnen SGF, bei Kundengruppen oder in Absatzgebieten angestrebte Marktpositionen (z. B. größter, ertragsstärkster oder innovativster Anbieter unter den Mitbewerbern oder Kosten- oder Qualitätsführer in einem bestimmten Markt oder bei bestimmten Leistungen). Strategische Marketingziele als Handlungsvorgaben in einem Geschäftsfeld sind z. B.

- Markterschließung
- Marktausweitung
- Marktsicherung und
- Marktverzicht.

Strategische Marketingziele erfordern die Festlegung von Marketingstrategien und operativen Marketingzielen. Letztere werden im Zusammenhang mit dem Einsatz der Marketinginstrumente festgelegt und überwacht.

(3) Marketingstrategien kombinieren: Wie will das Unternehmen am Markt vorgehen?

Zur Verwirklichung der Marketingziele in den Geschäftsfeldern hat das Unternehmen Marketingstrategien als zielführendes Vorgehen zu entwickeln und einzusetzen. Zur Vermeidung von Zersplitterung der Kräfte (Ressourcen) und zur Steigerung der Wirksamkeit der eingesetzten finanziellen Mittel und Mitarbeiter ist ein koordiniertes und konzentriertes Vorgehen im Betrieb und bei den Kunden wichtig.

Folgende Marketingstrategien haben sich als besonders wirksam erwiesen, wenn sie vom Unternehmen koordiniert eingesetzt werden:

- Wettbewerbsstrategie
- Profilierungsstrategie
- Wachstumsstrategie
- Marktbearbeitungsstrategie
- Absatzmarktstrategie
- Marketingstrategien-Mix.

Strategische Marketingziele werden mit **Marketingstrategien** und kurzfristig realisierbaren, **operativen Marketingzielen** verwirklicht.

Trifft ein Unternehmen hierzu keine Entscheidungen, wird es seine Unternehmensziele, speziell seine Gewinnziele, nicht oder nur schwer erreichen. Denn der Umfang der operativen Marketingziele ist abhängig von den gewählten Marketingstrategien und dem Mix der Marketinginstrumente, mit denen die Marktziele insgesamt erreicht werden sollen.

Marketing-instrumente

(4) Marketinginstrumente-Mix einsetzen: Womit will das Unternehmen seine Marktziele erreichen?

Dabei geht es um die Frage nach den Maßnahmen, mit denen die Marketingstrategien umgesetzt und die strategischen und operativen Marketingziele erreicht werden sollen.

Die **Marketinginstrumente** werden in der Praxis auch als **Gestaltungsinstrumente** des Marketings bezeichnet. Sie stellen die wichtigsten Maßnahmen zur Kunden- und Auftragsgewinnung und damit zur Erreichung der Marktziele dar. Diese Instrumente werden nicht isoliert, sondern stets kombiniert eingesetzt. Dies ergibt dann pro Geschäftsfeld einen inhaltlich und zeitlich aufeinander abgestimmten **Marketinginstrumente-Mix.**

Der Marketinginstrumente-Mix mit der stärksten Kundenorientierung schafft die kaufentscheidende Profilierung und Positionierung gegenüber den Mitbewerbern und stärkt die Ertragsaussichten nachhaltig.

Durch zielgerichtete Entscheidungen in diesen vier Marketingentscheidungsfeldern hat die Unternehmensführung bzw. das Marketingmanagement eine **unternehmensspezifische Marketingkonzeption** zu entwickeln und umzusetzen. Erreicht wird diese durch abgestimmte Führungsentscheidungen im Rahmen der **Managementaufgaben des Marketingmanagements.**

Dies sind:

- **Gestaltungsaufgaben:** Maßnahmen zur kundenorientierten Ausrichtung der Strukturen, Produkte, Prozesse und Mitarbeiter des Unternehmens.
- **Koordinationsaufgaben:** Aktivitäten zur Abstimmung der Marketingentscheidungen mit anderen Bereichen und Prozessen.
- **Steuerungsaufgaben:** Planung und Budgetierung sowie systematisches Controlling.

Den Zusammenhang der einzelnen **Entscheidungs- und Handlungsfelder des Marketingmanagements** zeigt auch die folgende Abbildung.

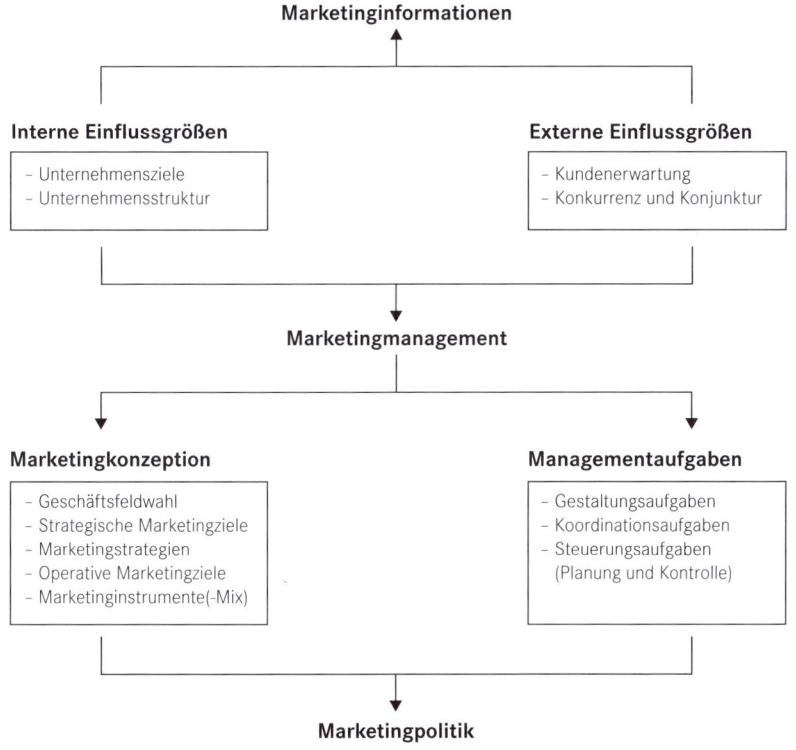

Entscheidungs- und Handlungsfelder des Marketingmanagements

Diese Entscheidungsfelder sind Gegenstand der folgenden Ausführungen, die dazu beitragen sollen, handlungsorientierte Marketingkompetenz aufzubauen und zu vertiefen.

Zusammenfassend soll die **zentrale Bedeutung von Marketingaktivitäten** für den Erfolg eines Unternehmens noch an einem Beispiel verdeutlicht werden:

Beispiel

Vergleicht man ein Unternehmen z. B. mit einem Auto mit Gangschaltung und Navigationsgerät, dann erfüllt Marketing im Unternehmen beide Funktionen. Marketing dient zum einen wie ein „Navi" oder Kompass der Wegbestimmung zu zufriedenen Kunden im Umfeld von mehr oder weniger aggressiven Mitbewerbern. Und wie die Wahl des geeigneten Gangs beim Autofahren über die Geschwindigkeit und den Kraftstoffverbrauch bis zur Zielerreichung entscheidet, so wirken Marketingentscheidungen beschleunigend beim Erreichen der Unternehmensziele.

Die Wahl des Marketingstrategien-Mix und des Marketinginstrumente-Mix bestimmt, in welchem Umfang und mit welchem Einsatz Finanzen und Personal erforderlich sind, um die angestrebten Markt- und Ertragsziele des Unternehmens zu erreichen.

Marketing Definition

Marketing als kundenorientiert und auftragsgewinnend geplantes, koordiniertes Entscheidungsbündel ist eine der wichtigsten ertragsbestimmenden Aufgaben der Führungskräfte und Mitarbeiter eines Unternehmens.

1. Mithilfe der Markt-, Unternehmens- und Umweltanalyse Marketingziele ausarbeiten und begründen

Kompetenzen

Die folgenden Ausführungen sind so angelegt, dass Sie am Ende des Kapitels über die Fähigkeit verfügen sollten,

- Produkt- und Geschäftsbereiche abzugrenzen und im Hinblick auf Marktpositionierung, Lebenszyklus etc. zu analysieren und zu bewerten,

- die Ergebnisse der Markt-, Umwelt- und Unternehmensanalyse für die Festlegung von Marketingzielen auszuwerten,

- Marketingziele mit den Rahmenbedingungen des Unternehmens abzugleichen und

- mögliche Zielkonflikte zu identifizieren und zu bewerten.

1.1 Marketinginformationen gewinnen

1.1.1 Informationsbedarf erkennen

Jedes Unternehmen ist ein komplexes internes Kommunikationsnetz, in dem privates und beruflich erforderliches Wissen bereitgestellt und verbreitet wird. Gleichzeitig ist dieses „Intranet" ein Bestandteil eines größeren, umfassenden externen Kommunikationsnetzes. Dazu zählen z. B. die Beziehungen zu Kunden, Lieferanten, Banken, Versicherungen, Verbänden, politischen, kirchlichen, kulturellen und karitativen Institutionen sowie u. a. auch umweltbezogenen Organisationen. Auch in diesem „globalen" externen Kommunikationsnetz („Extranet") wird Wissen verbreitet. Dieses intern und extern verfügbare Wissen wird dann zu Information, wenn es zum Treffen von Entscheidungen herangezogen wird.

Informationen

> Informationen sind zweckbezogenes Wissen. Informationen sind der Rohstoff jeder Entscheidung – auch im Marketing.

Daher hat jede am Marketingmanagement beteiligte Führungskraft und jeder an diesem Prozess beteiligte Mitarbeiter einen seiner Aufgabenstellung entsprechenden **Informationsbedarf.** Dieser richtet sich in Zusammensetzung und Umfang zunächst danach, ob ein B2C-Marketing oder B2B-Marketing oder gar beides erforderlich ist.

Informationsbedarf

B2C-Marketing

Beim **B2C-Marketing** geht es um Geschäftsbeziehungen mit einzelnen Privatkunden oder privaten Kundengruppen (business to consumer). Hier werden Informationen über diese Zielgruppen und die direkten Mitbewerber benötigt, um das sog. Direktgeschäft mit den Kunden auftrags- und ertragswirksam zu gestalten. Hier werden viele bedarfsbestimmende, psychologische und einkommensverwendungsbezogene Informationen benötigt.

B2B-Marketing

Beim **B2B-Marketing** geht es um die kundengerechte Gestaltung der Leistungsprozesse des Unternehmens nach den Erwartungen und Wünschen der realen und möglichen Geschäftskunden (business to business). Das können gewerbliche Kunden aus Industrie, Handwerk und Handel sein. Aber auch die Beschaffungsstellen von öffentlichen und privaten Organisationen und Verbänden bei Bund, Ländern, Gemeinden und Kommunen können zu den Kunden eines Unternehmens gehören. Sie alle können unterschiedlich gestaltete Bedarfe aufweisen, z. B. starke Unterschiede bei den technischen und logistischen Bedürfnissen/Anforderungen, den verfügbaren finanziellen Mitteln und der Zahlungsbereitschaft für angebotene Leistungen und Produkte. Bei B2B-Marketing werden vor allem rational nachprüfbare Informationen benötigt, um die „richtigen" Entscheidungen zu treffen – auch hinsichtlich ihrer Wirkung bei anderen Kunden.

Führungsinformationen

Unabhängig davon, ob B2C- oder B2B-Marketingentscheidungen zu treffen sind, stets sind folgende **Führungsinformationen** zu beschaffen:

- Gestaltungsinformationen
- Planungs- und Budgetierungsinformationen
- Steuerungs- oder Controllinginformationen.

Dieser Informationsbedarf setzt sich außerdem zusammen aus

- strategischen Marketinginformationen und
- operativen Marketinginformationen.

Diese Marketinginformationen bestehen aus

- Vergangenheitsinformationen,
- Gegenwartsinformationen und
- Zukunftsinformationen.

Gewonnen werden sie aus

- internen Informationsquellen und
- externen Informationsquellen.

> Dabei gilt generell: Je schlechter die Informationen, desto ungenauer sind die Entscheidungen.

Der Zusammenhang und die Schwerpunkte des Marketing-Informationsbedarfs sind in nachstehender Abbildung dargestellt.

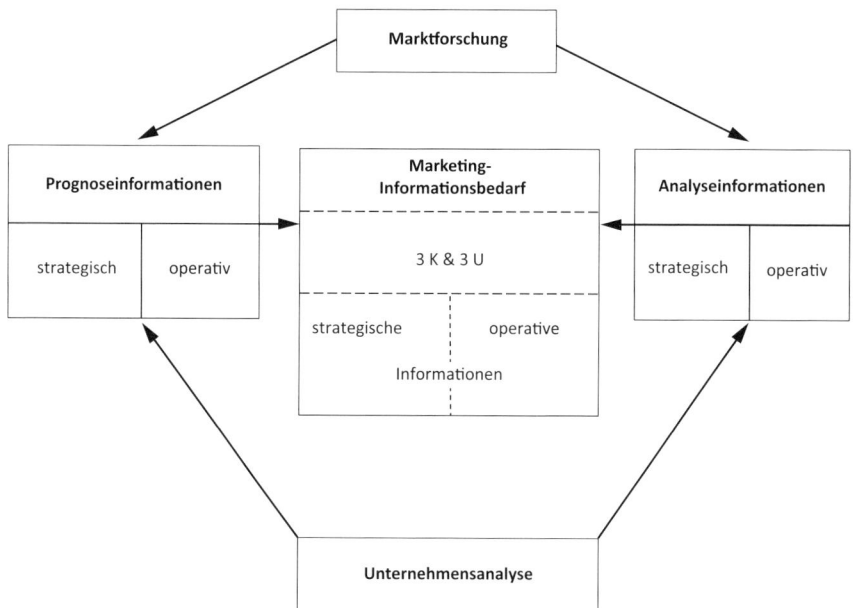

Informationsbedarf für ein Marketingkonzept

Aus der Abbildung lässt sich Folgendes für den **Infomationsbedarf** ableiten:

Strategische Marketingentscheidungen, wie z. B. Geschäftsfeldwahl, Be- stimmung und Bewertung des Marketingstrategien-Mix, Änderungen in der Vertriebsstruktur oder neue Absatzmärkte (Export), benötigen vor allem Zukunftsin- formationen, denn diese Entscheidungen haben für das Unternehmen eine chancen- und risikobehaftete Langfristwirkung. Daher sind vor allem Informationen über zu erwartende Entwicklungen, Neuerungen, Verschiebungen oder Einstellungsänderun- gen im näheren Umfeld des Unternehmens (z. B. bei Kunden, alten und neuen Mit- bewerbern, Lieferanten oder auch Banken) wichtig. Neuerdings gewinnen Informati- onen über Umweltverträglichkeit oder Nachhaltigkeit bei Produkten und Prozessen

Strategische Marketingent- scheidungen

des Unternehmens an Bedeutung. Je nach Branche kann das zu einem strategischen Vorteil beim Wettbewerb um Kunden und Aufträge werden.

Diese zukunftsbezogenen Informationen werden vor allem aus externen Informationsquellen neu gewonnen/erhoben.

Gegenwarts- und Vergangenheitsinformationen können zur Trendermittlung herangezogen werden, wenn im Umfeld des Unternehmens keine gravierenden Veränderungen in der Zukunft zu erwarten sind.

Operative Marketingentscheidungen

Für **operative Marketingentscheidungen,** wie z. B. Planung der operativen Marketingziele, des kombinierten Einsatzes der Marketinginstrumente und der Marketingmaßnahmen oder Verhaltensänderungen im Umgang mit den Kunden, werden überwiegend Gegenwarts- und Vergangenheitsinformationen (Erfahrungswissen) genutzt. Es sei denn, erwartete Veränderungen in der Zukunft machen bereits heute kurzfristige Verhaltensänderungen erforderlich. Dann ist zu beachten:

Erfahrungswissen

> Erfahrungswissen ist oftmals „überholtes Wissen", das für die neuen, derzeitigen Entscheidungen nur sehr eingeschränkten Informationswert hat.

Vor der Informationsbeschaffung ist zu klären:

- Art des geforderten Marketing (B2C- oder B2B-Geschäft)
- Entscheidungsart (erstmalige oder wiederholende Entscheidung)
- Entscheidungstragweite (strategische oder operative Entscheidung)
- Qualifikation des Informationsbeschaffers (Neuling oder „alter Hase")
- Qualifikation des Entscheidungsträgers (keine, kleine oder große Erfahrung)
- rational begründeter informationsbedarf des Entscheidungsträgers u. a.

Anhaltspunkte zum Inhalt des einzelnen, entscheidungsbezogenen Informationsbedarfs lassen sich aus folgender Darstellung erkennen.

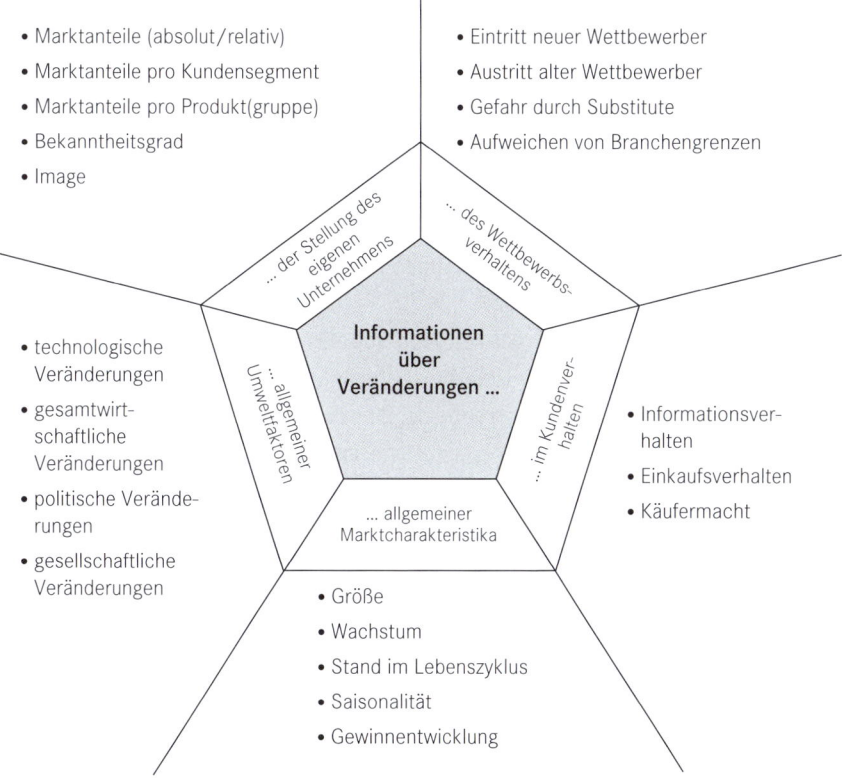

- Marktanteile (absolut/relativ)
- Marktanteile pro Kundensegment
- Marktanteile pro Produkt(gruppe)
- Bekanntheitsgrad
- Image

- Eintritt neuer Wettbewerber
- Austritt alter Wettbewerber
- Gefahr durch Substitute
- Aufweichen von Branchengrenzen

Marktinformationen

... der Stellung des eigenen Unternehmens

... des Wettbewerbsverhaltens

Informationen über Veränderungen ...

- technologische Veränderungen
- gesamtwirtschaftliche Veränderungen
- politische Veränderungen
- gesellschaftliche Veränderungen

... allgemeiner Umweltfaktoren

... im Kundenverhalten

- Informationsverhalten
- Einkaufsverhalten
- Käufermacht

... allgemeiner Marktcharakteristika

- Größe
- Wachstum
- Stand im Lebenszyklus
- Saisonalität
- Gewinnentwicklung

Marktinformationsbereiche – ein Überblick (Homburg)

Aus dieser Übersicht lassen sich für ein erfolgreiches Marketingmanagement besonders zwei wichtige Teilbedarfe herausarbeiten: die sogenannten **„3-K- & 3-U-Informationen"**.

Die **„3-K-Informationen"** sind Informationen aus und über Veränderungen im Markt, speziell beispielsweise:

3-K-Informationen

- **Kundeninformationen:** Neues Wissen über Strukturen und Entwicklungen bei gegenwärtigen und potenziellen Kunden, Kundengruppen, Absatzmittlern und Absatzhelfern.
- **Konkurrenzinformationen:** Daten über Strukturen und Entwicklungen bei Mitbewerbern sowie Stärken und Schwächen des eigenen Unternehmens in Bezug auf Entwicklungen bei Kunden und wichtigen Mitbewerbern.
- **Konjunkturinformationen:** Strukturen und Trends in der Gesamtwirtschaft und in unternehmenswichtigen Branchen.

3-U-Informationen

Die sog. **„3-U-Informationen"** sind Informationen aus und über das Unternehmen und betreffen in der Regel die Ausstattung des Unternehmens mit Sachmitteln, Finanzen und Personal:

- **Unternehmenspotenziale:** Informationen über die Möglichkeiten, Fähigkeiten und wettbewerbswirksamen Besonderheiten, um auf erkennbare Chancen und Risiken ertragswirksam reagieren zu können.
- **Unternehmensprozesse:** Informationen über die Struktur der Geschäftsprozesse (Abläufe) im Unternehmen und nach außen; es geht um die Anpassung der Betriebs- und Logistikabläufe an die Erwartungen der Kunden; in der kundenorientierten Prozessgestaltung liegen große Potenziale zum Ausbau der Marktposition und der Ertragskraft.
- **Unternehmensumwelt:** Informationen über Erwartungen, Anforderungen und Entwicklungen bezüglich der Umweltökonomik (z. B. Umweltschutz und Umweltverträglichkeit der Produktionsprozesse, Einsatz von regenerativen Energien und Rohstoffen, Reduktion von Schadstoffemissionen, technischer Fortschritt bei Materialrecycling).

Diese **„3-K- & 3-U-Informationen"** werden aus schriftlichen und persönlichen Informationsquellen gewonnen, die innerhalb und außerhalb des Unternehmens zu suchen sind.

1.1.2 Informationsquellen suchen und auswählen

Bei den Informationsquellen lassen sich direkte und indirekte Quellen unterscheiden.

Indirekte Informationsquelle

Indirekte Informationsquellen liefern keine unmittelbaren, direkt auf die Entscheidung zugeschnittenen Informationen. Diese müssen erst noch durch **Datenauswertung** von z. B. Aufzeichnungen, Statistiken oder Berichten (meist in Form von **elektronischen Datendatenbanken** vorliegend) gewonnen werden. Dies sind innerhalb und außerhalb des Unternehmens beispielsweise:

- **Eigene Aufzeichnungen**
  Hier sind besonders die Kundenkartei und die Aufzeichnungen über Kundenbeschwerden, technische Reklamationen oder auch Gründe der Kundenzufriedenheit hervorzuheben. Auch Anfragen-, Angebots- und Absagestatistiken können sehr nützliche Informationen bringen.

- **Buchliteratur** (hauptsächlich Fachliteratur)
  Hier werden oft grundlegende Daten geliefert. Besonders zu erwähnen sind hier sog. Jahrbücher, Quellenhandbücher, Tabellenverzeichnisse, Nachschlagewerke und dergleichen.

- **Zeitungen und Zeitschriften** (vor allem Fachzeitschriften)

  Hieraus können sehr viele aktuelle generelle und branchenspezifische Informationen gewonnen werden. Dies gilt besonders für technische Publikationen, „Newsletters" (gedruckt, digital oder online), Kunden- und Mitarbeiterzeitschriften von Lieferanten, Kunden, Mitbewerbern, Werbe- und Marktforschungsagenturen.

- **Technische und wissenschaftliche Publikationen**

  Hierzu gehören Forschungsberichte von wissenschaftlichen Instituten und Organisationen aus dem In- und Ausland, technische Datenblätter, Kataloge und Betriebsanleitungen von Wettbewerbern, Lieferanten und Kunden.

- **Onlinedatenbanken**

  Das können z. B. FIZ-Datenbanken der Fachinformationszentren zu verschiedenen Branchen, inkl. Patenten und technischen Regelwerken, sein.

- **Internet und Suchmaschinen**

  Die Informationsbeschaffung über das Internet gewinnt auch für Handwerksbetriebe immer mehr an Bedeutung. Häufig werden dazu über Suchmaschinen (z. B. Google, Bing, Yahoo) Informationen zu bestimmten Begrifflichkeiten/Themen gesucht (und gefunden).

Wichtig ist, dass zuerst die unternehmensinternen Informationsquellen entscheidungsorientiert durchforstet werden. Das ist zugleich der kostengünstigste Weg. Aber sehr häufig wird dabei festgestellt, dass diese Dateien zu wenig detailliert aufgebaut und zu selten aktualisiert werden. Durch entsprechende „Verknüpfungen" in der Online-Datenverarbeitung kann die Aussagekraft der eigenen Aufzeichnungen (z. B. Kundendatei) oftmals rasch verbessert werden.

Bei **direkten Informationsquellen** werden Informationen durch direkt entscheidungsbezogene **Datenerhebungen bei Personen** (Befragungen) gewonnen. Solche Informationsquellen sind z. B.:

Direkte Informationsquelle

- **Eigene Mitarbeiter** im Verkauf und Service (Kundendienst).
- **Kunden, Kundenberater** (Absatzhelfer) und **Mitarbeiter beim Handel** (Absatzmittler) in gegenwärtigen und künftigen Absatzmärkten im In- und Ausland.
- **Lieferanten** und deren Kenntnisse über Strukturen, Aktivitäten oder Veränderungen bei Mitbewerbern.
- **Experten, Gutachter** und **Sachverständige** können wichtige Informationen über Gegebenheiten, Veränderungen und Trends in der Technik, der Branche oder bei künftigen Kundenwünschen und Kundenverhalten geben.
- **Führungskräfte und Mitarbeiter bei Mitbewerbern** und deren Aussagen zu Marktverhalten, Leistungsangebot, geplanten Neuerungen, Produktbesonderheiten u. a. m.

- **Gespräche auf Messen und Ausstellungen** mit Kunden, Lieferanten und Mit-bewerbern.
- **Kundenbefragungen** z. B. bei Lieferung, Endabnahme, Rechnungsübergabe, Reklamations- und Beschwerdebeseitigung.

Aus diesen direkten und indirekten Informationsquellen gilt es die für eine bestmög-liche Marketingentscheidung erforderlichen Informationen zu gewinnen. Mit Markt-forschung sowie der Unternehmens- und Umweltanalyse stehen die geeigneten Me-thoden zur Verfügung.

1.1.3 Informationsgewinnung durchführen

1.1.3.1 Marktforschung

Marktforschung

Hier geht es um Informationsgewinnung aus den realen Vor- und Nachmärkten, mit denen das Unternehmen wirtschaftlich verflochten ist bzw. bei Neugründungen ver-flochten sein wird. Das sind zum einen die **Märkte der Kostengüter** (Beschaf-fungs-, Arbeits-, Finanz- und Kapitalmarkt), deren Preiskonstellationen die Kosten-struktur des Unternehmens beeinflussen. Zum anderen ist es der Absatzmarkt als Sammelbegriff für die **Märkte der Ertragsgüter** (Strukturen und Entwicklungen in konkreten Absatzteilmärkten), die für das Unternehmen von existenzieller Bedeu-tung sind. Daher ist im Folgenden **Absatzforschung** gemeint, wenn von Marktfor-schung gesprochen wird.

> Marktforschung bedeutet die systematische Gewinnung von Informationen über die Unternehmensumwelt für unternehmerische Entscheidungen durch Suchen und Nutzen von möglichen Informationsquellen innerhalb und außer-halb des Unternehmens.

Markterkundung

Der systematischen Marktforschung steht die mehr intuitiv und zufällig durchgeführ-te **Markterkundung** oder Marktdurchleuchtung gegenüber. Beide Vorgehenswei-sen sind geeignet, das Erfahrungswissen des Entscheidungsträgers zu überprüfen, zu ergänzen oder zu korrigieren. Jedoch werden nur beim systematischen Vorgehen der Marktforschung Zufallseindrücke und einmalige Sondereffekte vermieden bzw. ausgeschaltet.

Die für die Marktforschung eingesetzten Methoden und Verfahren richten sich nach dem Informationsbedarf, der bei strategischen und operativen Marketingentschei-dungen unterschiedlich ist hinsichtlich Inhalt, Umfang, Genauigkeitsgrad und zeit-lichem Bezug. Außerdem sind Unterschiede im Informationsbedarf bei B2C- und B2B-Marketing zu berücksichtigen.

Das bedeutet für die 3-K-Informationen hinsichtlich der Marktforschung:

- **Kundeninformationen**

  Gewinnung von neuem Wissen über Gegebenheiten, Besonderheiten, Veränderungen bei den Bedürfnissen, den soziologischen Strukturen und Verhaltensweisen sowie deren künftigen Entwicklungen (Trends) bei gegenwärtigen und künftigen Privat- oder Geschäftskunden/Kundengruppen, Absatzmittlern und Absatzhelfern u. a.

- **Konkurrenzinformationen**

  Gewinnung von Daten über derzeitige und künftig zu erwartende Struktur, Verhaltens- und Vorgehensweise einzelner Mitbewerber am Markt sowie Stärken und Schwächen des eigenen Unternehmens in Bezug auf derzeitige und zu erwartende Veränderungen bei Kunden und Mitbewerbern.

- **Konjunkturinformationen**

  Informationen über Strukturen und Trends in der generellen Unternehmensumwelt im In- und Ausland (Verfügbarkeit und Entwicklungen bei Rohstoffen und Energie, technischer Fortschritt, Bevölkerung und gesellschaftlicher Wandel, gesamtwirtschaftliche Konjunktur) und deren Auswirkungen auf die eigene Branche und auf weitere für die Unternehmensentwicklung wichtige Branchen, besonders die Kundenbranchen.

Diese Marktinformationen – ergänzt mit dem Erfahrungswissen des Entscheidungsträgers und Kenntnissen über Stärken und Schwächen des eigenen Unternehmens – sind die Basis für alle Marketingentscheidungen.

Exkurs zur Darstellung der Notwendigkeit einer systematischen Marktforschung

Nachfolgend soll am **Branchenbeispiel „Handwerk"** die Notwendigkeit einer systematischen Marktforschung für

1. Informationen über Kunden, Bedürfnisse und Bedarfe sowie

2. Informationen über Konkurrenz und Wettbewerbslage

exemplarisch dargestellt werden.

1. Informationen über Kunden, Bedürfnisse und Bedarf

Die Kunden, deren Bedürfnisse und Bedarfe sind die Basis aller Marketingentscheidungen. Um Fehlentscheidungen und Fehlverhalten zu vermeiden, sind zunächst möglichst genaue und vielfältige Daten über die ins Auge gefassten Kunden zu sammeln und zu untersuchen. Damit man den Blick für das Wesentliche behält, ist in Anlehnung an Homburg folgende Gliederung der **kundenbezogenen Informationen** angeraten:

- Grundinformationen (Wer sind unsere Kunden?)
- Potenzialinformationen (Was brauchen unsere Kunden?)
- Aktionsinformationen (Was tun wir für unsere Kunden?) und
- Reaktionsinformationen (Wie erfolgreich sind wir und die Hauptmitbewerber bei unseren Kunden?)

Bedürfnisse und Bedarf

Von all den benötigten Informationen haben **Informationen über Bedürfnisse und Bedarfe** eine besondere Bedeutung, denn sie sind für die zu wählenden Marketingstrategien, Entscheidungen und Maßnahmen bei den Marktleistungen des Unternehmens entscheidend.

Für die Ermittlung der realen oder möglichen Nachfrage nach bestimmten Produkten und/oder Dienstleistungen sind Kenntnisse über die Bedürfnisse, das frei verfügbare Einkommen, das zur Bedürfnisbefriedigung eingesetzt werden kann, und die **Wertigkeit der Bedürfnisbefriedigung** für den Kunden von Bedeutung.

- **Kenntnis der Bedürfnisse**

Jeder Privatkunde hat als persönliche Bedürfnisse sog. **Grundbedürfnisse** (z. B. Schlafen, Essen, Bewegung, Gesundheit) und sog. **Zusatzbedürfnisse.** Solche Zusatzbedürfnisse (z. B. nach Sicherheit, Zugehörigkeit zu einer soziologischen Gruppe, persönliche Anerkennung und Wertschätzung durch andere sowie nicht zuletzt das Bedürfnis nach Selbstverwirklichung) bestimmen letztlich, in welcher Art und in welchem Umfang die Befriedigung der Grundbedürfnisse durch den Kunden erfolgt.

Den Zusammenhang von Grund- und Zusatzbedürfnissen zeigt auch folgende Abbildung.

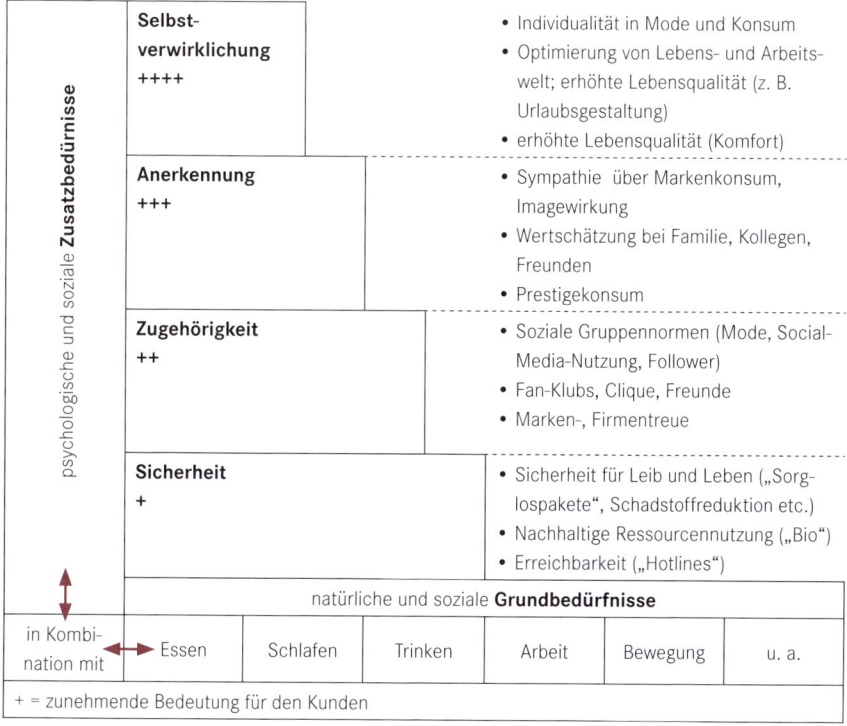

Grund- und Zusatzbedürfnisse

Kombinierte Befriedigung von Grund- und Zusatzbedürfnissen

So kann z. B. das physiologische Grundbedürfnis „Bewegung" von einem Kunden in Verbindung mit dem Zusatzbedürfnis „Zugehörigkeit" auftreten, das zu einer Bedürfnisbefriedigung in einer freiwilligen Sportgruppe, organisiert im Sportverein oder in einzelnen Kursen im Fitnessstudio führen kann. Zusätzlich kann z. B. das Zusatzbedürfnis „Selbstverwirklichung" wirksam werden. Dies führt dann zum Wunsch nach individuellen Bewegungsaktivitäten, wie z. B. Klettern im Hochgebirge, Extremsportarten wie etwa Triathlon oder Teilnahme an Sportwettbewerben. Dies wie etwa auch die Anschaffung eines „Edel-Pkws" einer bestimmten Marke, verschafft im persönlichen Umfeld ein hohes Image. Ein solches „Spielzeug für geltungsbewusste Männer" liegt dann vielleicht zwar außerhalb des zur Verfügung stehenden Budgets, aber es trägt wesentlich zur subjektiven Profilierung bei.

Diese Bedürfniskombinationen oder **Bedürfnisbündel im B2C-Geschäft** unterliegen der im aktuellen sozialen Umfeld herrschenden Gruppennorm („Man fährt ..., Man hat ..., Man trägt ..." – das kann z. B. bestimmte Marken bei Smartphones, Bekleidung, Wohnungseinrichtungen etc. bis hin zum Haarschnitt o. Ä. betreffen).

Bedürfnisse im B2C-Geschäft

Bedürfnisse im B2B-Geschäft

Die **Bedürfnisbündel im B2B-Geschäft** sind mehr rational begründet in einer ganzheitlich optimalen technisch-kaufmännischen Problemlösung. Hier geht es operativ mehr um gewünschte Ausprägungen bei Quantität, Qualität sowie Zuverlässigkeit bei Lieferung und Leistung. Strategisch sind kundenseitig hohe wirtschaftliche Stabilität und Kontinuität und Innovationspotenziale von speziellem Interesse. Allerdings sind z. B. speziell bei der Produktgestaltung und bei der Marketingkommunikation die persönlichen Bedürfnisbündel der Entscheidungsträger zu beachten.

> Bedürfnisse allein genügen nicht für ein unternehmerisch interessantes Angebot, Kunden müssen über Kaufkraft verfügen und diese einsetzen wollen!

Einkommen

• **Frei verfügbares Einkommen**

Die Kenntnis dieser wirtschaftlichen Größe beim einzelnen Konsumenten oder in einzelnen Konsumentengruppen ist im B2C-Geschäft für das Unternehmen deshalb von großer Bedeutung, da Art und Umfang der Bedürfnisbefriedigung von der Höhe des frei verfügbaren (monatlichen) Einkommens abhängt, das der Kunde zur Befriedigung seiner Bedürfnisse auszugeben bereit ist. Er entscheidet, was ihm persönlich die angestrebte Art der Bedürfnisbefriedigung wert ist.

> Sieht der Kunde in der Bedürfnisbefriedigung keinen persönlichen Nutzen (Wert), gibt er dafür auch kein Geld aus!

Das Bedürfnis plus die Bereitschaft, verfügbares Einkommen zur Bedürfnisbefriedigung zur Verfügung zu stellen, führen zu einem **Bedarf** an Leistungen und Produkten der Unternehmen.

Wertigkeit

• **Wertigkeit der Bedürfnisbefriedigung**

Da die Bedürfnisse im Auftreten als Bedürfniskombinationen von situativen Einflüssen geprägt sind, sich je nach persönlichen Zielsetzungen im Zeitablauf auch in der Zusammensetzung ändern, hat der Kunde immer über finanzielle Zuordnungen (Zahlungsbereitschaften) zu entscheiden (bedingt durch die Knappheit des frei verfügbaren Einkommens).

Legt der Kunde auf eine bestimmte Art der Bedürfnisbefriedigung (nur Grundbedürfnisse oder in Kombination mit einem oder mehreren Zusatzbedürfnissen) nur geringen Wert, stellt er hierfür auch nur einen geringen Teil seines Einkommen zur Verfügung.

So haben z. B. markenlose Produkte für den Kunden einen geringeren sozialen und Anerkennungswert und erzielen daher beim Kunden auch einen geringeren Preis. Das heißt: Die Unternehmen müssen Produkte und Leistungen entwickeln und anbieten, die dem Kunden eine Vielzahl von hohen individuellen Nutzen bieten, also eine hohe Wertigkeit bezüglich der Bedürfnisbefriedigung haben. Dies sind sog. Premiumprodukte und hochwertige Dienstleistungen, für die der Kunde auch bereit ist, entsprechend hohe Preise zu bezahlen.

> **Einfache Produkte** bieten eine vergleichsweise geringwertige Bedürfnisbefriedigung – also werden dafür auch nur geringe Preise bezahlt.
>
> **Premiumprodukte** haben für Kunden mehr persönliche Vorteile (Nutzen) durch höherwertige Bedürfnisbefriedigung – deshalb werden auch bessere Preise dafür bezahlt.

Produktwertigkeit

Die Bedarfslage, sprich die Nachfrage nach bestimmten Problemlösungen bzw. Leistungen eines Handwerksbetriebs, wird wesentlich geprägt von der zahlen- und kaufkraftmäßig bestimmten Größe der Zielgruppen, die teilweise bereits Kunden sind oder als Kunden gewonnen werden sollen.

Daher muss jedes Unternehmen **Bedarfsforschung** betreiben, um Kenntnisse zu erhalten über den voraussichtlichen Bedarf (Erst-, Ersatz- oder Ergänzungsbedarf) der tatsächlichen und möglichen Kunden eines Absatzgebiets.

Dies entspricht der **Ermittlung des Marktpotenzials** eines bestimmten Zeitraums für eine bestimmte Handwerksleistung in qualitätsmäßiger, mengenmäßiger und preislicher Hinsicht.

Ermittlung des Marktpotenzials

Welche Marktchancen sich für das einzelne Unternehmen ergeben, ist nicht zuletzt abhängig von der Phase des Produktlebenszyklus (Näheres dazu siehe Abschnitt 1.2.2), das heißt vom Grad der Marktsättigung für die infrage kommenden Leistungen. Ist die Marktsättigung bei Einzelleistungen relativ hoch und es muss mit geringen Zuwachsraten bei Mengen und Umsätzen gerechnet werden, könnte z. B. durch Anbieten von neuartigen oder umgestalteten Problemlösungspaketen eine zusätzliche Nachfrage geweckt werden.

Diese Leistungen müssen jedoch vom Kunden als „echte" Problemlösung empfunden werden und reale oder psychologische Vorteile gegenüber den bisherigen Leistungen bieten. Dabei sind z. B. für Privatkunden solche Leistungen mit einem hohen persönlichen Vorteil durch eine bestimmte Art der Bedürfnisbefriedigung besonders interessant. Näheres zeigen die Ausführungen zu „Wertigkeit der Bedürfnisbefriedigung".

Diese Wunsch- oder Bedürfnisfelder sind einzeln oder in Kombination in Struktur und Veränderungen möglichst genau zu erforschen, um kundengerechte Leistungen erbringen zu können. Hinzukommen müssen noch Informationen über die bedarfsbestimmenden Faktoren, z. B. Kaufkraft, Zahlungsbereitschaft, Zugehörigkeit zu Sozial- und Konsumgruppen oder Lebens- und Konsumgewohnheiten.

2. Informationen zu Mitbewerbern und Wettbewerbslage

Ergänzend zu den Kundeninformationen sind entsprechende Informationen über die Wettbewerbssituation an sich und die Haupt-Mitbewerber im Einzelnen zu sammeln und auszuwerten. Dabei interessieren weniger die betriebswirtschaftlichen Tatbestände als solche. Es sind vielmehr deren Auswirkungen auf die Nachfrage der Kunden, die den ihrer Ansicht nach für sie attraktivsten Anbieter wählen. Und dies sollte nicht der Wettbewerber sein.

Informationen über den Wettbewerb

Die Gewinnung und Auswertung der in der folgenden Abbildung dargestellten **kundenwirksamen Konkurrenzinformationen** lässt erkennen, wie Mitbewerber bei der Auftragsgewinnung erfolgreich sein möchten. Vergleicht man diese Informationen mit den eigenen Gegebenheiten und Aktivitäten als Maßstab, dann lassen sich sehr aussagekräftige **Konkurrenzprofile** (Stärken-/Schwächen-Profile) erstellen.

Wer sind unsere Wettbewerber?	Name, Sitz des Unternehmens, Branche, Mitarbeiterzahl, wichtige Manager, Organisationsstruktur, Eigentümerstruktur, Verflechtungen mit anderen Unternehmen usw.
Wo stehen unsere Wettbewerber im Markt?	Marktanteile, Umsatz-/Ertragslage, Kostenstruktur, Distributionsgrad, Image, Kundenzufriedenheit, Kundenbindung usw.
Über welche Ressourcen verfügen unsere Wettbewerber?	Qualität und Quantität von Human- und Sachressourcen, finanzielle Ressourcen (z. B. Liquidität), Zugang zu weiterem Kapital, Know-how, Patente, Zugang zu Vertriebswegen, Beziehungen zu Kunden, Händlern usw.
Wo wollen unsere Wettbewerber hin? (Strategie)	Ziele, Zeitpläne, Zielsegmente, Marketing-/Vertriebsbudgets usw.
Was tun sie, um dorthin zu gelangen? (Marktbearbeitung)	Qualität/Alter/Breite/Tiefe des Leistungsspektrums, Preispositionierung, Konditionenstruktur, Kundenbindungsmanagement, Qualität der Logistik, Inhalt und Umfang von Werbung, Verkaufsförderung und Public Relations

Wettbewerbsinformationssystem

Konkurrenzinformationen für Marketingentscheidungen (Homburg)

Diese über einzelne Mitbewerber gewonnenen Daten müssen noch mit Informationen zur generellen **Wettbewerbslage** in der eigenen Branche und in anderen Branchen, die zu einer erweiterten Konkurrenzsituation führen könnten, ergänzt werden. Hinzu kommen entsprechende Erkenntnisse für ausgewählte Absatzgebiete, falls diese starke Strukturunterschiede aufweisen (z. B. Inland/Ausland). Erst dann kann unter Berücksichtigung der Kundeninformationen entschieden werden, mit welchen Marketingstrategien und Marketingmaßnahmen sich beim Kunden konkurrenzabwehrende Wirkungen erzielen lassen.

Wie wichtig solche generellen Informationen über die Wettbewerbssituation zwischen einzelnen Branchen sind, soll am Beispiel der Beziehungen zwischen Handwerk und Industrie dargestellt werden.

Beispiel

Beispiel zur Wettbewerbs-situation

(1) Handwerk und Industrie konkurrieren nicht

Die Leistungen an die jeweiligen Kunden sind so gestaltet, dass keine Überschneidungen auftreten, da in den Handwerksbranchen individuelle Leistungen durch persönlichen Einsatz (handwerklich) erbracht werden. Beispielhaft seien Maler, Fliesenleger, Friseure oder Kürschner genannt. Die Industrie kann und will diese Leistungen mit der notwendigen hohen persönlichen Kundennähe nicht erbringen. Sie fördert vielmehr die Gründung und Entwicklung dieser Handwerkszweige und tritt direkt oder über den Großhandel als Materiallieferant und Berater für die kundenoptimale Verwendung ihrer Produkte in Erscheinung.

(2) Handwerk und Industrie konkurrieren

Dies betrifft insbesondere das produzierende Handwerk von „massenhaft" benötigten Konsumgütern, wie z. B. Tischler-, Bäcker-, Metzger-Handwerk, Schneiderei, Schlosserei und Maschinenbauerhandwerk, deren Entwicklung durch die Maßnahmen der jeweiligen Industrie stark beeinflusst werden. Folgen: Zwang zur Spezialisierung und zu größeren Betriebseinheiten (Konzentration im Handwerk).

(3) Handwerk und Industrie kooperieren

Das Handwerk ist „Zulieferer" der Industrie in Bezug auf spezielle Produkte oder Dienstleistungen. Das Handwerk übernimmt für industrielle Partner die Herstellung von Einzelteilen, Baugruppen in größeren Stückzahlen oder von Sonderteilen. Diese Handwerksbetriebe sind integriert in die Fertigung und insoweit Wertschöpfungspartner bei der Erstellung von Industrieprodukten. Dies ist z. B. bei manchen metallverarbeitenden Handwerksbetrieben der Fall. Neben dieser Kooperation bei der Leistungserstellung gibt es auch noch eine Kooperation auf der Absatzseite der Industrie. Das Handwerk kann z. B. eine Handelsfunktion übernehmen (Handwerkshandel) oder seine hohe Dienstleistungskompetenz einbringen. Hier werden bestimmte Dienstleistungen für den Einsatz, die Erhaltung und Wiederherstellung der Betriebsbereitschaft industrieller Erzeugnisse angeboten und erbracht. Diese Delegation von Montieren, Installieren, Warten und Reparieren führt zu einem gegenseitigen Abhängigkeitsverhältnis. Dies zeigt sich z. B. deutlich beim Kfz- oder Landmaschinen-Reparaturhandwerk, Radio-, Fernsehtechniker-, Uhrmacher- oder Installationshandwerk, speziell bei Gas-, Wasser- und Elektrogeräten. Voraussetzung für eine auch für das Handwerk ertragreiche Kooperation mit der Industrie ist allerdings, dass der einzelne Handwerksbetrieb bereit und auch fähig ist, den technischen Fortschritt zu verwirklichen. Dies erfordert u. a. die Bereitschaft zur stetigen Weiterbildung (fachlich und kaufmännisch), um den sich ändernden Anforderungen der Kunden gerecht zu werden.

Diese Beispiele verdeutlichen, dass auch handwerkliche Unternehmen ohne Markt- und Kundeninformationen keine zielführenden Marketingstrategien und kundengerechte Leistungsprogramme entwickeln und durchsetzen können.

Ohne die Kenntnis guter und zutreffender Marktinformationen sind keine passenden und erfolgreichen Marketingentscheidungen möglich.

Die Gewinnung der benötigten Markt- und Umweltinformationen erfolgt über

Primärforschung
- **Primärforschung (Datenerhebung** unmittelbar bei direkten Informationsquellen, meist Personen) und

Sekundärforschung
- **Sekundärforschung (Datenauswertung** bei indirekten Informationsquellen, stets Datenbanken, Statistiken und Veröffentlichungen)

und in diesen Bereichen durch den gezielten Einsatz der Verfahren zur

- **Marktanalyse** (zeitpunktbezogene Gegenwarts- und Vergangenheitsinformationen) und
- **Marktprognose** (zukunftsbezogene Informationen, Trends).

Mit der **Marktanalyse** werden **zeitpunktbezogene 3-K-Informationen** über Situationen, Gegebenheiten und Strukturen in konkreten Absatzmärkten gewonnen (z. B. Preise für eine bestimmte Leistung oder die Kundenstruktur in den Teilmärkten A, B oder C).

Durch Analysen zu verschiedenen Zeitpunkten lassen sich im Vergleich über einen Zeitraum auch Informationen über Entwicklungen bei den betrachteten Objekten (z. B. Veränderungen von Umsatzgröße und Umsatzstruktur) erkennen. Auch Verhaltensänderungen (z. B. anderes Kaufverhalten von Kunden) als Wirkung von Marketingaktivitäten des eigenen Unternehmens und von Mitbewerbern lassen sich damit feststellen.

Solche vergangenheitsbezogene Informationen, gekoppelt mit aktuellen Analysedaten, können Grundlage für Kontrollen und Anpassungsentscheidungen im operativen Marketing sein. Ein Beispiel für angewandte Marktanalyse zeigt die nachfolgende Checkliste „Marktinformationen zur Produktplanung".

Marktanalyse

Basis-Marktinformationen zur Produktplanung und Produktentwicklung
1. Wer/Was ist unser Markt?
2. Welche Wünsche, Bedürfnisse, technischen Anforderungen, Probleme hat der jeweilige Markt bzw. das Marktsegment bzw. der einzelne Kunde?
3. Wer benötigt wo wann welches Leistungs- bzw. Produktangebot? In welchem Umfang?
4. Welche ähnlich gelagerten Konkurrenzprodukte gibt es? Von wem?
5. Welche technischen Detail-Anforderungen werden an das neue Produkt gestellt: Leistung, Lebensdauer, Anbringungstechnik, Form, Farbe, Oberfläche, Design?
6. Preislage, Konditionen, Termine?
7. Welche Vorstellungen, Meinungen hat der Markt/der Kunde über uns und unsere bisherigen Produkte?
8. Welche Kaufmotive für unsere Produkte liegen sonst noch vor?

Marktinformationen zur Produktplanung

Marktinformationen zur Produktplanung

Solche Analyseinformationen können im Rahmen der Primärforschung ermittelt werden mithilfe verschiedener Ausprägungen von

- **Befragungen** (schriftlich/mündlich, Fragebogen standardisiert/offen, frei geführtes Interview, persönlich/schriftlich/online …),
- **Beobachtungen** (ohne/mit Kenntnis des Betroffenen, z. B. Beobachtung des Kaufverhaltens von Kunden bei Sonderangeboten, Akzeptanz bei neuen Dienstleistungen oder Werbeaktivitäten oder Preisgestaltung von Mitbewerbern …) und
- **Tests** (z. B. Testkäufe bei Mitbewerbern, Geschmacks- und Gebrauchstests durch Kunden oder Testinstitute …).

Primärforschung Methoden

> Informationen aus der Marktanalyse sind jedoch nicht geeignet für langfristig strategische Marketingentscheidungen.
>
> Nur die Marktprognose liefert die zukunftsbezogenen Informationen für strategische Unternehmens- und Marketingentscheidungen.

Marktprognose

Bei der **Marktprognose** werden Entwicklungen aus der Vergangenheit ausgewertet und mithilfe rational abgesicherter Verfahren **zukünftige Strukturen oder Entwicklungen (Trends) und Wirkungsprognosen** ermittelt. Durch ihre Zukunftsorientierung und die Ungewissheit des Eintreffens der unterstellten Annahmen sind Prognosen stets unsicher und können nur als Handlungsorientierung dienen. Dennoch sind Prognosen unverzichtbar: Es müssen heute Entscheidungen getroffen werden, die das Unternehmen morgen langfristig binden (vgl. Wahl der strategischen Geschäftsfelder und der Marketingstrategien).

Trends

Zukunftsinformationen und Entwicklungen (Trends) können aus veröffentlichten Berichten / Visionen der Befragungen von Experten und Trendforschern gewonnen werden. Vor allem im Rahmen der Sekundärforschung (Datenauswertung) kommen jedoch **statistisch-mathematische Verfahren** und **subjektive (Schätz-)Verfahren** zum Einsatz, wie die folgende Abbildung zeigt.

Verfahren der Sekundärforschung

Merkmale Prognosemethode	(1) Verwendung in % der 334 Unternehmen	(2) Einschätzung der Zuverlässigkeit	(3) Einsatzhäufigkeit (falls überhaupt verwendet)
*(A) Statistisch-mathematische Verfahren**			
1. Trendextrapolationen	73,7	d	h
2. Bildung gleitender Durchschnitte	67,7	d	h
3. Regressionsanalysen	35,9	b	m
4. Exponentielle Glättung	32,9	d	m
5. Simulationsansätze	15,9	g	s
6. Input-Output-Projektionen	14,4	d	s
7. Markoff-Prozesse	4,2	g	s
B) Eher subjektive Verfahren			
1. Schätzungen von Außendienstmitarbeitern	87,7	d	h
2. Schätzungen des kaufm. und techn. Managements	85,9	b	h
3. Vorhersagen aufgrund von Abnehmerbefragungen	81,7	d	h
4. Erwartungsbildung auf der Grundlage von Produkttests	50,0	d	m

Merkmale Prognosemethode	(1) Verwendung in % der 334 Unternehmen	(2) Einschätzung der Zuverlässigkeit	(3) Einsatzhäufigkeit (falls überhaupt verwendet)
5. Analogverfahren (z.B. historische bzw. geografische Analogie)	46,7	b	h
6. Hochrechnung von Testmarkt-Resultaten	37,7	d	m
7. Gruppen-Schätzungen speziell nach der Delphi-Methode	15,9	d	s
Einschätzung der Zuverlässigkeit: b=besonders gut, d=durchschnittlich, g=gering (ermittelt durch eine Kombination aus Rating-Urteilen und aus Prozentangaben über durchschnittliche Prognose-Ist-Abweichungen) *Einsatzhäufigkeit* der verwendeten Methoden: h=häufig, m=manchmal, s=selten (Gruppierung auf der Grundlage von Durchschnittswerten) * Für EDV-Anwendungen gibt es mehrere Software-Programme (u.a. MARKET, FORSYS)			

Einsatz von Verfahren zur Erstellung von Marketingprognosen (Becker)

Die dargestellten Ergebnisse einer Untersuchung zeigen zum einen den großen Einfluss von „aktuellen" subjektiven Schätzungen und zum anderen die stark verbreitete Verwendung der einfachen statistisch-mathematischen Verfahren wie Trendextrapolation und gleitende Durchschnitte.

Damit Marktprognosen in ihrem Informationsgehalt stets aktuell bleiben, sind sie durch laufende Kontrollanalysen zu überwachen und an die reale Entwicklung anzupassen. Werden Überprüfung und Anpassung unterlassen, besteht große Gefahr für Marketingfehlentscheidungen infolge von veralteten (überholten) Marktinformationen.

Informationsgehalt

Auf der Basis von Analysen, die zeigen, **„was war"** und **„was ist"**, sowie Prognosen, die zeigen, **„was sein könnte"**, legt das Unternehmen in der Marketingplanung **strategisch und operativ** fest, **„was sein soll"**. Deshalb sind Marktanalysen und Marktprognosen zentrale Voraussetzungen für eine markt- und unternehmensgerechte Marketingplanung und Marketingsteuerung. Das verdeutlicht auch die folgende Abbildung, die den **Informationsbedarf für den Einsatz von Marketinginstrumenten im Produktlebenszyklus** (Näheres hierzu vgl. Abschnitt 1.2.2 „Phasen des Produktlebenszyklus beachten") beispielhaft darstellt.

	Vormarktphase	Einführung	Wachstum	Reife
Produkt- und Programmpolitik	Bedarfsanalyse/ Potenzialschät- zung/Zielgrup- pendefinition/ Test alternativer Produktkonzepte/ Schwachstellen- analyse	Positionierung im Markt/Überprü- fung der Zielgrup- pendefinition und Potenzialschät- zung/Zufrieden- heit und Kritik	Profilierung im Markt/kontinuier- liche Struktur- beobachtung/ Loyalität	kontinuierliche Strukturbeobach- tung/Überprüfung der Rahmenbedin- gungen/Ansätze zur Produktdiffe- renzierung
Preis- und Kondi- tionenpolitik	Ermittlung von Preisschwellen	Messung von Preiselastizitä- ten/Überprüfung der Preisschwel- len	Konkurrenzbe- obachtung/ Möglichkeiten zur Preisanpassung	Chancen und Notwendigkeit für Preisdifferenzie- rung/Treueprämi- en/Rabatte
Distributions- politik	Ermittlung ad- äquater Vertriebs- wege (Image)/ Standorte	Test alternativer Vertriebswege/ Erfahrungen der Absatzmittler und Überprüfung ihrer Aktivitäten/opti- male Warenplat- zierung	kontinuierliche Beobachtung der Vertriebsstruktu- ren/Kapazitäts- überprüfung	Erschließung wei- terer Vertriebs- wege
Kommunikations- politik	Produktanmu- tung/Ermittlung der Kauf- und Verwendungs- motive/Nut- zenerwartung/ Werbe-Pretest/ Mediaplanung	Werberesonanz- untersuchungen/ Werbe-Post-Test/ Werbeerfolgskon- trolle/Mediaop- timierung/Mitar- beiterschulung	Kontinuierliche Werbebeob- achtung/Über- prüfung des Schu- lungserfolgs	Entwicklung und Überprüfung von Folgekampagnen

Informationsbedarf für Marketingaktivitäten in einzelnen Phasen des Produktlebenszyklus

1.1.3.2 Unternehmensanalyse

Ergänzend zu den 3-K-Informationen müssen weitere Informationen hinzukommen. Marketingentscheidungen müssen die **Möglichkeiten und Grenzen des Unternehmens** berücksichtigen, um die derzeitigen und künftigen Bedingungen in der Unternehmensumwelt (Erkenntnisse der Marktforschung) als Chancen zu erkennen und bestmöglich zu nutzen sowie sich abzeichnende Risiken gezielt begrenzen zu können. Ohne **Kenntnis der eigenen Stärken und Schwächen** kann kein Unternehmen ein chancen- und risikenwirksames Marketing betreiben. Solche Stärken und Schwächen gewinnt man über detaillierte Analysen und Prognosen folgender „3-U-Informationen":

- **Unternehmenspotenziale**

Sie ergeben sich aus der gegenwärtigen und künftigen Ausstattung des Unternehmens mit Sachmitteln (Kapazitäten, Auslastung, fertigungstechnischer und elektronischer Standard), finanziellen Mitteln (Eigen- und Fremdkapital, flüssige Mittel, kurz- und langfristige Kredite und Kreditlinie) sowie personellen Ressourcen (Quantität, Know-how und Auslastung der Mitarbeiter und Führungskräfte in allen Bereichen).

Zusammengebracht mit den „3-K-Informationen" zeigen diese Informationen

- die wettbewerbswirksamen Besonderheiten des Unternehmens,
- die Stärken und Schwächen des Unternehmens im Vergleich mit den Mitbewerbern am Markt, um auf erkennbare Veränderungen im Markt strategisch und operativ reagieren zu können,
- welche Potenziale effizienter genutzt oder zusätzlich geschaffen werden müssen,
- welches und wie viel zusätzliches oder neues Technik-, Produkt- und Markt-Know-how zu gewinnen ist, um seine bisherige Marktstellung auszuweiten oder zu festigen.

Das ist auch durch Veränderungen in der Unternehmensorganisation zu erreichen, speziell bei den Abläufen, den sog. Geschäftsprozessen. Sie besitzen ein hohes Potenzial zur Effizienzsteigerung im strategischen und auch im operativen Marketing.

- **Unternehmensprozesse**

Diese Informationen betreffen die Gestaltung und die Wettbewerbswirksamkeit der Geschäftsprozesse (Abläufe) im Unternehmen und nach außen, speziell zu Kunden und Absatzpartnern (z. B. Absatzhelfer, Absatzmittler und Absatzkooperationspartner). Es geht um die Analyse und Anpassung aller betriebsinternen Abläufe an die Erwartungen der Kunden oder Kundengruppen.

> Der Kunde steht im Mittelpunkt aller Marketingprozesse. Er ist der Bezugspunkt allen Marketingdenkens und -handelns.

Mit kundenorientierten Abläufen in der Auftragsgewinnung, Auftragsabwicklung, Auslieferung (Logistik), Rechnungserstellung und Kundenbetreuung in der Nachkaufphase lassen sich nicht nur Zeit-, Kosten-, Zuverlässigkeits- und Zufriedenheitsvorteile für die Kunden erreichen. All das wirkt sich auch positiv auf die Kundentreue und auf Zusatzgeschäfte aus und damit auch letztendlich auf den Gewinn des Unternehmens.

Situations-analyse

Komponenten einer Situationsanalyse	Bezugspunkte	Wichtige Bestimmungsfaktoren
Markt	Gesamtmarkt (produktklassenbezogen)	• Entwicklung • Wachstum • Elastizität
	Branchenmarkt (produktgruppenbezogen)	• Entwicklungsstand • Sättigungsgrad • Marktaufteilung
	Teilmarkt (produktbezogen)	• Bedürfnisstruktur • Substitutionsgrad • Produktstärke
Marktteilnehmer	Hersteller	• Marktstellung • Produkt- und Programm-orientierung • Angebotsstärke
	Konkurrenz	• Wettbewerbsstärke • Differenzierungsgrad • Programmstärke
	Absatzmittler	• Funktionsleistung • Sortimentsstruktur • Marktabdeckung
	Absatzhelfer	• Funktionsleistung
	Konsument	• Bedürfnislage (Nutzenstif-tung) • Kaufkraft • Einstellung
Instrumente	Produkt-Mix	• Produkt- und Programm-stärke • Angebotsflexibilität
	Kommunikations-Mix	• Bekanntheitsgrad und Eignung der Medien • Werbestrategie
	Konditionen-Mix	• Preisniveau • Preisstreuung • Rabattstruktur
	Distributions-Mix	• Distributionsdichte • Lieferfähigkeit • Liefervorteile
Umwelt	Natur	• Klima • Infrastruktur
	Wirtschaft	• ökonomische Größen • Konjunktur • Wachstum
	Gesellschaft	• soziale Normen • Lebensgewohnheiten
	Technologie	• Wissenschaft • technischer Fortschritt
	Politik	• Rechtsnormen • politische Institutionen

Informationsbedarf für eine Situationsanalyse im Marketing

Diese Darstellung zeigt indirekt den Informationsbedarf eines Entscheidungsträgers bei einer Situationsanalyse für den gesamten Marketingbereich.

Der folgende Fragebogen zur **Analyse der derzeitigen Marketingkompetenz** kann als Basis für eine Gruppendiskussion dienen.

Analyse der derzeitigen Marketingkompetenz			
Beurteilungskriterien	Mit Begründungen		
	ja	teilweise	nein
Führen wir regelmäßig Befragungen durch, aus denen die Bedürfnisse, Erwartungen und der Zufriedenheitsgrad der Kunden hervorgehen?			
Entsprechen unsere Produkte bzw. Dienstleistungen voll den Anforderungen der Kunden?			
Versuchen wir, Innovationen bei Produkten und Services gemeinsam mit unseren Kunden zu realisieren?			
Sind der Kundenservice, die Kundenberatung sowie die sonst für unser Geschäft notwendigen Kriterien exzellent?			
Werden die Ergebnisse der Kundenzufriedenheit systematisch analysiert und Verbesserungsvorschläge rasch umgesetzt?			
Ist unsere Organisation (inkl. Internet-Aktivitäten) bestmöglich kundenorientiert angelegt?			
Haben die Mitarbeiter in der Rolle als Mitunternehmer höchste Kundenverantwortung?			
Ist der Prozess von der Bestellung bis zur Auslieferung der Ware bestmöglich computergestüzt?			
Sind unsere Kundendaten immer auf dem neuesten Stand?			
Können alle Mitarbeiter den Mehrwert unserer Produkte und Dienstleistungen verkaufen?			

Bei **„teilweise"** und **„nein"** Antworten:
Erforderliche Aktivitäten (nach Dringlichkeit bewerten, 1 = 1 Monat; 2 = bis ½ Jahr; 3 = bis 1 Jahr; 4 = längerfristig)

1) --

2) --

3) --

Checkliste „Analyse der Marketingkompetenz"

Checkliste zur Analyse der Marketingkompetenz

Zur **Gewinnung der 3-U-Informationen** stehen mit den aus der Marktforschung bekannten Verfahren zur Analyse und Prognose geeignete Instrumente zur Verfügung (siehe Abschnitt 1.1.3.1). Eine **Datenerhebung** erfolgt häufig durch Mitarbeiterbefragung oder Einsatz von Kreativitätstechniken (z. B. Brainstorming, Methode „635" oder morphologischer Kasten) in Prognose-Meetings. Welche Techniken zur Datenerhebung grundsätzlich eingesetzt werden können, zeigt die folgende Abbildung.

Kriterien	Methodik (Konzept)	Methodenziel	Zeitaufwand	Kosten	Effizienz	Einwirkung auf Betriebsablauf („Bremskosten")
1. Fragebogen	standardisierte, formulierte Fragen	Erfassung großer Untersuchungseinheiten	schnelle, schriftlich fixierte Ergebnisse; gute Auswertungsmöglichkeit	relativ gering	Unschärfen möglich (Manipulation, Abwesenheit)	einmalige Unterbrechung, kann in ablaufbedingten Pausen erledigt werden
2. Interview	Direktbefragung individuellere Fragen	Erfassung von Zusammenhängen in rel. kurzer Zeit schnelle Erfassung gezielter Informationen	zeitaufwendig; Probleme bei der Auswertung	höherer Personalaufwand Dialog sehr aufwendig	Subjektivität möglich	einmalige Unterbrechung durch Interview
3. Beobachtung	planmäßige Beobachtung zur Überprüfung von Tatbeständen und Erkennen von Engpassfaktoren	Überprüfung von Tatbeständen, Erkennen von Engpassfaktoren	über längeren Zeitraum nötig, daher zeitaufwendig	personalintensiv	Wahrheitsgehalt kann stichprobenartig überprüft werden	geringe Störung, Beobachtung durch Dritte
4. Berichtsmethode	planmäßige, zielgerichtete Beobachtung durch Fachabteilung selbst	individuelle Problemerfassung durch die Betroffenen	aufwendige Erfassung, außerdem erschwerte Auswertung (nicht EDV-gerecht)	wenn eine klare Form für die Analyse und Erfassung fixiert wird, ist der Kostenaufwand erträglich	umfassende Informationsgewinnung durch eigene Ideen; persönliche Über- bzw. Unterzeichnung der Probleme möglich	Aufnahme in den Betriebsablauf nötig

Kriterien	Methodik (Konzept)	Methodenziel	Zeitaufwand	Kosten	Effizienz	Einwirkung auf Be-triebsablauf („Bremskos-ten")
5. Multi-moment-aufnahme	stichprobenar-tige Erfassung ermöglicht Rückschlüsse auf Gesamt-situation	Analyse von Durchlaufzeiten und Auslas-tungsgrad; wird vorwiegend im Produkti-onsbereich verwendet	Beobach-tung eines „Moments", im Allgemei-nen geringer Zeitaufwand	abhängig von Stichproben-umfang	hohe Aus-sagekraft durch statist. Signifikanz	keine Störung, Aufzeichnung durch Dritte

Erhebungstechniken

Überwiegend werden Unternehmensinformationen durch **Auswertung** von Auf-zeichnungen des Rechnungswesens (z. B. Kosten- und Ertragsvergleiche, Ergebnis-rechnungen und Statistiken) und den Einsatz mathematisch-statistischer Verfahren gewonnen. Dabei spielen **Kennzahlen** als verdichtete Informationen für die Situati-onsbeurteilung und gleitende Durchschnittswerte zur Trendermittlung für Prognosen eine wichtige Rolle.

Werden die Unternehmenspotenzial- und Unternehmensprozessinformationen noch um die Informationen aus einer Umweltanalyse (siehe Kapitel 1.1.3.3) ergänzt, las-sen sich **gegenwartsbezogene Stärken-Schwächen-Profile** (sog. SSP) erstellen. Dabei werden die Gegebenheiten im eigenen Unternehmen meist mit den Bedingun-gen bei einem oder den zwei wichtigsten Mitbewerber verglichen. Dies zeigt auch folgendes Beispiel.

Stärken-Schwä-
chen-Profil (SSP)

Stärken-Schwächen-Profil

Wettbewerbswirksame Faktoren	Der eigene Betrieb ist im Verhältnis zum Hauptbewerber sehr stark (++) sehr schwach (– –)					
	++	+	0	–	– –	Bemerkungen
Betriebsgröße			*			
Techn. Ausstattung		*				
Qualifikation der Mitarbeiter	*					
Flexibilität bei Kundenwünschen	*					
Breite des Leistungsangebotes				*		
Qualitätsniveau		*				
Erzielte Preise				*		
Kundendienst-Service		*				
Schnelligkeit (Lieferzeit)				*		
Werbung und Messebeteiligung					*	
Image bei den Kunden				*		
	Solche Stärken-Schwächen-Profile lassen sich auch für mehrere Wettbewerber erstellen, doch ist es dann zweckmäßiger, den eigenen Betrieb als Bezugsbasis zu wählen.					

Stärken-Schwächen-Profil eines Unternehmens (SSP)

Art, Anzahl und Inhalt (Genauigkeit) der Positionen eines SSP sind von branchenspezifischen und unternehmensbezogenen Gegebenheiten (z. B. oligopole oder polypole Wettbewerbsstruktur, Unternehmensgröße), Organisation (EDV-Struktur und -verknüpfung, Prozessorientierung), Absatzmärkten u. a. abhängig.

Auch die spätere Verwendung des SSP spielt eine wichtige Rolle:

Bedeutung eines
SSP

Ein **Stärken-Schwächen-Profil als Grundlage für das operative Marketing,** speziell zur Findung operativer Ziele und den Einsatz der Marketing-Gestaltungsinstrumente, muss verstärkt gegenwartsbezogen, aktuell-analytisch und eher detailliert angelegt werden.

Ein **Stärken-Schwächen-Profil als Grundlage für strategische Marketingent-scheidungen** (wie z. B. Wahl eines/mehrerer SGF oder Wahl der strategischen Ziele samt dem „richtigen" Strategie-Mix) muss verstärkt generelle und trendorientierte Prognoseinformationen über Unternehmenspotenziale und Umweltentwicklungen enthalten.

Das Chancen- und Risikopotenzial von externen Gegebenheiten und Erwartungen ist durch ein relativ einfaches Verfahren messbar. Die ermittelten Informationen werden subjektiv – am besten von einem Team – mit den Stärken und Schwächen des Unternehmens verglichen und beurteilt. Die Einschätzung erfolgt durch Bewertung, das heißt Vergabe von „Noten" zwischen 0 (nicht wirksam) und 5 (sehr hoch) für das Chancen- und Risikopotenzial jeder externen Einflussgröße aus einer Konkurrenz- und Umweltanalyse. Werden die beiden Noten voneinander abgezogen, zeigt der Differenzwert, mit welchem der beiden Potenziale mit welcher Bedeutung (Gewicht) das Unternehmen rechnen kann. Bei starker Zukunftsorientierung der ermittelten und eingesetzten Werte wird aus einem SSP ein **Chancen-Risiko-Profil (CRP) für das strategische Marketing.** Hierzu sind noch die Umweltinformationen zu beschaffen und zu bewerten. Dies wird im folgenden Abschnitt 1.1.3.3 „Umweltanalyse" erörtert.

Chancen-Risiko-Profil (CRP)

Den Zusammenhang zwischen den einzelnen Bereichen der Informationsgewinnung, dem Stärken-und-Schwächen-Profil und einem umweltbezogenen Chancen-Risiko-Profil zeigt beispielhaft folgende Darstellung.

SSP und CRP im Zusammenhang

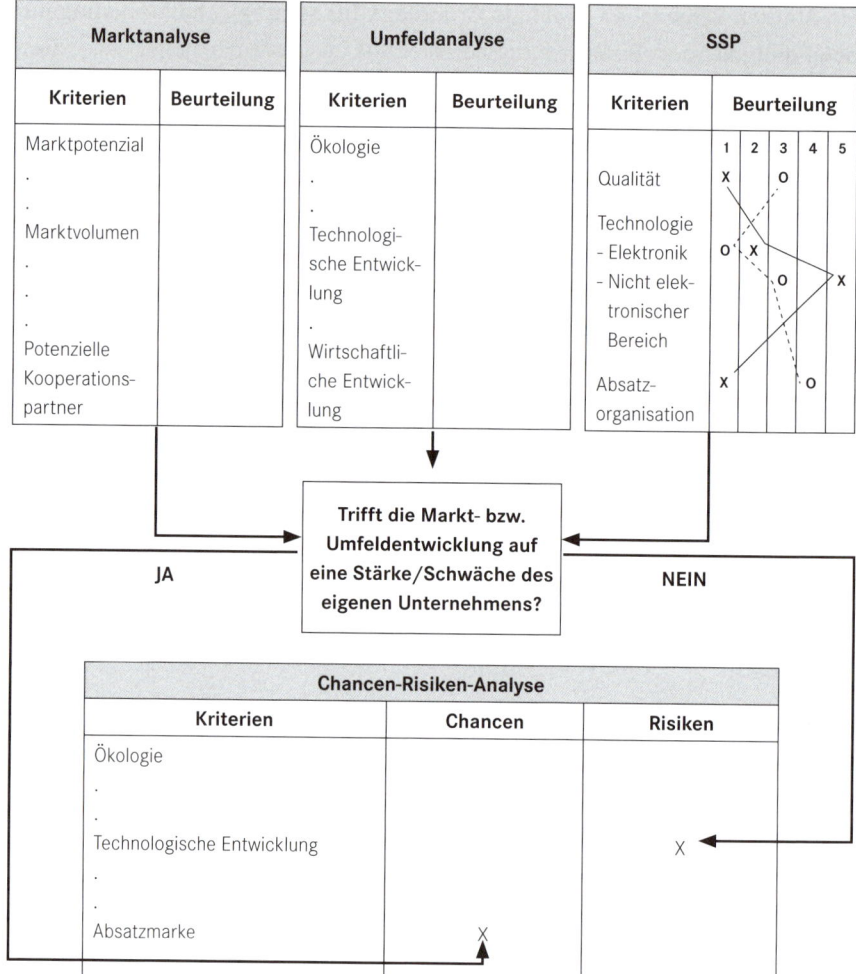

Marktanalyse		Umfeldanalyse		SSP	
Kriterien	**Beurteilung**	**Kriterien**	**Beurteilung**	**Kriterien**	**Beurteilung**
Marktpotenzial		Ökologie			1 2 3 4 5
.		.		Qualität	X O
.		.		Technologie	
Marktvolumen		Technologische Entwicklung		- Elektronik	O X
.		.		- Nicht elektronischer Bereich	O X
.		.			
Potenzielle Kooperationspartner		Wirtschaftliche Entwicklung		Absatzorganisation	X O

Trifft die Markt- bzw. Umfeldentwicklung auf eine Stärke/Schwäche des eigenen Unternehmens?

JA   NEIN

Chancen-Risiken-Analyse		
Kriterien	**Chancen**	**Risiken**
Ökologie		
.		
.		
Technologische Entwicklung		X
.		
.		
Absatzmarke	X	

Ermittlung eines Chancen-Risiken-Profils

Trifft eine Unternehmensgegebenheit (bei Potenzial oder Prozessen) auf einen gleichgearteten Markttrend, kann das Unternehmen darin eine Chance sehen und sein Marketing strategisch und operativ auf eine **Nutzung des Chancenpotenzials** ausrichten. Das nachfolgende Beispiel soll dies verdeutlichen.

	Einschätzung vom										Bedeutung für Unternehmung
	Chancenpotenzial					Risikopotenzial					+/-
	+5	+4	+3	+2	+1	-5	-4	-3	-2	-1	
Externe Faktoren											
Konkurrenzdichte		x							x		+2
Marktanteil	x									x	+4
Konjunkturentwicklung				x			x				-2
Gesetze/Verordnungen/Emissionsschutz					x					x	0
Demografischer Wandel		x								x	+3
...											
...											

Bewertung des Chancen- und Risikopotenzials externer Einflussgrößen

Konkurrenzdichte, Marktanteil (heute oder künftig) sowie der demografische Wandel sind als Chancenpotenzial für das Unternehmen zu werten. Die Konjunktur und deren Entwicklung birgt Risiken (-2), während Gesetze und Verordnungen zum Emissionsschutz für das Unternehmen strategisch nicht (oder sehr gering) zu beachten sind.

1.1.3.3 Umweltanalyse

Unter diesem Begriff werden hier nicht Methoden und Verfahren zur Untersuchung der vier Umweltebenen

- Aufgabenumwelt,
- Konkurrenzumwelt,
- Öffentlichkeit und
- Makroumwelt

nach Prof. Kotler verstanden, da die ersten drei Analysefelder bereits bei der Marktforschung und der Unternehmensanalyse betrachtet wurden.

Hier geht es vielmehr um die Analyse und Prognose von derzeitigen und künftigen Gegebenheiten und Entwicklungen (Trends) in der Makroumwelt des Unternehmens, im Inland wie auch in bedeutsamen Export- und Importmärkten. Gemessen an den Stärken und Schwächen des Unternehmens können sich hier Chancen und Risiken ergeben (Ermittlung und Bewertung siehe bei „Unternehmensanalyse").

STEP-Analyse

Die **STEP-Analyse** (auch bekannt als PEST-Analyse; englisch; die Abkürzung für **S**ocial, **T**echnical, **E**conomical and **P**olitical Change) ist ein Modell der externen Umweltanalyse. Die STEP-Analyse listet Faktoren der einzelnen Kategorien auf, die einen Einfluss auf die untersuchte Einheit haben können. Oftmals wird es von Unternehmen eingesetzt, um einen Markt und die Marktchancen zu untersuchen.

Heute kommen noch die Aspekte der Ökologie (**E**nvironment) und der rechtlichen Rahmenbedingungen (**L**egal) hinzu. Damit muss sich das Unternehmen bei einer

PESTEL-Analyse

neuzeitlichen **PESTEL-Analyse im Inland und wichtigen Export- und Importmärkten** mit der Informationsbeschaffung über folgende Faktoren befassen:

Politische Faktoren (political change)	u. a. Wirtschaftsförderung, Wirtschaftsregulierung Subventionen, Wirtschaftspolitik der Parteien ...
Ökonomische Faktoren (economical change)	u. a. Wirtschaftswachstum, Inflation, Zinsentwicklung ...
Soziologische Faktoren (sociological change)	u. a. demografischer Wandel, Lebensstile, Wertewandel ...
Technologische Faktoren (technological change)	u.a. technischer Fortschritt, Energie-Effizienz, Miniaturisierung, digitale Vernetzung in Kommunikation und technischen Steuerungen ...
Ökologische Faktoren (environmental change)	u. a. Klimaschutz, Emissionsregulierungen, umweltschonende Recyclingkonzepte, nachhaltige Ressourcennutzung ...
Rechtliche Faktoren (legal change)	u. a. Gesetze und Verordnungen, Verbote, nationale und internationale Beschränkungen (z. B. europäische Rechtsprechung) ...

Diese Informationen gilt es, mit den Informationen aus der Marktforschung zu ergänzen, mit den Stärken und Schwächen des Unternehmens zu vergleichen und hinsichtlich des Chancen- und Risikopotenzials der externen Einflussfaktoren zu bewerten.

1.2 Strategische Geschäftsfelder erkennen und auswählen

1.2.1 Auswahlkriterien definieren

> Unter **Geschäftsfeldwahl** wird die Ermittlung und Festlegung jener Problemfelder (Bedarfe) verstanden, für die das Unternehmen Leistungen anbieten könnte. Sie bilden die Grundlage der Geschäftstätigkeit des Unternehmens.

Mögliche Geschäftsfelder des Unternehmens ergeben sich meist aus der Zugehörigkeit zu einzelnen Branchen (z. B. Nahrungs- und Genussmittel, Metallverarbeitung, Maschinenbau, Groß- oder Einzelhandel) oder aus erlernten Berufen (im Handwerk z. B. Bäcker, Schlosser, Installateur oder Gebäudereiniger). Die Bedarfe oder Bedarfsbündel treten bei verschiedenen Bedarfsträgern (potenzielle Kundengruppen) auf, die sich unterschiedlichen geografischen Wirtschaftsgebiete (lokaler, regionaler, nationaler Markt) zuordnen lassen.

Aus diesen Möglichkeiten werden die **strategische Geschäftsfelder (SGF)** des Unternehmens als jene Tätigkeitsfelder bestimmt, die das Unternehmen für geeignet hält, seine Ziele, insbesondere das Gewinnziel, am besten zu realisieren.

Strategische Geschäftsfelder (SGF)

Beim **Festlegen der SGF** genügt es für kleinere und mittelgroße Unternehmen, sich auf wenige Einflussfaktoren zu konzentrieren. Als **Schlüsselfaktoren des Erfolgs** sind dies hauptsächlich

Schlüsselfaktoren

- Ausprägungen der Bedürfnisstrukturen möglicher Kundengruppen,
- Größe und Potenzial der Gesamtnachfrage in der jeweiligen Branche,
- Wettbewerbsstruktur und Wettbewerbsintensität,
- Bedrohung durch Ersatzprodukte/Ersatzleistungen,
- Chancen durch Komplementärleistungen für die Kunden,
- hohe oder niedrige Markteintrittsbarrieren für neue Anbieter,
- Leistungsstärke und Marktmacht von Lieferanten (u. U. mögliche neue Mitbewerber – vgl. z. B. bei Elektroautos) sowie
- die jeweilige Phase im Branchen- oder SGF-Lebenszyklus etc.

Werden die für diese Bestimmungsgrößen zu den Unternehmenspotenzialen in Beziehung gesetzt und dann – entsprechend dem oben gezeigten Vorgehen bei den externen Einflussgrößen – nach ihrem Chancen- und Risikopotenzial bewertet, kann man die **Attraktivität eines strategischen Geschäftsfeldes** für das Unternehmen ermitteln.

Aus Gründen der Chancen- und Risikooptimierung sollte das Unternehmen stets auf mehreren voneinander unabhängigen, eigenständigen SGF tätig sein.

Durch enge oder weite **Kombination der SGF-Merkmale** (1) Bedarfsart und Bedarfsintensität, (2) Kundenart und Kundenzahl sowie (3) Art und Anzahl potenzieller Absatzgebiete lassen sich die SGF und die Absatzmärkte des Unternehmens bestimmen. Durch die hierbei getroffene Auswahl entscheidet sich das Unternehmen, ob es mehr als **„Generalist"** oder als **„Spezialist"** am Markt aktiv werden will.

Generalist/ Spezialist

Beispiel

Für das strategische Geschäftsfeld „Raum-Klimatisierung" ist z. B. auszuwählen zwischen

* möglichen Bedarfen:
    - Klimatisierung von Gebäuden aller Art (= Generalist)
    - Klimatisierung von Geschäftsräumen (= Spezialist)
* möglichen Kunden:
    - Klimatisierung von Räumen aller Bedarfsträger (= Generalist)
    - Klimatisierung von Kühlräumen (= Spezialist)
* möglichen Gebieten:
    - Leistungen innerhalb Europas (= Generalist)
    - einzelne regionale Märkte (= Spezialist).

Auswahl der SGF

Die **Auswahl des SGF und des jeweiligen Absatzmarktes** hat nach Chancen-Risiken-Abwägungen und nach Kapazitäts-, Kosten- und Ertragsgesichtspunkten zu erfolgen.

Dies könnte im obigen Beispiel etwa dazu führen, dass interessante regionale Märkte wegen zu großer Entfernung der Bedarfsträger vom Betrieb nicht berücksichtigt werden (Risiko eines späteren starken Preisverfalls durch lokale Anbieter kann nicht abgeschätzt werden, oder die Kosten der persönlichen Auftragsgewinnung sind zu hoch, oder der logistische Aufwand ist nicht vertretbar).

Dann könnte im SGF „Klimatisierung von Privatwohnungen" z. B. der „Großraum Stuttgart" als Absatzmarkt ausgewählt werden und nicht „Baden-Württemberg und Bayern", obwohl dort ein größeres Umsatzpotenzial vorliegt.

Da das Chancen- und Risikopotenzial eines SGF auch ganz wesentlich davon bestimmt wird, in welcher **Phase seines Lebenszykluses oder desjenigen einer ganzen Branche** es befindet, soll dies im nächsten Abschnitt etwas näher betrachtet werden.

1.2.2 Den Einfluss der Lebenszyklusphasen eines SGF beachten

Der Wandel in Angebot und Nachfrage einer Branche im Zeitablauf spiegelt die sich ändernden Probleme, Wünsche und Erwartungen von Privat- und Geschäftskunden wider. Entsprechend den getätigten Umsätzen oder verkauften Stückzahlen über die Jahre hinweg kann man bestimmte Phasen unterscheiden: von der „Geburt" bis zum „Tod" einer Branche, eines SGF, einer Leistungsart oder aber einzelner Produkte und (Dienst-)Leistungen.

Den Verlauf eines solchen Lebenszykluses und die Bezeichnung der einzelnen Phasen zeigt die nachstehende Abbildung.

SGF im Produktlebenszyklus

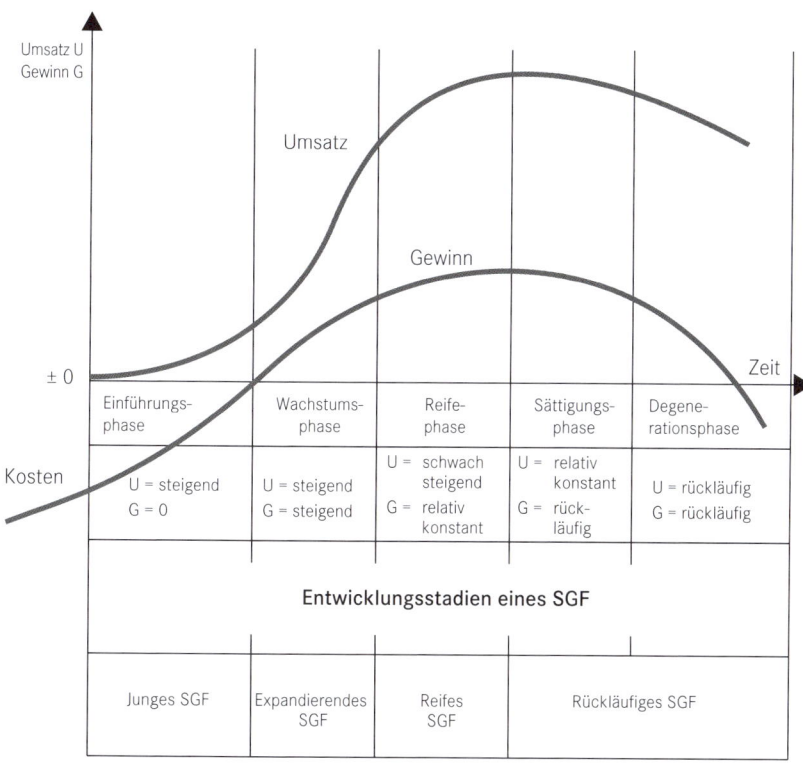

Phasen eines Branchen- oder SGF-Lebenszykluses

Betrachtet man die **Lebensphasen eines SGF,** dann lassen sich folgende **Entwicklungsstadien** beschreiben:

Lebensphasen

- **Junge SGF:** Sie sind geprägt vom Anreiz, in diese Märkte mit innovativen Leistungen, die bislang noch nicht angeboten wurden, einzutreten. Hier liegt ein hohes Chancen-Risiko-Potenzial, das sich aus konkurrenzloser Alleinstellung im Angebot einerseits und Unkenntnis sowie nur vereinzelter Kaufbereitschaft potenzieller Kunden andererseits ergibt.

Junge SGF

Expandierende SGF

- **Expandierende SGF:** Hier einzusteigen ist für das Unternehmen durch wachsende Nachfrage nach neuen Leistungen hochinteressant. Immer mehr Kunden möchten die subjektiv wertvollen Leistungen erwerben. Diese Chancen gilt es durch Ausbau der Kapazitäten zu nutzen. Die Mitbewerber wollen an diesem Boom teilhaben.

Reife SGF

- **Reife SGF:** Diese Märkte haben ihre Attraktivität für das Unternehmen weitgehend verloren. Es ist bei nachlassender Nachfrage ein starker preisorientierter Wettbewerb anzutreffen, denn die Mitbewerber sind mit ähnlichen Leistungen am Markt präsent. Dieses SGF nähert sich der Marktsättigung.

Rückläufige SGF

- **Rückläufige SGF:** Hier kann sich ein Anreiz zum Einstieg ergeben, weil andere sich aus diesem Marktfeld zurückziehen. Man spricht auch von „sterbenden SGF", denn die Nachfrage sinkt fortlaufend infolge von technischem oder modischem Fortschritt, die dieses SGF „alt" erscheinen und die Nachfrage an andere, junge SGF abwandern lassen.

Die „richtige" Einschätzung der Chancen und Risiken der oben genannten Bestimmungsfaktoren im jeweils vorliegenden Entwicklungsstadium des SGF ist enorm wichtig.

> Fehleinschätzungen beim Entwicklungsstadium eines SGF können für das Unternehmen existenzbedrohend werden.

Zur Verbesserung der strategischen Position im Wettbewerb kann es in verschiedenen Lebensphasen (z. B. reifes SGF oder rückläufiges SGF) sehr vorteilhaft sein, die Wertschöpfungskette des Unternehmens zu analysieren und evtl. zu verändern.

1.2.3 Die Wertschöpfungskette analysieren

Die Leistungserbringung im Unternehmen kann nach Porter als interner Wertschöpfungsprozess verstanden und dargestellt werden.

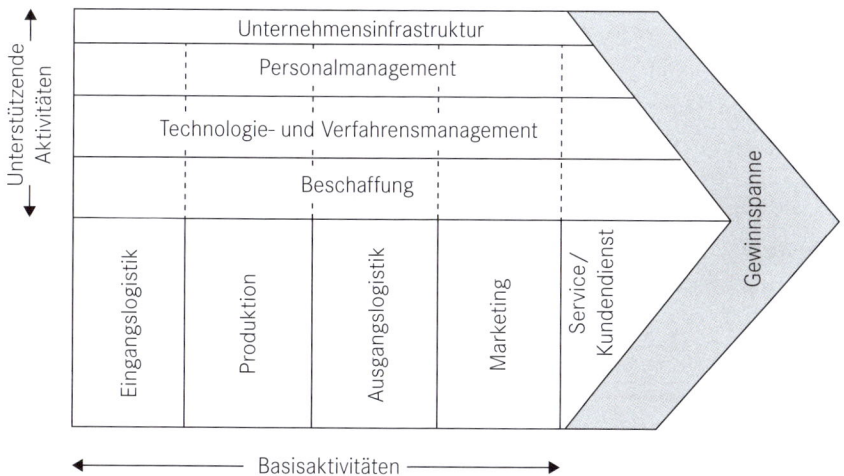

interne Wertschöpfung

Wertschöpfungsprozess nach Porter

In Anlehnung an Porter lassen sich beim **internen Wertschöpfungsprozess** im eigenen Unternehmen unterscheiden:

Interner Wertschöpfungsprozess

- fünf Primäraktivitäten (interne und externe Logistik, Produktion, Marketing & Verkauf sowie Service) sowie
- vier Unterstützungsaktivitäten (Infrastruktur, Human Ressource Management, Technologie-Management und Beschaffung).

Die fünf Primäraktivitäten sind **Gestaltungsfelder zur eigenen Wertschöpfung** bei der Leistungserstellung. Da diese Aktivitäten miteinander verzahnt sind, ergibt sich ein interner Wertschöpfungsprozess, der mithilfe der anderen Aktivitäten optimiert wird.

Gestaltungsfelder

Durch verschiedene Ausprägungen im **Umfang der Eigenleistungen** in diesem Wertschöpfungsprozess kann sich das Unternehmen gegenüber den Mitbewerbern differenzieren und beim Kunden durch Vorteile positiv positionieren. So hat z. B. ein Betrieb mit großer Fertigungstiefe eine hohe Wertschöpfung und damit mehr Gestaltungsspielraum etwa bei Kundenspezifikationen oder Preisen. Das hat dagegen ein Montagebetrieb mit geringer Fertigungstiefe nicht; dessen Spielräume sind produkttechnisch und preislich in aller Regel wesentlich geringer.

Eigenleistungen

Um Marktchancen optimal nutzen und evtl. Gefahren (Wirkung der Risiken) vermeiden oder begrenzen zu können, sind oftmals Änderungen im **internen Wertschöpfungsprozess** angeraten.

Die Gewinnwirksamkeit der eigenen Aktivitäten kann das Unternehmen noch steigern, indem es sich als **Teil einer unternehmensübergreifenden Wertschöpfungskette** versteht und ausrichtet. Das heißt, die Geschäftspartner in den Vor-
märkten (die Lieferanten) und in den Nachmärkten (die Kunden) werden bewusst in
den Prozess der Wertschöpfung eingebunden.

**Wertschöp-
fungskette**

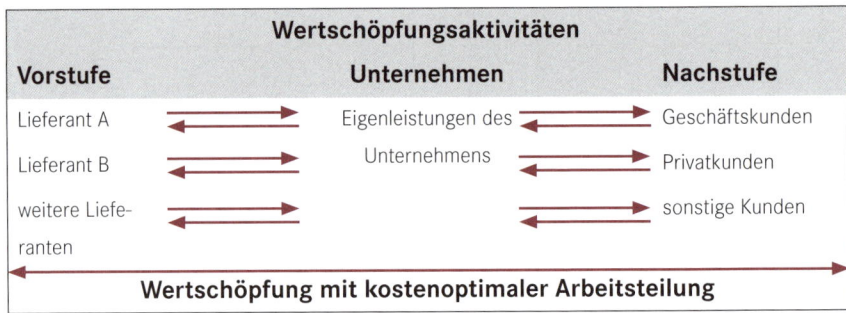

Unternehmensübergreifende Wertschöpfungskette

Die Gestaltung der unternehmensübergreifenden Wertschöpfungskette erfolgt mit
dem Ziel, durch Aktivitäten- und Kosteneinsparungen im eigenen Unternehmen eine
Verbesserung der Gewinnspanne zu erreichen. Dies kann erfolgen durch strategische Entscheidungen bezüglich

**Verlagerung von
Aufgaben**

- **Aufgabenverlagerung** (dauerhafte Ausgliederung von Funktionen oder Aufgaben auf Lieferanten und Kunden; z. B. kostenintensive Funktionen oder Prozesse werden auf Lieferanten oder Subunternehmen verlagert, verstärkter Einsatz
  elektronischer Kommunikationsmedien z. B. bei Auftragsgewinnung, Abwicklung
  und Rechnungsstellung sowie Zahlungsabwicklung, Abholung durch Kunden oder
  Logistikunternehmen statt eigene Auslieferung an Kunden u. a. m.) und

**Anreicherung
von Aufgaben**

- **Aufgabenanreicherung** (dauerhafte Übernahme von bisherigen Funktionen
  oder Prozessen von Lieferanten und Kunden; z. B. neue Fertigungstechnologie
  ermöglicht qualitativ zuverlässigere und kostengünstigere Eigenfertigung als
  beim Lieferanten, Übernahme von Überwachungs-, Wartungs- und Reparaturar-
  beiten beim Kunden im B2B- wie auch B2C-Geschäft, Angebote für differenzierte
  Systemlösungen u. a. m.).

Für die vom Unternehmen ausgewählten SGF sind entsprechend ihrem Entwick-
lungsstand **passende Marketingkonzeptionen** zu entwickeln. Dabei richten sich
die Tätigkeiten in den SGF und Absatzmärkten nach den strategischen Marketingzielen und den operativen Zielen des Unternehmens.

1.3   Marketingziele festlegen

1.3.1   Unternehmensziele kennen

Die Kenntnis der strategischen Ziele für das Unternehmen als Einheit ist Vorausset-   **Unternehmens-**
zung für die Festlegung von Zielen für die Unternehmensteilfunktionen, vorrangig für   **ziele**
die Marketingziele.

> (1) Ein **Ziel** beschreibt einen Zustand oder ein bestimmtes Ergebnis, das am
>   Ende einer Periode erreicht sein **soll**, innerhalb und außerhalb des Unter-
>   nehmens.
>
> (2) Ziele zwingen zu zielorientiertem Entscheiden und Handeln und verhindern
>   zufallsgesteuertes Agieren von Führungskräften und Mitarbeitern.

Daher sollte auch in kleinen und mittleren Unternehmen ein **hierarchisch aufge-**   **Zielsystem**
bautes Zielsystem aus strategischen und operativen Ober- und Unterzielen
für das gesamte Unternehmen eingerichtet werden.

Dabei müssen Ziele generell – und die Hauptziele des Unternehmens im Speziellen
– eindeutige Aussagen enthalten hinsichtlich

- **Zielinhalt: Was** soll erreicht werden?
- **Zielausmaß: Wie viel** soll erreicht werden?
- **Zeitbezug: Bis wann** soll es erreicht werden?
- **Kosten: Mit welchem Aufwand** soll das Ziel erreicht werden?

Dadurch wird es möglich, nach Ablauf des Vorgabezeitraums (z.B. ein, zwei oder drei
Jahre) den **Grad der Zielerreichung** festzustellen.

Haupt- oder Oberziele des Unternehmens können dabei vorgegeben werden als:

- **quantitative Ziele als absolute Größen** wie z. B.   **Quantitative**
  - Höhe des Gewinns (z. B. „Überschuss im Folgejahr 40.000,– € und in 2 Jah-   **Ziele**
    ren 50.000,– €")
  - Gesamtumsatz (z. B. „Umsatz 2018: 1. Halbjahr: 1 Mio. € in SGF 1und 0,6
    Mio. € in SGF 2; im 2. Halbjahr 0,9 Mio. € (SGF 1) und 0,3 Mio. € (SGF 2)"
  - Gesamtzahl der Beschäftigten (Ende 2018: 25 Beschäftigte) usw.

- **quantitative Ziele als relative Größen** (Kennzahlen) wie z. B.
  - Eigenkapitalrendite (Gewinn: EK = 15 % Ende 2018 und 18 % Ende 2019)
  - Umsatzrendite (Gewinn: Umsatz = 20 % 2018) oder

- Produktivität (verkaufte Stunden in Relation zu bezahlten Stunden = Erhöhung auf 1,4 im Jahr 2018; bisher 1,2) oder
- Marktanteile (eigene Absatzzahlen im Verhältnis zum Branchenabsatz = 15 % bis Ende 2018, 17 % bis Ende 2019 und 20 % bis Ende 2020) usw.

Qualitative Ziele

- **qualitative Ziele,** also Beschreibungen von Streben/Beibehalten unternehmerischer Selbstständigkeit und Unabhängigkeit, ständige Verbesserung der Leistungsfähigkeit zu Kundenwohl und Umweltschutz (z. B. vermehrter Einsatz von umweltschonenden Ressourcen, mehr Nachhaltigkeit und mehr „Bio" beim Materialeinsatz beachten) u. a.

Werden längerfristige Ziele in kurzfristige Teilziele aufgeteilt und deren Erreichung kontrolliert, kann bei dort auftretenden Abweichungen durch Ergreifen von zusätzlichen oder anderen zielführenden Maßnahmen meist doch noch das Gesamtziel realisiert werden.

Das gilt auch für die Marketingentscheidungen, die ohne Kenntnis der Hauptzielsetzungen des Unternehmens keinen oder keinen bestmöglichen Beitrag zur Erreichung der Gesamtziele erbringen können.

1.3.2 Strategische Marketingziele erarbeiten

Strategische Marketingziele beschreiben Soll-Zustände oder Ergebnisse in einzelnen SGF und deren Absatzmärkten, die es in einem bestimmten Zeitraum in diesen Märkten mit der Festlegung operativer Marketingziele zu erreichen gilt.

Die Zielsetzungen im Marketing für die SGF und deren Absatzmärkte ändern sich im Zeitablauf entsprechend den Lebensphasen, in denen sich das SGF befindet (siehe Abschnitt 1.2.2 „Einfluss des Lebenszyklus").

Strategische Marketingziele

Für die Marktbearbeitung lassen sich folgende **strategischen Marketingziele** feststellen:

- Markterschließung (Entstehung)
- Marktausweitung (Wachstum)
- Marktsicherung (Reife, Sättigung)
- Marktverzicht (Verfall).

Markterschließung/ -ausweitung

(1) Bei den Zielen zur **Markterschließung und Marktausweitung** geht es um den längerfristigen Aufbau und Ausbau von Märkten. Dazu sind Sollvorgaben für Absatz und Umsatz festzulegen hinsichtlich neuer Marktleistungen, Kunden, Kundengruppen oder Absatzgebieten. Werden diese Ziele in den vorgegebenen Zeiträumen nicht erreicht, kann das zur Aufgabe eines Absatzmarktes oder gar des SGF insgesamt führen.

(2) Das strategische Ziel **Marktsicherung** gegenüber Mitbewerbern in den einzelnen Absatzmärkten eines SGF ist eine Daueraufgabe des Unternehmens. Hier sind Ziele zu formulieren, die zu einer längerfristigen Stabilisierung bei Umsatz und Absatz führen sollen, z. B. für Produktanpassungen bei gewandelten Kundenerwartungen, Imagekorrektur, mehr Kundenzufriedenheit, höhere Kundenbindung u. a. m.

Marktsicherung

(3) Beim strategischen Ziel **Marktverzicht** geht es um den geplanten Rückzug aus einem Absatzteilmarkt oder dem gesamten SGF. Die Zielsetzungen betreffen einen vollkommenen oder teilweisen Verzicht von Absatzgebieten und / oder Marktleistungen. Hier ist besonders darauf zu achten, dass keine Imagebeschädigung auftritt, bisher treue Kunden nicht abwandern, sondern für Ersatz- oder Nachfolgeprodukte gewonnen werden können.

Marktverzicht

Zum planmäßigen und kontrollierbaren Erreichen der strategischen Marketingziele eines SGF gilt es, spezifische Marketingstrategien zu entwickeln und operative Marketingziele festzulegen.

1.3.3 Operative Marketingziele bestimmen

Operative Marketingziele sind kontrollierbare Handlungsziele, die gleichzeitig mit der Wahl der Marketingstrategien festgelegt werden sollten. Als **wichtigste operative Marketingziele,** die als konkrete und kontrollierbare Ergebnisvorgaben für bestimmte Zeiträume (z. B. Monat, Quartal, Halbjahr, Jahr) geplant werden, sind zu nennen:

Operative Marketingziele

- **Absatzziele**
  Das sind konkrete Soll-Vorgaben der Absatzmengen für bestimmte Zeiträume zum Erreichen der strategischen Marketingziele. Die Sollvorgaben sind Mengengrößen (z. B. verkaufte Stunden, Stückzahlen oder Marktanteile), die es in einem begrenzten Zeitraum in einem SGF, einem Absatzmarkt (Inland, Ausland) oder Absatzgebiet (Region, Lokalmarkt) zu realisieren gilt.

Absatzziele

- **Umsatzziele**
  Hier geht es um die Vorgabe konkret zu erreichender Umsatzgrößen bei einzelnen Kunden, bestimmten Kundengruppen, Absatzmärkten und Absatzgebieten eines SGF. Dabei können die Umsätze durch Variation von Absatzmengen und vorgegebenen oder erzielbaren Preisen gestaltet werden.

Umsatzziele

Imageziele

- **Imageziele**

  Dabei handelt es sich um die Vorgabe von Zielsetzungen (Handlungsziele) für die Aktivitäten zur Imagegestaltung des Unternehmens bei Kunden und in der Öffentlichkeit (siehe auch Abschnitt 2.1.2 „Profilierungsstrategie"). Hierzu gehören vor allem auch Ziele bezüglich der Kundenzufriedenheit, der Kundentreue und der Kundenbindung.

Kostenziele

- **Kostenziele**

  Hier wird durch Budgetierung festgelegt, welche Kosten beim Einsatz der Marketingmaßnahmen und der Steuerungsinstrumente anfallen sollen und welche liquiditätswirksamen Ausgaben in einer Periode zu finanzieren sind (Marketingkosten-Planung). Das Erreichen der Umsatz- und Kostenziele einer Periode bestimmt das Vertriebsergebnis als Grundlage der späteren Gewinnermittlung.

Die inhaltliche und zeitliche Vielzahl der strategischen und operativen Marketingziele für die einzelnen SGF eines Unternehmens erfordert eine klare Einordnung als Ober- oder Unterziel in einer Marketing-Zielhierarchie. Damit lassen sich Zielkonflikte vermeiden.

Beispiel

Das Unternehmen will in einem SGF einen Jahresgewinn von 100.000,– € erzielen. Hierzu ist eine Umsatzerhöhung um 8 % für dieses Jahr eingeplant. Für diese Umsatzsteigerung wird z. B. ein um 10 % höheres Werbebudget eingeplant. Außerdem wurden die Kosten beim Kundenservice ebenfalls um 6 % erhöht, um Preisstabilität bei ausgewählten Kundengruppen zu erreichen. Beide Aktivitäten haben positive Wirkungen auf die Erreichung des Umsatzziels. Aber ohne klare Festlegung von Ober- und Unterzielen könnte das Gewinnziel infolge zu hoher Marketingkosten dennoch nicht erreicht werden.

Der Zusammenhang von strategischen und operativen Marketingzielen wird in der folgenden Abbildung nochmals grafisch dargestellt.

Strategische und operative Marketingziele

Die operativen Marketingziele haben in Bezug auf das Marktverhalten im Rahmen der Marketingstrategien eine **konkrete Steuerungsfunktion.**

Steuerungsfunktion

Beispiel für eine Handlungssituation

Bäckermeister Klaus Fein hat von seinem Vater vor 10 Jahren in einer damals neuen Wohnsiedlung eine traditionelle Bäckerei übernommen. Bei der Übernahme waren in der Produktion neben dem Chef noch 2 Gesellen und weitere 2 Mitarbeiterinnen im Verkauf beschäftigt. Klaus Fein hat im Laufe der Jahre festgestellt, dass qualitativ hochwertige Produkte und kundengruppenbezogener Kundendienst die Kunden mehr anspricht als branchenübliche Standards. Daher hat er die Firma bereits frühzeitig umbenannt in „Fein Bäcker", was seiner fortschrittlichen Geschäftsphilosophie mit Berücksichtigung der aktuellen Öko- und Bio-Trends bei Produktion und Produkten entspricht. Durch die Eröffnung von bislang 5 Verkaufsfilialen (jeweils mit integriertem Café mit durchschnittlich 50 Plätzen) in der Kreisstadt und den angrenzenden Gemeinden hat er seinen Markt wesentlich vergrößert.

Am alten Standort wurde durch Ausbau der ehemaligen „Backstube" und einen zusätzlichen Neubau die Produktion wesentlich vergrößert. Der Platz für eventuell künftige Erweiterungsbauten in direkter Nachbarschaft ist gesichert.

Die Verkaufsfläche im Stammhaus ist dagegen nahezu gleich geblieben. Die Nachfrage ist am alten Standort nicht wesentlich gewachsen; die Bewohner der Wohnsiedlung sind jetzt überwiegend ältere Leute.

Im Gespräch mit einem Stadtrat hat Klaus Fein erfahren, dass im Gewerbegebiet der Stadt große Beschwerden bestehen, weil zu wenig Verpflegungsmöglichkeiten für die dort ca. 5000 Beschäftigten vorhanden sind. So gibt es dort neben einem kleinen McDonalds (6 Beschäftigte, die täglich ca. 200 Burger über die Mittagszeit verkaufen) noch ein italienisches Restaurant, das außer Pizzas auch preisgünstige Menüs als Mittagstisch anbietet. Ein ebenfalls im Gebiet ansässiges Hotel Garni (70 Zimmer) wird überwiegend von Geschäftskunden der Firmen im Gewerbegebiet besucht. Früher wurde von diesem Hotel auch ein Restaurant betrieben, das jedoch vor 3 Jahren geschlossen wurde. Seitdem stehen diese Räume leer.

Etwa 1 km vom Gewerbegebiet entfernt gibt es noch ein chinesisches Restaurant, das „Peking Garden" mit großer Terrasse. Diese ist im Sommer mit ca. 60 Plätzen, die mittags meist zweimal belegt sind, geöffnet. In den übrigen Jahreszeiten hat dieses Restaurant eine Kapazität von 300 Mittagessen/Tag.

Diese Verpflegungsstätten werden tagsüber sowohl von Privatkunden aus der Kreisstadt und Umgebung als auch von den Beschäftigten und den Firmenbesuchern frequentiert.

Da der Stadtrat Herrn Fein als aufgeschlossenen und innovativen Unternehmer kennt, möchte er dessen Interesse für ein Engagement des „Fein Bäcker" für ein Objekt im Gewerbegebiet wecken. Die Stadt würde zur Verbesserung der Versorgungslage sogar ein zentral im Gewerbegebiet liegendes Grundstück verkaufen; lieber an „Fein Bäcker" als an einen anderen Interessenten, einen Franchisenehmer einer griechischen Gaststättenkette.

„Fein Bäcker" hat nicht nur Erfahrungen bei Produktion und Verkauf von Back- und Konditoreiwaren. Durch den Verkauf von Snacks, frischen Salaten und kleinen vorproduzierten Mittagsmenüs in seinen Filialen ist auch dieses Geschäft für Klaus Fein nicht neu. Daher denkt er intensiv über den Bau einer großen Verkaufsfiliale im Gewerbegebiet nach.

Er hat die Idee, diese Filiale als „Fein Bäcker Bistro" zu konzipieren und zu führen. Zur Planung der Größe (Sitzplatzkapazität) und eines innovativen, serviceorientierten Verpflegungsangebots (Sortimentsstruktur) benötigt Klaus Fein zielführende Informationen. Wichtig ist noch, dass das „Fein Bäcker Bistro" in unmittelbarer Nähe zu einem sehr gut besuchten Verbrauchermarkt (ca. 1200 Kunden pro Tag) liegen würde. Von diesen Kunden würden etwa 5 % im Laufe eines Tages als Laufkunden ins „Fein Bäcker Bistro" kommen.

Situationsbezogene Fragen

- Welche Aussagen lassen sich aus den vorliegenden zahlenmäßigen Angaben gewinnen? Welche zusätzlichen Informationen sollte Klaus Fein zur Entscheidungsfindung heranziehen/beschaffen?
- Ergänzen Sie Ihre Antworten mit praxisbezogenen Inhalten, die Klaus Fein bei seinen Marketingentscheidungen helfen könnten. Lösungshinweise finden Sie in Klammern angegeben.

Lösungshinweise

Der Bedarf an Marketinginformationen zur Konzeption eines „Fein Bäcker Bistro" im Gewerbegebiet umfasst:

(1) Allgemeine Informationen:

- entscheidungsrelevante Informationsgebiete (Übersicht, siehe Seiten 23, 40)
- Bewertung der Informationslage bezüglich der „3-K + 3U-Informationen" (siehe Seite 47)

(2) Kundeninformationen:

- detaillierte Gliederung des quantitativen Nachfragepotenzials und der aktiven Nachfrage im Teilmarkt „Gewerbegebiet"
- Welche kaufwirksamen Bedürfnisbündel (Kombinationen von Grund- und Zusatzbedürfnissen) bei Verpflegung/Mittagstisch sind bei den Kundengruppen feststellbar?
- Anteile der preis- oder qualitätsorientierten Nachfrage im Gewerbegebiet
- Zahlungsbereitschaft für Leistungen (Preisbänder) bei den Kundengruppen
- Kundenzufriedenheitsanalyse (alle derzeitigen Anbieter im Vergleich)

(3) Konkurrenzinformationen:

- Umfang und Zusammensetzung des Gesamtangebots
- Marktanteile der Anbieter und Grad der Marktsättigung (geschätzt)
- Umfang des Leistungsangebots und der Potenziale der Anbieter (Attraktivitätsanalyse)
- Stärken-Schwächen-Analyse der Mitbewerber aus Kundensicht
- Marketingaktivitäten und Auftreten der Mitbewerber im Markt

(4) Konjunktur- und Umweltinformationen:

- allgemeine Konjunktur und Konjunkturtrends der Branchen im Gewerbegebiet, Geschäftsklimaindex
- derzeitige und künftige Beschäftigungsentwicklung
- Wachstum im Gewerbegebiet durch Vergrößerungen oder Neuansiedlungen
- technologische Trends (z. B. elektronische Kommunikation und Vernetzung im Unternehmen und mit dem Kunden; Nutzung der Social-Media-Plattformen durch Kunden, Mitbewerber und eigenes Unternehmen)
- ökologische Trends und Erwartungen der Kunden (Umweltschutz und Bio-Trend bei Produktion und Produkten)

(5) Unternehmensinformationen:

- finanzielle, personelle und organisatorische Potenziale zur Realisierung und Integration des Projekts „Fein Bäcker Bistro"
- Stärken-Schwächen-Analyse im Vergleich zu Mitbewerbern
- Prozessanalysen zur Anpassung der „Fein Bäcker Bistro"-Leistungs- und Kommunikationsprozesse an die Kundenerwartungen (Welche?)
- Leistungsanalysen und Leistungsgestaltung nach den Bedürfnisbündeln der Kundengruppen (Welche?)
- Eigenproduktion oder Kooperation mit Exklusiv-Lieferanten (z. B. Caterer)?

(6) Informationsquellen:

- Welchen Informationen sollte Klaus Fein zur Datenauswertung heranziehen?
- Für welche Informationen sollte Klaus Klein die Verfahren der Datenerhebung einsetzen?
- Für welche Informationen sollte Klaus Fein welche Quellen suchen/nutzen?
- Wie könnte Klaus Fein erforderliche Befragungen durchführen?

2. Marketingstrategien unter Verwendung von Marketinginstrumenten vorbereiten und Marketingkonzepte entwickeln

Kompetenzen

Die folgenden Ausführungen sind so angelegt, dass Sie am Ende dieses Kapitels in der Lage sein sollten,

- Marketingstrategien unter Berücksichtigung der Marketingziele zu entwickeln,

- Instrumente zur Umsetzung der Marketingstrategie unter Berücksichtigung möglicher Kundengruppen zu identifizieren, abzugrenzen und zu bewerten,

- Marketingkonzepte unter Berücksichtigung einzusetzender Instrumente zu entwickeln und

- ein Budget zur Umsetzung des Marketingkonzepts vorzuschlagen.

2.1 Mögliche Marketingstrategien erkennen, analysieren und abgestimmt festlegen

2.1.1 Wettbewerbsstrategien

Im Wettbewerb um Kunden und Aufträge hat jedes Unternehmen im Prinzip die Wahl zwischen den zwei Grundeinstellungen „Preis" oder „Qualität", um sein Verhalten am Markt und seine Aktivitäten im Betrieb auszurichten. Es muss sich für eine dieser Strategien definitiv und langfristig bindend entscheiden.

Wettbewerbs-strategien

Eine höhere Attraktivität bei derzeitigen und potenziellen Kunden und eine stärkere Berücksichtigung bei der Auftragsvergabe kann erreicht werden durch

- eine bewusste Ausrichtung am **Preisbewusstsein** der Kunden (Strategie des Preiswettbewerbs) und

- eine bewusste Ausrichtung am **Qualitätsbewusstsein** der Kunden (Strategie des Qualitätswettbewerbs).

Untermauert wird das durch

- eine bewusste Ausrichtung an **der Nähe zum Kunden** (Strategie der Kundennähe) sowie

- einen unterstützenden, imagewirksamen Marktauftritt (Strategie der **Profilie-rung**).

Die in der Praxis gerne verwendete Formulierung, den Wettbewerb durch ein **„besseres Preis-Leistungs-Verhältnis"** zu gewinnen, entspricht keiner klar definierten Strategie, es entspricht eher einem „Durchwursteln". Dies eignet sich jedoch nicht (selten) als langfristige Strategie, da in den Augen des Kunden weder der Preis noch die Qualitätsleistung als besondere Stärke des Unternehmens dominiert. Für den Kunden kaufentscheidend ist jedoch eine der beiden Größen: Preis oder Qualität!

2.1.1.1 Strategie des Preiswettbewerbs prüfen

Strategie des Preiswettbewerbs

Das Unternehmen richtet seine Marketingstrategie, seine Aktivitäten im Betrieb und im Markt sowie seine Betriebsstruktur darauf aus, seine Marktleistungen zu niedrigen Kosten zu erbringen und zu günstigeren Preisen als die Mitbewerber anzubieten. Zielgruppe sind **preisbewusste Kunden,** die auf Leistungsqualität und Service weniger bzw. keinen besonderen Wert legen. Ein branchenüblicher Mindeststandard wird als ausreichend akzeptiert. Die Preispolitik mit Preisgestaltung sowie Zahlungs- und Lieferbedingungen sind hierbei wichtigstes Marketinginstrument zur Umsetzung.

> Die Attraktivität des Preisvorteils stellt den dominierenden Kaufanreiz dar.

Eine „Tiefpreispolitik" ist dabei das profilierende Marketingkennzeichen, wie sie beispielsweise bekannte Discounter im Lebensmitteleinzelhandel (derzeit) praktizieren. Der Preiswettbewerb zeigt sich deutlich in der kostenorientierten Gestaltung des Marktauftritts. Hier sollen durch Begrenzung, Normierung und Standardisierung der Marktleistungen (Angebot von Produkttyp A und B oder Servicepaket 1 oder 2 oder z. B. Minimierung/Wegfall von Nachkauf-Service) gezielt Kosten- und Preisvorteile erreicht werden. Mit einem niedrigen Preis als Kaufanreiz sollen größere Umsätze generiert und so die gewünschte/geplante Rendite erwirtschaftet werden. Hier gilt:

„Masse statt Klasse"

> „Masse statt Klasse" – der Preis entscheidet.

In manchen Branchen, z. B. der Baubranche, ist – zumindest bei größeren Objekten - der Preiswettbewerb über standardisierte Ausschreibungen sogar dominant.

Ob ein Unternehmen für eine **Strategie des Preiswettbewerbs** geeignet ist, kann mithilfe nachfolgender **Checkliste** überprüft werden.

„Kompetent für Preiswettbewerb?"

Beurteilungskriterien	ja	nein	erforderliche Maßnahmen
● Kennen wir die leistungsbezogenen Erwartungen preisorientierter Interessenten/Kunden?	☐	☐	------------
● Ist unser Betrieb auf branchenübliche Qualität und „Mengen-Output" sowie „low cost production" ausgelegt?	☐	☐	------------
● Ist unser Personal für kostenorientierte Leistungserstellung geeignet und geschult?	☐	☐	------------
● Sind **alle** unsere Geschäftsprozesse auf „einfach, schnell und minimale Kosten" ausgelegt?			
● Bieten wir normierte und standardisierte Produkte an?	☐	☐	------------
● Bieten wir vom Kunden erwartete Mindestserviceleistungen?	☐	☐	------------
● Sind unsere Serviceleistungen kostenorientiert standardisiert?	☐	☐	------------
● Entsprechen unsere Leistungen (Produkte und Service) in Art, Umfang und Qualität dem Angebot der Mitbewerber?	☐	☐	------------
● Arbeiten wir auch in den Prozessen der Marktbearbeitung kostenorientiert – mit einem Minimum an Personaleinsatz?	☐	☐	------------
● Ist unser Angebotswesen standardisiert und voll EDV-gestützt?	☐	☐	------------
● Werden Internet und Intranet gekoppelt und intensiv zur Auftragsgewinnung und Auftragsabwicklung eingesetzt?	☐	☐	------------
● Ist unser Marketingkonzept auf Wettbewerb über den Preis ausgerichtet?	☐	☐	------------
● Sind unsere Marketingstrategien darauf angelegt, uns bei den Interessenten/Kunden als „preisgünstiger Anbieter" zu profilieren?	☐	☐	------------

Checkliste „Eignung zum Preiswettbewerb"

2.1.1.2 Strategie des Qualitätswettbewerbs verfolgen

Strategie des Qualitätwettbe- werbs

Hier sollen strategische Wettbewerbsvorteile geschaffen werden durch differen- zierte, am Bedarf der jeweiligen Kunden/Kundengruppe ausgerichtete Problemlö- sungen. Zielgruppen sind **qualitätsbewusste Kunden;** Kunden mit individuellen Wünschen und Anforderungen bei den Leistungen. Leistungsfähigkeit, Marketingver- halten und Marktauftritt des Unternehmens sind darauf ausgerichtet, dem Kunden hochwertige Qualität, Zuverlässigkeit und Sicherheit bei der Leistungserbringung und -nutzung zu signalisieren.

Dominierendes und profilierendes Marketingkennzeichen ist eine **Qualitätspolitik,** die auf **„Spitzenleistungen für unsere Kunden!"** ausgerichtet ist. Hier gilt:

> Die Attraktivität der Problemlösung ist der dominierende Kaufanreiz.

Der Wettbewerb wird nicht über standardisierte, sondern weitgehend über indivi- dualisierte, auf die speziellen Wünsche und Erwartungen der Kunden abgestimmte Leistungen ausgetragen. Das können Marktinnovationen oder Spezialangebote für ausgewählte Kundengruppen oder Teilmärkte (Marktnischen) sein (z. B. „Alles aus einer Hand" oder „Komplettlösung").

„Klasse statt Masse"

> „Klasse statt Masse" – die Besonderheit der Leistungen rechtfertigt den Preis.

Mit einer verstärkten Orientierung an den Bedürfnisstrukturen der Kunden kann das Unternehmen dem zunehmenden Preisdruck ausweichen. Nach Meinung eines bekannten Wirtschaftspsychologen kann das durch „mehr Qualität, mehr Erleben, mehr Emotionen und durch eine bessere Beziehung von Mensch zu Mensch" – so- wohl im B2C- als auch im B2B-Geschäft – erfolgen. Dies empfinden Kunden psycho- logisch als „mehr Qualität" und als wichtigen Beitrag zu mehr Profilierung in ihrem sozialen Umfeld.

Qualitätsleistungen können im Marketing durch Bezeichnungen wie „Komfort-", „Spezial-", „Exklusiv-" oder „Premium-" gekennzeichnet werden (z. B. als Komfort- Reinigung, Spezial-Service, 1a-Qualität bei Produkt X oder Dienstleistung Y, geprüfte oder zertifizierte Qualität nach DIN ...). Auch Auszeichnungen bei Wettbewerben, z. B. 1., 2., 3. Preise oder Gold- bzw. Silber-Platzierungen bei Vergleichswettbewer- ben, z. B. branchenspezifischen Leistungs-, Innovations- oder Qualitätswettbewer- ben im Bäcker-, Fleischer- oder etwa Kürschner-Handwerk, sind Zeichen für Spitzen- leistungen im Qualitätswettbewerb. Ist allerdings eine solche Differenzierung nicht möglich oder nicht gewünscht, können keine kundenspezifischen Wettbewerbsvor- teile herausgearbeitet und preis- und gewinnsteigernd genutzt werden. Das zeigt sich z. B. ganz deutlich bei der Auftragsvergabe über Ausschreibungen im Baugewerbe.

Die Eignung eines Unternehmens zum **Qualitätswettbewerb** kann mithilfe folgender **Checkliste** überprüft werden.

„Kompetent für Qualitätswettbewerb?"			
Beurteilungskriterien	ja	nein	erforderliche Maßnahmen
• Kennen wir Anforderungsniveau und Erwartungen von qualitätsbewussten Interessenten/Kunden?	☐	☐	-----------
• Ist unsere Betriebsstruktur in allen Bereichen so ausgerichtet und ausgestattet, dass wir Qualitäts- und Spitzenleistungen erbringen können?	☐	☐	-----------
• Haben wir das Know-how und das Image, um Kunden individualisierte, qualitativ und preislich hochwertige Einzelleistungen oder Leistungsbündel anbieten zu können?	☐	☐	-----------
• Unterscheiden wir uns wesentlich von den Mitbewerbern und ist dies Interessenten und Kunden bekannt?	☐	☐	-----------
• Sind **alle** unsere Geschäftsprozesse auf eine bestmögliche Befriedigung von individuellen Kundenwünschen und Erwartungen ausgerichtet und organisiert?	☐	☐	-----------
• Ist unser Personal insgesamt für die Erfassung und Erarbeitungen kundenindividueller Problemlösungen geeignet und geschult?	☐	☐	-----------
• Sind unsere Vor- und Nachkauf-Serviceleistungen ebenfalls kundenindividuell und für den Kunden wertvoll?	☐	☐	-----------
• Werden Preise und Konditionen als Teil der angebotenen individuellen Problemlösung argumentiert?	☐	☐	-----------
• Erfolgen unsere Prozesse zur Auftragsgewinnung und Auftragsabwicklung in enger Abstimmung mit dem Kunden? Sind sie stark personalisiert?	☐	☐	-----------
• Werden Internet und Social Media-Kontakte intensiv zur individuellen Kundenpflege/Kundenbetreuung eingesetzt?	☐	☐	-----------
• Ist unser Marketingkonzept auf Erfolge im Wettbewerb über Qualitätsleistungen und nicht über niedrige Preise ausgerichtet?	☐	☐	-----------
• Sind unsere Marketingstrategien darauf ausgerichtet, uns bei Interessenten und Kunden als „hochwertigen Qualitäts-Anbieter" zu profilieren?	☐	☐	-----------

Checkliste „Eignung zum Qualitätswettbewerb"

Checkliste „Eignung zum Qualitätswettbewerb"

Um die Wirkung auf den Markt zu verstärken, stehen mit der Strategie der Kundennähe, der Profilierungsstrategie sowie der Leistungs- und Produktpolitik geeignete Instrumente zur Verfügung.

2.1.1.3 Strategie der Kundennähe umsetzen

Strategie der Kundennähe

Kundennähe tritt in verschiedenen Bereichen im Unternehmen auf und besagt, wie Anbahnung, Abwicklung und Erhaltung von Geschäftsbeziehungen zu Kunden gestaltet werden sollen. Jedes Unternehmen kann große kaufrelevante Vorteile beim Kunden erreichen, wenn es sein preis- oder qualitätsorientiertes Verhalten mit Entscheidungen zur Kundennähe kombiniert.

> Kundennähe ist ein Qualitätsmerkmal erfolgreicher Unternehmen.

Dabei lassen sich **vier Erscheinungsformen von Kundennähe** als Teilstrategien unterscheiden.

Erscheinungsformen der Kundennähe

(1) Sachliche Kundennähe

Sie besagt, in welchem Umfang auf Kundenwünsche und Problemstellungen gegenüber Kunden bei der Leistungserbringung eingegangen wird. Diese Form der Kundennähe prägt das Leistungsprogramm und deren Differenzierung (Variantenvielfalt), die dem Kunden angeboten werden. Bei einer Preiswettbewerbsstrategie ist die sachliche Kundennähe durch die Begrenztheit des Leistungsangebots – auch beim Service – kleiner als beim Qualitätswettbewerb. Dort wird großer Wert auf eine differenzierte und meist auch individualisierte Leistungspalette als Ausdruck großer sachlicher Kundenähe gelegt.

(2) Zeitliche Kundennähe

Diese Strategie befasst sich mit der Frage, wie rasch der Kunde mit Reaktionen aus dem Unternehmen rechnen kann: Wie schnell bekommt er ein Angebot, wann ist mit der Leistungserstellung zu rechnen, wie zügig werden die Arbeiten abgeschlossen? Durch Einsatz elektronischer Kommunikationstechniken (innerbetriebliche Vernetzung, Einbindung von 24-Stunden-Hotlines etc.) können hier große Vorteile erreicht werden. Diese Kundennähe hat einen sehr hohen Stellenwert bei den Kunden, denn Pünktlichkeit und Termineinhaltung sind für die Zeitdisposition des Kunden sehr wichtig und daher sehr wertvoll. Hiermit hat das Handwerk manchmal (noch) seine Probleme.

(3) Räumliche Kundennähe

Hier geht es um die Frage, wie nahe das Unternehmen bei seinen Kunden/Kundengruppen ist: Wo werden die Leistungen erbracht und wo verkauft? Geschäftsanbahnung und -abwicklung können grundsätzlich zentral am Standort und in den Räumen des Unternehmens oder über Onlineshops erfolgen (geringe Kundennähe). Diese ist etwas größer bei einer Geschäftsabwicklung im Absatzmarkt über Verkaufsbüros, Zweigbetriebe, Außenlager, Filialen oder Niederlassungen. Am größten ist die räumliche Kundennähe jedoch bei direkter Geschäftsabwicklung beim Kunden vor Ort. Zu dieser räumlichen Nähe kommt dann auch noch die persönliche Kundennähe hinzu, was beim Qualitätswettbewerb stets von Vorteil ist.

(4) Persönliche Kundennähe

Diese Strategie geht davon aus, dass das Unternehmen den direkten, persönlichen Kontakt zum Kunden sucht und diesen dann z. B. im Gespräch von den Vorteilen der eigenen Leistungen zu überzeugt. Das ist beim Qualitätswettbewerb ein sehr wichtiger und wirksamer Erfolgsfaktor. Persönliche Gespräche direkt beim Kunden sind im B2C- wie auch im B2B-Geschäft erfolgswirksamer als Gespräche in den Geschäftsräumen des Unternehmens.

Persönliche Kundennähe zeigt sich besonders bei schwierigen Problemlösungen (individuelle Einzelfertigungen) im Herausarbeiten und Verstehen der situativen Bedürfnisstruktur des Kunden. In Kombination mit Mustern, Modellen, und/oder elektronischen mobilen Einrichtungen (Ausstellungs- oder Demonstrationsfahrzeuge), 3-D-Präsentationen auf Tablets, Notebooks oder TV des Kunden lassen sich direkt vor Ort gemeinsam mit dem Kunden meist noch spezifischere und oft auch ertragreichere Problemlösungen entwickeln.

> Persönliche Kundennähe ist der Schlüssel zum Erfolg!

Persönliche Kundennähe als Erfolgsfaktor

Allerdings ist auch beim Herstellen größtmöglicher Kundennähe ein gewisses Anpassungsverhalten an die Aktivitäten der Mitbewerber stets kritisch zu sehen. Der Kunde würdigt zwar die „gleiche" Leistung, erwartet jedoch eine Leistung, die für ihn vorteilhafter und wertvoller ist als diejenige der Mitbewerber. **„Abheben statt Anpassen!"** ist gefordert, um sich bei Kunden zu profilieren.

Die Varianten der Kundennähe sind nach den Erfordernissen eines Preis- oder Qualitätswettbewerbs zu gestalten.

Beim **Preiswettbewerb** ist Kundennähe kostenorientiert zu gestalten. Das hat z. B. Standorte in Randlagen oder Gewerbegebieten, Einschränkung des persönlichen Verkaufs, standardisierter Verkauf über Selbstbedienung, Automaten, Kataloge oder Bestellungen über Onlineshops zur Folge.

Beim **Qualitätswettbewerb** sollte die Kundenähe sehr stark auf Erkennen der Bedürfnisstrukturen der einzelnen Kunden und auf das persönliche Angebot kundenspezifischer Leistungen ausgerichtet sein. Das schätzt der Kunde als Teilqualität des Unternehmens.

Die wichtigsten Gestaltungsinstrumente zur Umsetzung der Wettbewerbsstrategien sind die Leistungs- und Produktpolitik, die Preispolitik sowie die Maßnahmen des Verkaufs und der Verkaufsförderung.

**Profilierungs-
strategien**

2.1.2   Profilierungsstrategien

2.1.2.1 Profilierungsrichtung festlegen

Durch eine **Profilierungsstrategie** kann erreicht werden, sich in der Öffentlichkeit und speziell bei Kunden mit einem eigenen, unverwechselbaren **Erscheinungsbild** zu positionieren und vom Auftreten der Mitbewerber bewusst zu unterscheiden. Ein klares Profil bewirkt einen **hohen Wiedererkennungswert** beim Kunden.

Die **Ausprägung der Profilierung** richtet sich nach der gewählten Leistungskom-petenz in den einzelnen SGF. So kann das Unternehmen als **„Generalist"** (breites
**Generalist oder
Spezialist**
Leistungsangebot) oder als **„Spezialist"** (ausgewähltes Leistungsprogramm) in den Märkten aktiv werden. Kombiniert man dies noch mit den Leistungskriterien **„kon-servativ"** (traditionsorientiert) oder **„innovativ"** (fortschrittlich), ergeben sich fol-gende grundsätzliche Alternativen zur Positionierung und Profilierung im Markt und bei Kunden:

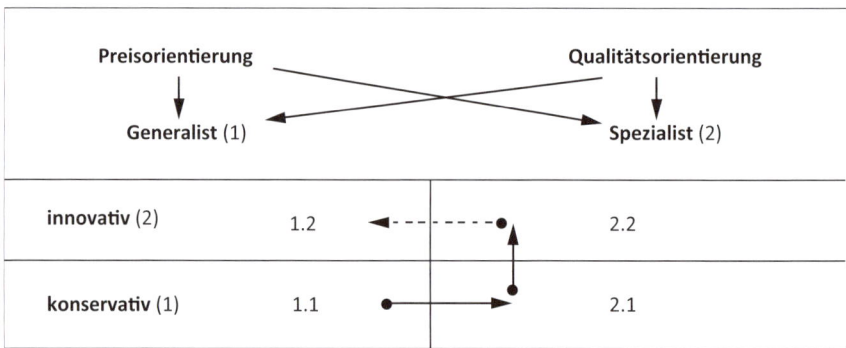

Entwicklungs- und Profilierungspfad für Handwerksbetriebe

Diese Darstellung zeigt, dass sowohl preis- als auch qualitätsorientierte Generalisten sowie entsprechend agierende Spezialisten am Markt zu finden sind. Interessant ist, dass sich ein Unternehmen während seines Bestehens durchaus vom konservativen Generalisten (Feld 1.1) zu einem traditionsorientierten Spezialisten (Feld 2.1) und dann zu einem innovativen Spezialisten (Feld 2.2) entwickeln kann. Auch eine Weiterentwicklung und Profilierung zum innovativen Generalisten (Feld 1.2) mit neuen Dienstleistungspaketen für unterschiedliche SGF ist denkbar.

Beispiele für Positionierungs- und Profilierungsalternativen

Feld 1.1 (konservative Generalisten): Produktions- und Dienstleistungsbetriebe mit traditionellen Verfahren, z. B. Nahrungsmittelhandwerk „Wie bei Muttern …", Gebäudereinigung „Bei uns wird alles sauber" oder Sanitär, Heizung, Klima (ohne Öko-Technik) etc.

Feld 2.1 (traditionsorientierte Spezialisten): Begrenzung auf ausgewählte, traditionelle Verfahren und Produkte, z. B. Aufbereitung von Pkw-Oldtimern („Bei uns wird Ihr Mercedes-Oldtimer wieder so neu wie früher"), traditionelle Handwerksberufe wie etwa Polsterwerkstätten, Sattlerei, Lackierwerkstätten, Schuster etc.

Feld 2.2 (innovative Spezialisten): Ausrichtung an innovativen Produkten und Verfahren, z. T. nur für bestimmte Kundengruppen, z. B. hochpräzise Blechbearbeitung mit neuester Lasertechnologie für wenige SGF, Branchen, Tuning-Betriebe für bestimmte Automarken, Digital-Fotografie und -Druck, Dienstleister für Spezialreinigungen, internetbasierte Mess- und Steuerungstechnik etc.

Feld 1.2 (innovative Generalisten): Anbieter und Verwender von innovativen Produkten und Verfahren, z. B. Services für innovative TV- und Kommunikationstechnik, Digital-Druckerei, Wärmedämmung und Vollwärmeschutz, innovative Servicebündel im Facility-Management für Geschäfts- und Privatkunden, Solar-Heizungen, Friseur-Salon mit Kosmetik-Studio für Frauen und Männer etc.

In allen Kompetenzfeldern ist Profilierung möglich. Bei „konservativen Generalisten" (Feld 1.1) ist der Spielraum jedoch wesentlich begrenzter als bei „innovativen Spezialisten"(Feld 2.2).

2.1.2.2 Ein Corporate-Identity-Konzept entwickeln

Ziel der Profilierungsstrategie ist es, den Betrieb als eine eigene, unverwechselbare **„Unternehmenspersönlichkeit"** mit hohem Identifikationspotenzial für die Zielgruppen am Markt zu positionieren. Das Unternehmen gibt sich ein „Gesicht"; es bekommt eine eigene Identität, auch **„Corporate Identity" (CI)** genannt.

Hierzu muss ein **ganzheitliches Profilierungskonzept** (auch „Corporate-Identity-Konzept" oder CI-Konzept genannt) entwickelt werden. Eine solche Unternehmensprofilierung oder profilierende „Corporate Identity" wird erreicht durch gezielte und koordinierte Aktivitäten des Unternehmens in den Bereichen

Bereiche der Corporate Identity

- **Unternehmensbild** („Corporate Design"),
- **Unternehmenskommunikation** („Corporate Communication") und
- **Unternehmensverhalten** („Corporate Behavior").

Durch das bewusste Sichtbarmachen der Besonderheiten des Unternehmens (CI-Konzept) soll es sowohl bei **internen Zielgruppen** (Mitarbeiter, deren Familienangehörige und Familienmitglieder des Unternehmers) als auch bei **externen Zielgruppen** (z. B. Kunden, Lieferanten, Banken, Versicherungen und Meinungsbildner wie Standesorganisationen, Politiker, Journalisten, Nachbarn u. a. m.) zu positiven Imagewirkungen kommen. Diese können durch Goodwill-Transfer zu einer Bevorzugung des Unternehmens führen.

2.1.2.3 Design der CI-Gestaltungselemente festlegen

Beim **Unternehmensbild** („Corporate Design") geht es um das einprägsame, **unverwechselbare Erscheinungsbild des Unternehmens am Markt.** In diesem **sichtbaren Teil des Profilierungskonzepts** sind abgestimmte Gestaltung, Kombination und Konstanz der eingesetzten grafischen Elemente wichtig:

Corporate Design

- **Produkt-Design** (abgestimmte Gestaltung von Produkten, Verpackungen und Eigenmarken)
- **Grafik-Design** (abgestimmte Gestaltung der Geschäftsdrucke, Formulare, Broschüren, Kataloge, Bedienungsanleitungen und des Internetauftritts mittels Webdesign)
- **Arbeitsmittel-Design** (abgestimmte Gestaltung von Arbeitskleidung, Fahrzeugen – innen und außen – sowie Arbeitsplatzausstattungen)
- **3D-Design** (abgestimmte Gestaltung von Gebäuden oder Fassaden und der Innenausstattung von Büro, Werkstatt oder Lager)

Elemente wie Schriftform, (Haus-)Farbe, Symbole („Logo" und „Marken") bringen die Unterschiedlichkeit und die angestrebte Positionierung z. B. als konservatives oder fortschrittliches Unternehmen zum Ausdruck.

Nachfolgende **Checkliste** dient der Überprüfung des optischen (grafischen) Erscheinungsbildes eines Unternehmens.

Checkliste zum Corporate Design

	Spalte		
	1	2	3
	Nein	Bedingt	Ja
Wirken Ihre Geschäftsdrucke und Werbemittel			
• sympathisch und Vertrauen erweckend?	0	0	X
• modern?	0	0	X
• überzeugender als die Ihrer Wettbewerber?	X	0	0
• wie aus einem Guss?	0	0	0
Kommt in Ihren Geschäftsdrucken und Werbemitteln ausreichend zum Ausdruck			
• die Bedeutung Ihrer Firma?	0	0	0
• die Branche Ihrer Firma?	0	0	0
• das Leistungsangebot Ihrer Firma?	0	0	0
• die fachliche Kompetenz Ihrer Firma?	0	0	0
Sind in allen Ihren Geschäftsdrucksachen einheitlich und konsequent angewendet			
• Firmenname?	0	0	X
• Blickfang (Firmenschriftzug / Wortmarke / Firmenzeichen)?	0	0	X
• Aufbau?	0	0	X
• Schriften?	0	0	X
• Farben?	0	0	X
• Leistungsangaben?	0	0	0
Ist Ihr Firmenschriftzug oder Ihr Firmenzeichen			
• leicht erfassbar (auch auf dem Firmenfahrzeug)?	0	0	X
• einprägsam?	0	0	X
• unverwechselbar?	0	0	X
• übertragbar auf alle Werbemittel?	0	0	X
• gut lesbar bei Vergrößerungen oder starker Verkleinerung?	0	0	X
• auch wirksam in Schwarz-Weiß?	0	X	0
Sind alle werbenden Aussagen in Ihren Geschäftsdrucken			
• ausreichend informativ?	0	X	0
• verständlich?	0	0	X
• überzeugend?	0	X	0

Auf welche Punktzahl kommen Sie?
65–69 Punkte: Herzlichen Glückwunsch. Ihr Unternehmensbild stimmt nahezu in jedem Punkt.
53–64 Punkte: Die Substanz Ihres Unternehmensbildes ist in Ordnung. Vermutlich muss es nur aktualisiert werden. Lassen Sie es sobald wie möglich überprüfen.
23–52 Punkte: An Ihrem Unternehmensbild muss etwas getan werden. Lassen Sie zunächst überprüfen, ob Sie damit auskommen, es zu aktualisieren, oder ob Sie es völlig neu gestalten müssen.

Checkliste zur Eigenbeurteilung des Grafik-Designs eines Unternehmensbildes (Corporate Design)

Corporate Communication

Bei der **Unternehmenskommunikation** („Corporate Communication") geht es um den profilierenden Einsatz der Marketing-Kommunikationsinstrumente (vgl. Abschnitt 2.2.4 „Kommunikationspolitik"). Dabei darf heute die **Nutzung der Neuen Medien durch Kunden** und das damit erforderliche Auftreten des Unternehmens und seiner Mitarbeiter im Internet und in den sozialen Medien im B2C-Marketing nicht unterschätzt werden. Durch aufeinander abgestimmte Aussagen, Erscheinungsformen und Aktivitäten in der Werbung, Verkaufsförderung und speziell in der **Öffentlichkeitsarbeit** sollen bei den internen und externen Zielgruppen positive Imagewirkungen erreicht und zustimmendes Verhalten ausgelöst werden.

Corporate Behavior

Beim **Unternehmensverhalten** („Corporate Behavior") ist die profilierende Gestaltung von Beziehungen zu internen und externen Zielgruppen des Unternehmens als Teil des ganzheitlichen Profilierungskonzepts angesprochen. Dabei geht es vor allem um die Art des persönlichen und kommunikativen Umgangs miteinander, im Normalfall (z. B. bei Angebotsabgabe) und in Sondersituationen (z. B. bei Reklamationen von Kunden). Dies gilt es in entsprechenden Verhaltensgrundsätzen festzulegen (siehe Kapitel 5 „Customer-Relationship- Management ").

Die Gestaltungselemente für ein profilierendes Erscheinungsbild zeigt auch die folgende Abbildung.

Leistungsprogramm
* Art und Umfang der Leistung
* Haupt- und Nebenleistungen
* Service- und Dienstleistungen
* Qualität, Zuverlässigkeit
* Sicherheit

Mitarbeiter	**KOMPETENZ**	**Kommunikation**
* Qualifikation	**+**	* Information der Mitarbeiter
* Ausbildung	**PROFILIERUNG**	* Kundenansprache
* Motivation	**im**	* Werbeart
* Kooperationsbereitschaft	**Wettbewerb**	* Werbestil
* Auftreten	....	* Werbemittel
* Ausstrahlung	**ERSCHEINUNGSBILD**	* Beratung
* Gesprächsführung	**+**	* Betreuung
	IMAGE	* Argumentation

Ausstattung
* Gebäude/Laden
* Geschäftsräume/Büro
* Werkstatt-/Maschinenpark
* Arbeitskleidung
* Fahrzeuge

Ansatzpunkte zur Profilierung und Imagebildung

> **Profilierende Corporate Identity bedeutet Aufbau von Vertrauenspo-
> tenzial:** „Man kauft bei, man liefert an und man arbeitet für ein Unternehmen,
> dessen Image einem zusagt und an dessen Zukunft man glaubt; ein Unter-
> nehmen, das Sicherheit, Zuverlässigkeit, Bonität, Dynamik und Leistungskraft
> ausstrahlt."

Von 100 befragten mittelständischen Unternehmen erklärten diese, durch gezielte Corporate-Identity-Aktivitäten folgende **Vorteile** erreicht zu haben:

* 89 % Imagegewinn
* 85 % Steigerung der Mitarbeitermotivation
* 71 % Marktanteilsgewinne
* 69 % Umsatzerhöhung
* 69 % leichtere Gewinnung von Mitarbeitern und Führungskräften
* 57 % Ertragszuwachs.

Diese Zahlen zeigen die Stärke einer ganzheitlich ausgerichteten Unternehmensprofilierung und belegen deren Wirksamkeit nicht nur bei Marktführern wie z. B. Bosch, Daimler, BMW, Festo oder auch Lidl, um nur einige zu nennen. Das zu erreichen macht **abgestimmtes Marketing-Teamhandeln** aller Führungskräfte und Mitarbeiter eines Unternehmens erforderlich:

> Corporate Identity muss von allen gelebt werden, um beim Kunden strategisch erfolgreich zu sein.

2.1.3   Wachstumsstrategien

Wachstumsstrategie

Unter **Wachstumsstrategie** werden alle marktwirksamen Vorgehensweisen zusammengefasst, mit denen Umsatz, Marktanteil und Gewinn des Unternehmens in den SGF und Absatzmärkten gesteigert werden sollen. Als Verhaltensalternativen lassen sich hierbei Marktanpassung und Marktbeeinflussung unterscheiden.

Die Verhaltensweise einer bewussten (meist jedoch unbewussten) **Marktanpassung** ist geprägt von der Verhaltensweise der **Reaktion** oder der **Imitation** des Vorgehens von Mitbewerbern, z. B. bei Preisen, Leistungen, Service oder Werbemaßnahmen.

Ein auf **Marktbeeinflussung** ausgerichtetes Vorgehen ist geprägt vom Verhaltensgrundsatz der **Aktion** oder **Innovation.** Dieses Verhalten ist auf ein bewusstes Erarbeiten von Vorteilen gegenüber Mitbewerbern ausgerichtet. Das kann durch neue Sach- und Dienstleistungen, zusätzliche Serviceangebote, die es bisher noch nicht oder nicht in dieser Zusammenstellung gegeben hat, erfolgen. Auch die Suche nach neuen Anwendungs- oder Einsatzgebieten (neue Kundengruppen oder Zusatzgeschäft bei den alten Kunden) gehört in diesen Bereich.

Ausprägungen

Bei kombinierter Betrachtung der Handlungsfelder „Leistungen" und „SGF oder Absatzmärkte" lassen sich nach deren Neuheit für das Unternehmen **vier Ausprägungen oder Formen möglicher Wachstumsstrategien** unterscheiden.

Marketing-Aktivitäten	auf bisherigen SGF	auf neuen SGF
mit bisherigen Leistungen	**Marktdurchdringung** Verstärkte Bearbeitung der bisherigen Märkte mit den bisherigen Leistungen	**Marktentwicklung** Suche nach neuen Märkten für die bisherigen Leistungen
mit neuen Leistungen	**Produktentwicklung** Suche nach neuen Leistungen für die bisherigen Märkte	**Diversifikation** Suche nach neuen Leistungen/Unternehmen für neue Märkte

Wachstumsstrategien eines Unternehmens

Bei den Wachstumsüberlegungen des Unternehmens lässt sich dabei meist ein **„Z-Verlauf"** feststellen. Die vier Formen möglicher Wachstumsstrategien werden nachfolgend im Einzelnen vorgestellt.

2.1.3.1 Strategie der Marktdurchdringung forcieren

Strategie der Marktdurch-dringung

Die Strategie der Marktdurchdringung ist die risikoärmste Art der Marktbearbeitung. Sie ist auf eine bestmögliche Nutzung des Umsatz- und Gewinnpotenzials eines SGF ausgerichtet. Dies kann in zwei Richtungen erfolgen:

- **Aktivierung von Bestandskunden:** Sie sollen zu einem Mehrverbrauch, Nach-kauf oder Zusatzkauf von bislang erbrachten Leistungen veranlasst werden.
- **Gewinnung von Neukunden** in den bisherigen Kundenzielgruppen.

Dabei ist Mehrabsatz bei Bestandskunden weniger arbeits-, zeit- und kostenintensiv als die Akquise bei Neukunden.

> Zufriedene Altkunden gewinnt man leichter für Zusatzgeschäfte.

Beispiel

Mehrverkauf bisheriger Leistungen pro Haushalt (z. B. Anzahl Pkw oder elektronischer Geräte pro Person; mehr Wartungen und Inspektionen von Anlagen und Geräten), Angebot von **Zusatz- oder Ergänzungsleistungen** (z. B. Tagescafé in der Bäckerei, Partyservice der Metzgerei) oder **Nachfolge-produkte** und technische Dienstleistungen, etwa unter dem Motto „Alles um den PC"; **Umtauschaktionen** „alt gegen neu" oder **Sonderangebote** sind besonders wirksame Instrumente zur Marktdurchdringung.

2.1.3.2 Strategie der Marktentwicklung anwenden

Strategie der Marktentwick-lung

Hier geht es ebenfalls um eine Steigerung des Mengen- und Umsatzwachstums. Es sollen neue Märkte für bisherige Leistungen erschlossen werden. Dies kann erfolgen durch

- Gewinnung neuer Kundengruppen im bisherigen Absatzgebiet,
- Gewinnung neuer Absatzgebiete und Marktbearbeitung bisheriger Kunden,
- Kombination von beiden Strategien: Neue Kunden in neuen Märkten.

> Neue Kunden und neue Märkte sichern das Unternehmenswachstum.

Dabei lassen sich „Neue Märkte" im B2C- und B2B-Geschäft durch Aufspaltung oder **Marktsegmentierung** (Vorgehensweise und Segmentierungsansätze siehe Abschnitt 2.1.4 „Differenzierte Marktbearbeitung") bilden.

Erschließung neuer Standorte im Inland; Kooperation im Ausland (z. B. über Franchising); Bearbeitung segmentierter Kundengruppen (Gewerbe, Privathaushalte oder Onlineshop im Internet).

Strategie der Produktentwicklung

2.1.3.3 Strategie der Produktentwicklung einsetzen

Bei diesem Vorgehen werden die bisherigen SGF, Zielgruppen und Märkte beibehalten. Hier soll Wachstum durch bislang noch nicht angebotene neue Leistungen erfolgen. Das sind z. B.:

- Varianten von bisherigen Leistungen (Aufbau von Produktfamilien)
- Innovationen als Marktneuheit (neuartige Leistungspakete)
- Imitation von Wettbewerbsleistungen (sog. „Me-too-Produkte")
- neue Produkte über Zukauf, Lizenznahme oder Kooperation (Sortimentserweiterung oder Sortimentsabrundung).

Unter Nutzung des im Unternehmen vorhandenen und am Markt beschaffbaren Wissens (z. B. über Kooperationen, Lizenzen oder Franchising) sollen hier den bisherigen Kundengruppen und Kunden zusätzliche, neue Problemlösungen angeboten werden. Diese sind z. B. in Design oder Funktion verbessert, technologisch angepasst oder neuartig kombiniert. Außerdem wird davon ausgegangen, dass es beim Kunden immer weniger isolierte Einzelprobleme zu lösen gilt. Es treten vielmehr meist funktional **verknüpfte Problemfelder** oder **Bedarfsbündel** auf, für die kundengerechte Lösungen erwartet werden. Hierzu bedarf es einer systematischen, kundenorientierten Ausweitung des Leistungsangebots mit neuen Leistungen/Leistungskombinationen, um sich bei den Kundengruppen gegenüber dem Mitbewerber zu profilieren.

Neuheiten steigern Kundeninteresse und Kaufbereitschaft!

Unterschiedliche Serviceangebote („Platin-, Gold- und Silber-Service"); **Einsatz anderer Materialen** (mehr Holz statt Kunststoffe); **Angebotsausweitung** (Sortimentsergänzung) ausländische Wurst, Käse oder Fisch; Hausmeisterservice übernimmt auch Gartenpflege; Entwicklung eines neuen SGF (Parfümerie wird zur Wellness-Oase mit Schönheitspflege) u. a. m.

2.1.3.4 Strategie der Diversifikation ertragsorientiert prüfen

Bei der Diversifikation handelt es um den Aufbau eines neuen SGF (sog. „zweites Bein") für das Unternehmen durch **„neue Leistungen für neue Märkte"**. Dabei kann es sich um **Firmenneuheiten** (Imitation) oder **Marktneuheiten** (Innovationen) für neue Kundengruppen in bisherigen oder zusätzlichen Absatzgebieten (z. B. Ausland) handeln. Diversifikation erfolgt durch Kombination der Wachstumsstrategien Produktentwicklung und Marktentwicklung.

Dieses Vorgehen ist zunächst mit einem hohen unternehmerischen Risiko des Scheiterns infolge Nichtkenntnis des künftigen Verhaltens der Marktteilnehmer (Kunden und Mitbewerber) belastet. Bei Gelingen trägt es jedoch langfristig wesentlich zum Abbau von Marktrisiken infolge Abhängigkeit von einzelnen Kunden (z. B. Großkunden) oder Kundengruppen bei.

Beispiel

Ein metallverarbeitendes Unternehmen mit Stanz- und Biegetechnik hat neben dem SGF „Teile für die Automobilindustrie" als zusätzliches SGF (Diversifikation) „Fertigung von Scheinwerfern für Bühnenbeleuchtung" (Zielgruppen Opern- und Theaterhäuser sowie Filmindustrie) erfolgreich aufgebaut.

Ein Stuckateurbetrieb mit dem SGF „Neubau" (Hauptkundengruppen „Projektgeschäft" und „Öffentliche Auftraggeber") hat zum Abbau der Abhängigkeit als zusätzliches SGF die Montage von Fertigschwimmbädern in der Zielgruppe „Privatkunden" aufgebaut. Dies wurde mit großen Verlusten wieder aufgegeben, da die Besonderheiten der Märkte und die Anforderungen an die Marktbearbeitung der beiden SGF zu unterschiedlich waren. Sie konnten vom Unternehmen führungsbezogen, personell und marketingbezogen nicht mit Aussicht auf Erfolg erfüllt werden. Die SGF passten aus Marktbearbeitungssicht nicht zusammen.

2.1.3.5 Strategien-Mix entwickeln und gebündelt anwenden

Marketing-Strategien-Mix

Für die einzelnen SGF müssen unterschiedliche Marktbearbeitungsstrategien entwickelt und eingesetzt werden. Der kombinierte Einsatz bei bisherigen und neuen Leistungen ist in folgender Abbildung beispielhaft dargestellt.

Märkte / Wachstums-strategien		SGF I (Massenmärkte)			SGF II (Kundengruppen)		
		M1	M2	M3	KG1	KG2	KG3
Bisherige Leistungen	Markt-durchdringung	✗	✗				
	Markt-entwicklung			✗	✗		
Neue Leistungen	Produkt-entwicklung		✗	✗		✗	
	Diversifikation	✗					

Kombinierter Einsatz von Wachstumsstrategien

Im SGF 1 werden Märkte (M1, M2, M3) als lokale, regionale oder überregionale Märkte (z. B. Bundesländer) ohne Differenzierung nach Kundenarten bearbeitet. Dagegen soll im SGF 2 bei ausgewählten Kundengruppen (KG 1, KG 2) Wachstum generiert werden, z. B. durch Produktvarianten für KG 1 (Junioren) und ein neues Produkt für KG 2 (Berufstätige). In welchen Märkten dies erfolgen soll, ist im zweiten Schritt festzulegen.

Wachstumsziele können alleine **(internes Wachstum)** oder zusammen mit anderen Unternehmen **(externes Wachstum)** erreicht werden. In der Praxis kommen beide häufig gleichzeitig nebeneinander zur Anwendung.

Internes Wachstum

Internes Wachstum liegt vor, wenn die Wachstumsstrategien „aus eigener Kraft" realisiert werden, z. B. mithilfe einer **Kapitalerhöhung.** Aber auch die personellen, organisatorischen und betrieblichen Möglichkeiten und Fähigkeiten spielen hier eine wichtige Rolle.

Externes Wachstum

Externes Wachstum liegt vor, wenn die Unternehmens- und Marktziele durch „Zukauf" von Umsatz-, Markt- und Gewinnanteilen erreicht werden sollen. In der Praxis häufig kombinierte Formen externen Wachstums sind

(1) gängige Formen wie **Beteiligungen** an oder die **Übernahme** von anderen Unternehmen wie bisherige Mitbewerber, Lieferanten oder Firmen in anderen Branchen (Diversifikationsstrategie) und

(2) Sonderformen wie **Lizenznahme, Kooperation, Franchising** oder **Joint Ventures.**

Beispiel

Nutzung einer Lizenz gegen umsatz- oder stückabhängige Gebühren. Kooperation als freiwillige, zeitlich begrenzte Zusammenarbeit zur Lösung gemeinsamer Aufgaben kann in Form einer horizontalen Kooperation (z. B. Einkaufgenossenschaften, Arbeitsgemeinschaften im Baugewerbe oder gemeinsamer Messeauftritt) oder als vertikale Kooperation (z. B. im B2B-Geschäft bei Zulieferverträgen; Zusammenarbeit Handel- Handwerk: Kunde kauft beim Handel, Einbau, Montage und Reparatur erfolgen durch Handwerksbetrieb) erfolgen.

2.1.4 Marktbearbeitungsstrategien

Bei der Bearbeitung von Märkten ist zu entscheiden, wie intensiv die Chancen in den einzelnen Märkten oder Kundengruppen genutzt werden sollen. Es geht darum, ob die Märkte **mehr standardisiert** (undifferenziert) oder **eher individualisiert** (differenziert) bearbeitet werden sollen, um die Unternehmens- und Gewinnziele zu realisieren.

2.1.4.1 Undifferenzierte Marktbearbeitung betreiben

Bei **undifferenzierter Marktbearbeitung** wird für alle SGF oder für alle Kundengruppen eines SGF ein (einheitliches) Marketingkonzept entwickelt und zur Auftragsgewinnung eingesetzt. Es erfolgt ein standardisierter Einsatz der Marketinginstrumente. Besonderheiten wie z. B. Wettbewerbsintensität, Kundenstruktur oder unterschiedliche Kaufmotive (z. B. Preis- oder Qualitätsbewusstsein) bleiben unberücksichtigt. Dies führt in der Regel zu hohen Streu- und Wirkungsverlusten bei den Marketingaktivitäten **(Risiken durch „Schrotflintenmethode").** Daher ist eine undifferenzierte Marktbearbeitung nur in einem **Massenmarkt** mit dem Angebot von standardisierten (Massen-)Produkten oder bei einer Strategie des Preiswettbewerbs sinnvoll zu vertreten.

2.1.4.2 Differenzierte Marktbearbeitung durchführen

Bei der Strategie der **differenzierten Marktbearbeitung** werden die Marketingaktivitäten nach den Strukturen und Erfordernissen der einzelnen SGF, einzelner Teilmärkte oder ausgewählter Kundengruppen ausgerichtet. Es sollen **kundengerechte Leistungen** erbracht, profilierende Vorteile herausgestellt und die Möglichkeiten

Marktbearbeitungsstrategien

Undifferenzierte Marktbearbeitung

Differenzierte Marktbearbeitung

zur Auftragsgewinnung optimiert werden **(Chancen durch „Scharfschützenmethode").**

Der Unterschied zwischen differenzierter und undifferenzierter Marktbearbeitung wird nochmals in der nachfolgenden Abbildung dargestellt.

Vor- und Nachteile

Grundsätzliche Vor- und Nachteile	Undifferenzierte Marktbearbeitung („Schrotflintenmethode")	Differenzierte Marktbearbeitung („Scharfschützenmethode")
Vorteile	– Kostenvorteile durch Massenproduktion – Abdeckung des gesamten Grundmarktes (Potenzialausschöpfung) – vereinfachter, durchschnittsorientierter, weniger aufwendiger Marketingmix – geringerer marketingorganisatorischer Aufwand	– hohe Bedarfsentsprechung (Erfüllung differenzierter Käuferwünsche) – Erarbeitung überdurchschnitlicher Preisspielräume – gute „Lenkungsmöglichkeiten" des Marktes – Möglichkeit, Preiswettbewerb durch Qualitätswettbewerb weitgehend zu ersetzen (zu überlagern)
Nachteile	– je nach Marktstruktur nicht volle Entsprechung von Käuferwünschen – begrenzte Preisspielräume („monopolistischer Bereich" relativ klein) – eingeschränkte Möglichkeiten der Marktsteuerung – eher Gefahr eines Preiswettbewerbs	– Komplizierungen (Verteuerungen) im Einsatz des Marketing-Instrumentariums – vielfach Verzicht auf Massenproduktion (und entsprechende Kostenvorteile) – teilweise eingeschränkte Stabilität von Marktsegmenten – hoher Marketing-Know-how-Bedarf (bzw. entsprechende Marketingorganisation)

Vor- und Nachteile bei undifferenzierter oder differenzierter Marktbearbeitung

Marktsegmentierung

• **Segmentierung**

Eine differenzierte Marktbearbeitung in Kombination mit den alternativen Wachstumsstrategien setzt die Kenntnis der Kunden in den SGF und deren Anforderungen an die Marktleistungen voraus. Lassen sich Unterschiede relativ klar feststellen und Kundengruppen nach bestimmten Gesichtspunkten bilden (z. B. unterschiedliche Auftragsgrößen bei Privat- und Geschäftskunden), dann spricht man von **Marktsegmenten.**

> Marktsegmente sind Kundengruppen mit einander ähnlichen Kaufentscheidungsmerkmalen und einem Kaufverhalten, das sich wesentlich von anderen Zielgruppen unterscheidet.

Je größer diese Unterschiede (Geschäftskunden – Privatkunden), umso differenzierter können die Marketingmaßnahmen auf die einzelnen Zielgruppen ausgerichtet werden.

Im **B2C-Geschäft** lassen sich unterschiedliche **Zielkundengruppen als Marktsegmente** bilden durch:

Kundensegmentierung

- **geografische Segmentierung**
  Bewusste Aufteilung des Absatzgebietes in Teilmärkte, z. B. In- und Ausland, Stadtbezirk und Landkreise; Kunden aus der Nachbarschaft und aus entfernten Regionen; Aufteilung der BRD in Teilmärkte „Nord", „Süd", „West" und „Ost", oder Gliederung nach Postleitzahlen.

- **demografische Segmentierung**
  Bilden von Zielgruppen auf der Basis kaufbestimmender Faktoren wie Alter, Geschlecht, Familiengröße, Einkommen, Beruf, Bildungsniveau, Besitztum (Haus, Auto) u. a.; wobei der Vorteil in der relativ leichten Erfassbarkeit und Messbarkeit der Kriterien liegt.

- **sozio-psychografische Segmentierung**
  Ausgangspunkt ist die Erkenntnis, dass das Kaufverhalten nicht allein demografisch erklärbar ist. Es ist eher auf Persönlichkeitsmerkmale der Käufer zurückzuführen. Daher sucht man Kundengruppen mit gleichartigen Grundeinstellungen (preis- oder qualitätsorientiert) und ähnlichen Neigungen (z. B. bei der Kauf-, Konsum- oder Freizeitgestaltung). Aber auch soziologische Momente wie Statussymbol, sozialer Status oder „Gruppennorm" wirken verhaltensbestimmend. Wichtig ist hierbei, dass sich diese Kriterien auch demografisch zuordnen und damit gezielt ansprechen lassen.

Im **B2B-Geschäft** kommen ähnliche Segmentierungskriterien zur Anwendung, wie die folgende Darstellung zeigt:

Segmentierung B2B

Marktsegmentierungskriterien im B2B-Marketing	
	Beispiele
Demografische Variablen	
Allgemeine Kriterien	z. B. Branchen, Unternehmensgröße
Geografische Kriterien	z. B. Standort
Operative Variablen	z. B. von Kunden verwendete Technologien, Verwendungsverhalten und -intensität
Beschaffungskonzepte der Kunden	
Organisation der Beschaffung	z. B. zentralisierter/dezentralisierter Einkauf, Beschaffung über Ausschreibungen, Buying Center als Einkaufsgremium
Machtstruktur	z. B. technikdominierte Unternehmen, marketingdominierte Unternehmen
Bestehende Beziehungen	z. B. Kunden/Nicht-Kunden
Allgemeine Beschaffungspolitik	z. B. Kunden, die bevorzugt über Ausschreibungen kaufen, Kunden, die Finanzierungsbedarf haben oder die Systemgeschäfte bevorzugen
Kaufkriterien	z. B. preis- oder qualitätsbewusste Kunden
Situationsbedingte Faktoren	
Dringlichkeit	z. B. Unternehmen mit Anforderung nach Just-in-time-Lieferung
Spezifische Produktanwendungen	z. B. Konzentrationen auf bestimmte Produktanwendungen
Auftragsumfang	z. B. großer/kleiner Auftragsumfang
Personenbezogene Kriterien	
Ähnlichkeit zwischen Käufer und Verkäufer	z. B. Unternehmen, deren Mitarbeiter Ähnlichkeiten zu den Mitarbeitern des eigenen Unternehmens aufweisen
Risikobereitschaft	z. B. innovative, experimentierfreudige Unternehmen
Lieferantentreue	z. B. Unternehmen mit langen/wechselnden Lieferantenbeziehungen

Ansatzpunkte zur Kundensegmentierung bei Geschäftskunden (Quelle: Boniam/Shapir; Darstellung nach Kotler/Bliemel, Marketing-Management)

Bei der Bildung von Marktsegmenten ist noch besonders zu achten auf:

–   **Größe der einzelnen Zielgruppen.** Damit die Segmentierung nicht zu un-
    wirtschaftlichem Marketingaufwand führt (z. B. 20 Zielgruppen à 50 Kunden
    sind [zu] gering, aber zwei Zielgruppen mit 200 bzw. 800 Kunden u. U. sinn-
    voll), ist die wirtschaftliche Attraktivität eines Marktsegments zu bestimmen
    (siehe Abschnitt „Kundengruppen-Portfolio").

–   **Erreichbarkeit der einzelnen Zielgruppen** für die Marketingaktivitäten,
    um sie mit dem Leistungsangebot vertraut und kaufwillig zu machen (z. B.
    Zielgruppe wohnt in einem Stadtbezirk, ist Leser einer bestimmten Zeitung
    oder Zeitschrift, nutzt die Informationsplattform Internet, Smartphones und
    Social Media).

> **Beispiel**
>
> Möbelhersteller, Schreiner oder etwa Fahrradhändler mit Reparaturbetrieb
> könnten ihren Kundenkreis gliedern in nutzungsorientierte, statusorientierte,
> preisorientierte oder qualitätsorientierte Kundengruppen. Auch Dienstleis-
> tungsunternehmen können solche Segmentierungen durchführen und ihre
> Profilierung darauf aufbauen.

• **Portfolio-Analyse**

Richtung und Schwerpunkte einer differenzierten Marktbearbeitung lassen sich mithilfe einer Portfolio-Darstellung erkennen und festlegen. Dabei wird die **„Attraktivität der Kundengruppen"** (Auftrags- und Gewinnpotenzial) in Bezug gesetzt zur
„relativen Unternehmensstärke" im Vergleich zu seinem Hauptmitbewerber. In einer
Grafik dargestellt, erhält man ein **Kundengruppen-Portfolio** (siehe folgendes Beispiel). Ein **Einzelkunden-Portfolio** kann z. B. im B2B-Geschäft mit einem Großkunden interessant sein. Hierbei stellt man die „Attraktivität nachgefragter Leistungen
für den Kunden" in Bezug zur „relativen Unternehmensstärke".

*Portfolio-
Analyse*

Kunden-gruppen-Portfolio

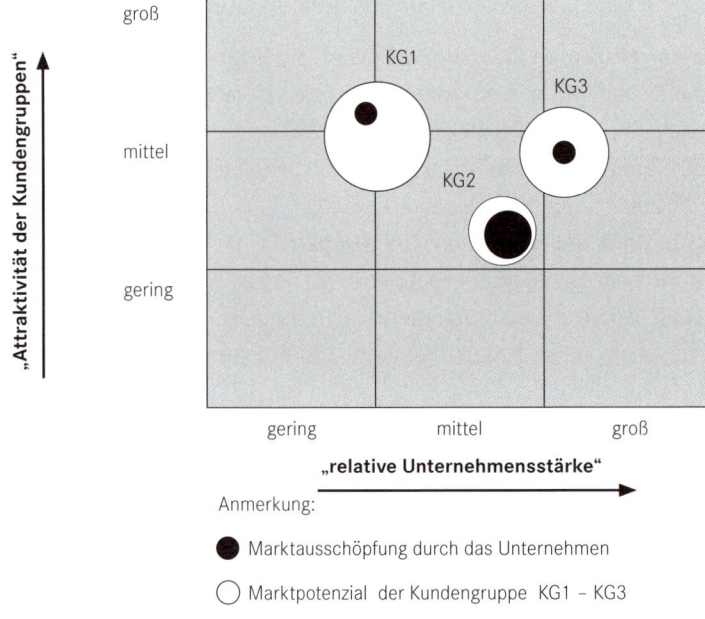

Beispiel eines Kundengruppen-Portfolios

Wie die Abbildung zeigt, sind die Kundengruppen KG 1 und KG 3 für das Unternehmen hoch attraktiv. Die Unternehmensstärke muss aber im Hinblick auf die Kunden der KG 1 noch kräftig auf- und ausgebaut werden, um eine bessere Marktausschöpfung zu erreichen. Bei KG 3 ist eine intensive Marktbearbeitung (z. B. durch eine differenzierte Wachstumsstrategie) mit weiterem Ausbau der Unternehmensstärken sinnvoll.

> Marktsegmente sind Preis- und Gewinnsegmente.

Selektive Markt-bearbeitung

Jedes Unternehmen hat über die **Auswahl der attraktiven Marktsegmente** (ausgewählte Kundengruppen oder Absatzmärkte) zu entscheiden. Konzentriert es sich auf einige ausgewählte Marktsegmente, spricht man von **selektiver Marktbearbeitung** mit konzentriertem Einsatz der personellen und finanziellen Mittel für eine bestmögliche Gewinnerzielung.

> Konzentration auf attraktive Kundengruppen und Absatzmärkte ist ein Schlüssel zum Erfolg.

Konzentriert sich das Unternehmen auf nur eine Kundengruppe oder nur einen Absatzmarkt, dann hat es sich für eine **exklusive Marktbearbeitung** entschieden.

Das führt meist zu einer hohen kundenabhängigen Spezialisierung in der Kompetenz und im Leistungsangebot. Beispiele hierfür sind herstellergebundene Vertragswerkstätten, Exklusiv-Vertretungen (mit Gebietsschutz) oder Systemlieferanten für den Maschinenbau oder die Automobilindustrie.

2.1.5 Absatzmarktstrategien

2.1.5.1 Strategie der Markterschließung festlegen

Bei der **Absatzmarktstrategie** geht es um Entscheidungen zur Festlegung, Ausdehnung, Verkleinerung oder Aufgabe von Absatzgebieten im In- und Ausland. Es sollen jene Absatzgebiete gefunden und bearbeitet werden, in denen ausreichend viele attraktive Kunden oder Kundengruppen durch gezielte Marketingaktivitäten für Aufträge gewonnen werden können.

Zum Finden und Festlegen der strategisch richtigen **Absatzgebiete im In- und Ausland** eignen sich:

- **Konzentrisches Vorgehen:** Ausgehend vom lokalen Markt des Unternehmens wird das Absatzgebiet analog einer „Schnecke" bewusst bis zum regionalen, überregionalen oder nationalen Markt ausgedehnt. Eine große Marktmacht im Heimatmarkt erleichtert besonders bei mittelständischen Unternehmen diese Art des Gebietswachstums.
- **Selektives Vorgehen:** Hier werden die Absatzgebiete nach bestimmten Kriterien (z. B. hohe Kundendichte, keine geografischen Berührungen oder Verknüpfungen bei den Absatzgebieten) ausgewählt und über Niederlassungen oder Verkaufsbüros bearbeitet.
- **Inselförmiges Vorgehen:** Dabei werden gezielt einzelne Wirtschaftsgebiete in meist größerer Entfernung zum Standort des Unternehmens als inselhafte Absatzgebiete ausgewählt. Dies ist z. B. der Fall, wenn Filialen oder Niederlassungen in ausgewählten Großstädten oder mitten im Hauptabsatzgebiet eines Mitbewerbers eingerichtet werden.

Die Bestimmung und Bearbeitung von Absatzgebieten im In- und Ausland bedeutet für das Unternehmen langfristig bindende Entscheidungen – zum Teil mit Investitionen und auf jeden Fall mit erhöhtem Marketingaufwand verbunden. Daher bedarf es speziell bei mittelständischen Unternehmen mit ihren begrenzten finanziellen und personellen Möglichkeiten genauer Chancen-Risiken-Abwägungen bei der Wahl der Absatzgebiete. Außerdem ist ein „Schritt-für-Schritt"-Vorgehen mit einer dazwischenliegenden Konsolidierungsphase angeraten. So können Erfahrungen ausgewertet und bei der nächsten Absatzgebietswahl berücksichtigt werden.

Strategie der Markterschließung

Vorgehensweisen

2.1.5.2 Auftragsgewinnungsstrategie (Push- und Pull-Strategie) bestimmen

Auftragsgewin-nungsstrategien

Im Rahmen der undifferenzierten oder differenzierten Marktbearbeitung und den Entscheidungen zu Markterschließung wird häufig auch noch über die sog. **Auftragsgewinnungsstrategie** entschieden. Dies ist jene Vorgehensweise am Markt, mit der eine Nachfrage nach Leistungen des Unternehmens erreicht werden soll. Dies ist über eine Push- oder Pull-Strategie möglich.

Push-Strategien

Eine **Push-Strategie** wird häufig bei Massenwaren und undifferenzierter Marktbearbeitung eingesetzt. Durch gezielte Kaufanreize (z. B. Lockangebote, Niedrigstpreise oder Aktionen auf Hausmessen) bei allen Kunden oder ausgewählten Kundengruppen werden Leistungen/Produkte „in den Markt gedrückt". Hier wird auf die Bedarfslage beim Kunden wenig (meist keine) Rücksicht genommen; entscheidend sind Auftragsgewinnung und getätigter Umsatz.

Beispiel

Marketing- und Angebotspolitik der Discounter, Frühjahrs- und Herbstaktionen im Kfz-Handwerk, Wartungs- und Instandhaltungswochen im „Sommerloch" oder aktuelle, zeitlich begrenzte Sonderangebote, auch oder besonders im Onlineshop.

Pull-Strategien

Bei der **Pull-Strategie,** die bei undifferenzierter und differenzierter Marktbearbeitung eingesetzt werden kann, sollen Kunden oder einzelne Zielgruppen über Marketingaktivitäten nach der AIDA-Formel (siehe auch Abschnitt 2.2.4 „Kommunikationspolitik") an eine Kaufentscheidung herangeführt werden. Der Kunde soll das Produkt bewusst wollen und entscheiden, ob und wann er kaufaktiv wird. Es soll ein Nachfragesog nach Leistungen des Unternehmens aufgebaut werden. Die **Kaufanreize** werden über gezielte Kommunikation – auch oder besonders mithilfe von Werbung und Verkaufsförderung sowie Nutzung des Internets und der Social-Media-Kanäle – ausgelöst.

Beispiel

Bei Gebrauchsgütern wird z. B. durch eine gezielte Endverbraucherwerbung der Industrie eine Nachfrage nach den Industrieprodukten erzeugt, die ihrerseits bei den Kunden Bedarf an Handwerksleistungen (Einbau, Wartung, Reparatur und Ersatzteildienst) auslöst. Solche Aufträge und „Aktionswochen" bei den Vertragswerkstätten verstärken das Ersatzteil- und Zusatzgerätegeschäft bei Industrie und Handwerk.

In der Praxis werden in den einzelnen SGF meist **kombinierte Push- und Pull-Strategien** eingesetzt.

2.1.6 Marketingstrategien-Mix festlegen

Die bisher dargestellten Marketingstrategien werden im Unternehmen nicht isoliert und zeitlich nacheinander, sondern gleichzeitig kombiniert und inhaltlich koordiniert eingesetzt. Nur so kann **für die einzelnen SGF ein langfristiges Wirkungsmaximum** erreicht und sichergestellt werden. Wie solche **Strategiekombinationen** aussehen könnten, zeigt die folgende Abbildung.

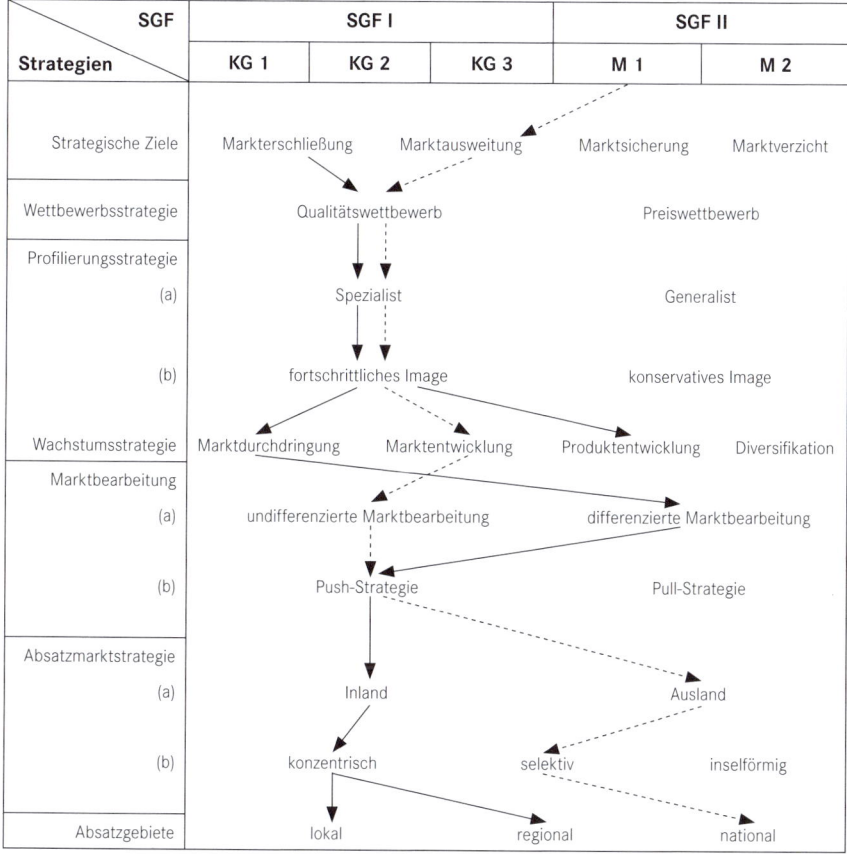

Marketingstrategien-Mix

Marketingstrategien-Mix für zwei strategische Geschäftsfelder

Beim SGF I soll das strategische Ziel „Markterschließung" über die Wachstumsstrategie „Marktdurchdringung" kombiniert mit „Produktentwicklung" erreicht werden. (In der Abbildung mit durchgehenden Pfeilen ⟶ dargestellt.) Dies entspricht einer differenzierten Marktbearbeitung. Es werden spezielle Wünsche oder Besonderheiten einzelner Kundengruppen (z. B. KG_1 + KG_2) berücksichtigt. Zur Risikominimierung wird im In- und Ausland ein konzentrisches Vorgehen bei der Wahl der regionalen Absatzgebiete gewählt.

Ein anderer Strategie-Mix wird beim SGF II zur Realisierung des strategischen Ziels „Marktausweitung" eingesetzt (mit gestrichelten Pfeilen ----► dargestellt). Auch hier müssen die für das gesamte Unternehmen geltenden Grundsatzentscheidungen Qualitätswettbewerb, Spezialist und Fortschrittlichkeit für die Imagebildung beachtet werden. Sie sind die Richtgrößen für die Auswahl und Gestaltung der folgenden Marketingstrategien und -maßnahmen. Im Beispiel wurde die Wachstumsstrategie „Marktentwicklung" gewählt. Sie soll über eine undifferenzierte Bearbeitung der Märkte zur Zielerreichung führen. Für das SGF II hat man sich für eine Beschränkung auf den Auslandsmarkt entschieden. Hier soll durch selektives Vorgehen und indirekten Vertrieb eine nationale Marktpräsenz erreicht werden.

Die Ausführungen zum Marketingstrategien-Mix zeigen, dass ein Unternehmen nicht mit nur einem Strategiebündel für alle seine SGF auskommt. Es sei denn, es beschränkt sich mit seiner Ausrichtung auf nur ein SGF. Zur bestmöglichen Nutzung der Marktchancen bedarf es neben klarer strategischer Zielvorstellungen auch einer möglichst differenzierten Bearbeitung der Kundengruppen in den gewählten Absatzgebieten.

> Nur mit differenzierten Marketingstrategien-Mixen für die einzelnen SGF lassen sich Umsatz- und Gewinnpotenzial der Kundengruppen mit noch größerem Vorteil für das Unternehmen abschöpfen.

2.2 Den festgelegten Strategien-Mix mithilfe der Marketinginstrumente am Markt durchsetzen

2.2.1 Marketingpolitik

2.2.1.1 Die 7 „W-Fragen" prüfen

Nach Wahl der SGF und den Entscheidungen zum Marketingstrategien-Mix ist nun über den Einsatz der operativen **Marketinginstrumente** zu entscheiden. Zur Verwirklichung der strategischen Marketingziele sind pro Marketinginstrument operative Marketingziele (siehe Abschnitt 1.3 „Marketingziele festlegen") zu bestimmen, die durch **zielführende Maßnahmenbündel** (Marketinginstrumente) realisiert werden sollen. Diese werden kombiniert eingesetzt und bilden als **Marketinginstrumenten-Mix** den Gegenstand der **Marketingpolitik.** Insofern können die Marketinginstrumente auch als **Marketingteilpolitiken** gesehen und bezeichnet werden.

7 „W-Fragen" zum Marketing-Mix

Gestaltungselemente eines Marketing-Mix

Marketinginstrumente-Mix

Bei der Marketingpolitik werden **koordinierte Entscheidungen für das Marketing im Tagesgeschäft** getroffen. Zur Bestimmung der zweckmäßigen Einzelmaßnahmen und operativen Ziele kann ein Vorgehen entsprechend der Checkliste „Mit 7-W-Fragen zum optimalen Marketing-Maßnahmen-Mix" vorteilhaft sein.

Checkliste „Mit 7 W-Fragen zum optimalen Marketing-Maßnahmen-Mix"

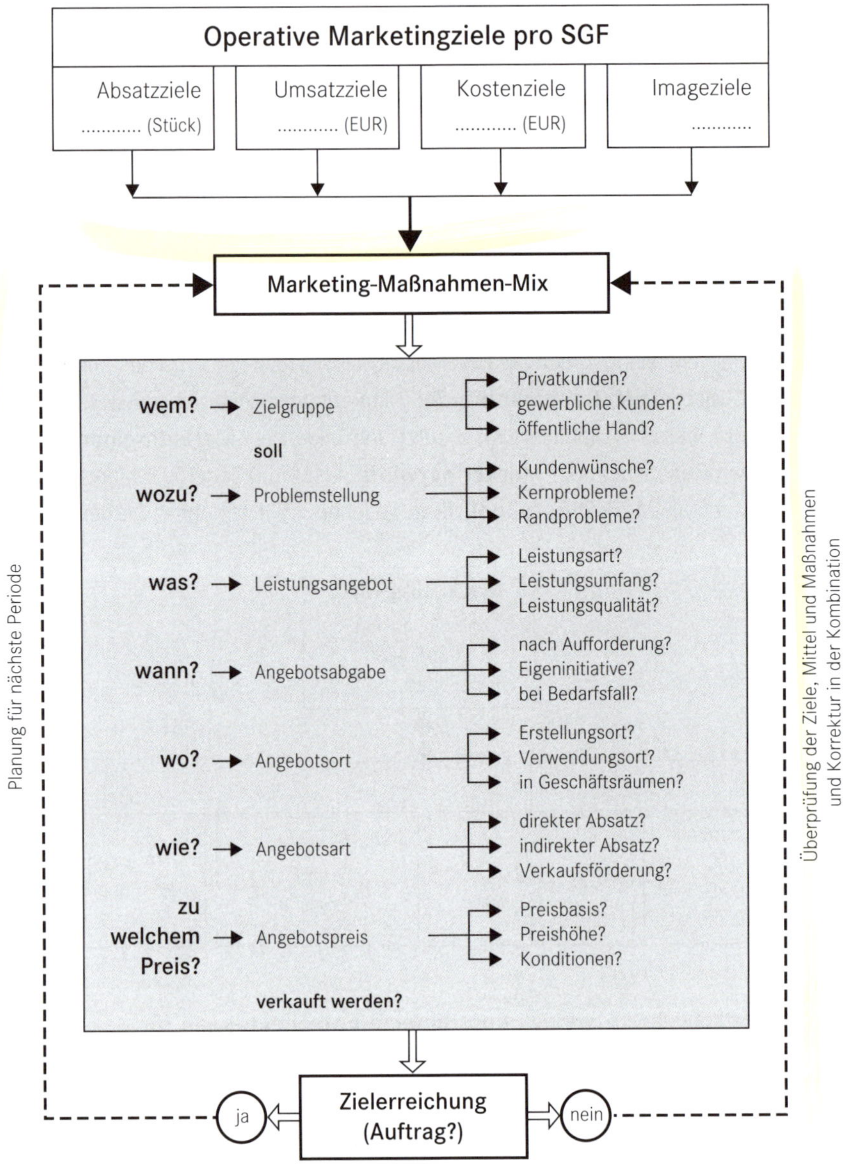

Operative Marketingziele pro SGF

Absatzziele	Umsatzziele	Kostenziele	Imageziele
.... (Stück)	.... (EUR)	.... (EUR)	....

Marketing-Maßnahmen-Mix

Planung für nächste Periode

wem? →	Zielgruppe	Privatkunden? gewerbliche Kunden? öffentliche Hand?

soll

wozu? →	Problemstellung	Kundenwünsche? Kernprobleme? Randprobleme?

was? →	Leistungsangebot	Leistungsart? Leistungsumfang? Leistungsqualität?

wann? →	Angebotsabgabe	nach Aufforderung? Eigeninitiative? bei Bedarfsfall?

wo? →	Angebotsort	Erstellungsort? Verwendungsort? in Geschäftsräumen?

wie? →	Angebotsart	direkter Absatz? indirekter Absatz? Verkaufsförderung?

zu welchem Preis? →	Angebotspreis	Preisbasis? Preishöhe? Konditionen?

verkauft werden?

Überprüfung der Ziele, Mittel und Maßnahmen und Korrektur in der Kombination

Zielerreichung (Auftrag?) ja — nein

Checkliste „Mit 7 W-Fragen zum optimalen Marketing-Maßnahmen-Mix"

Bei diesen praxisbezogenen Entscheidungen zur Gestaltung der Maßnahmenbündel bei den einzelnen Marketinginstrumenten sind u. a. folgende **Einflussfaktoren** zu beachten:

Einflussfaktoren

- die strategischen und operativen Zielvorgaben,
- die Bedürfnisstrukturen der Kunden/Kundengruppen (Privat-/Geschäftskunden, Inland/Ausland),
- die Lebensphase der einzelnen SGF, in denen das Unternehmen tätig ist oder tätig werden will,
- die Phase des Produktlebenszyklus bei den einzelnen Leistungen des Unternehmens,
- die Stärken und Schwächen der Mitbewerber in den SGF, bei den einzelnen Leistungen, in den Absatzmärkten oder bei Kundengruppen,
- die internen Möglichkeiten und Grenzen bei Personal, Kapazität und Finanzen sowie
- die realen und voraussichtlichen Kostenbelastungen und Ertragsaussichten.

Da die **Kenntnis des Produktlebenszyklus (PLC)** von zentraler Bedeutung für die **Maßnahmengestaltung beim Einsatz der Marketinginstrumente** ist, wird er gesondert betrachtet.

2.2.1.2 Einfluss des Produktlebenszyklus

Bei allen Marktleistungen sowie im allgemeinen Verlauf der Umsatz- und Gewinnentwicklungen sind verschiedene Phasen feststellbar (in nachstehender Abbildung dargestellt). Die Positionsbestimmung im PLC kann mithilfe steigender oder sinkender Zuwachsraten von Umsatz und Gewinn (pro Halbjahr oder Jahr) erfolgen.

Produktlebenszyklen (PLC)

Phasen eines Produktlebenszyklus und optimale Altersstruktur eines Sortiments

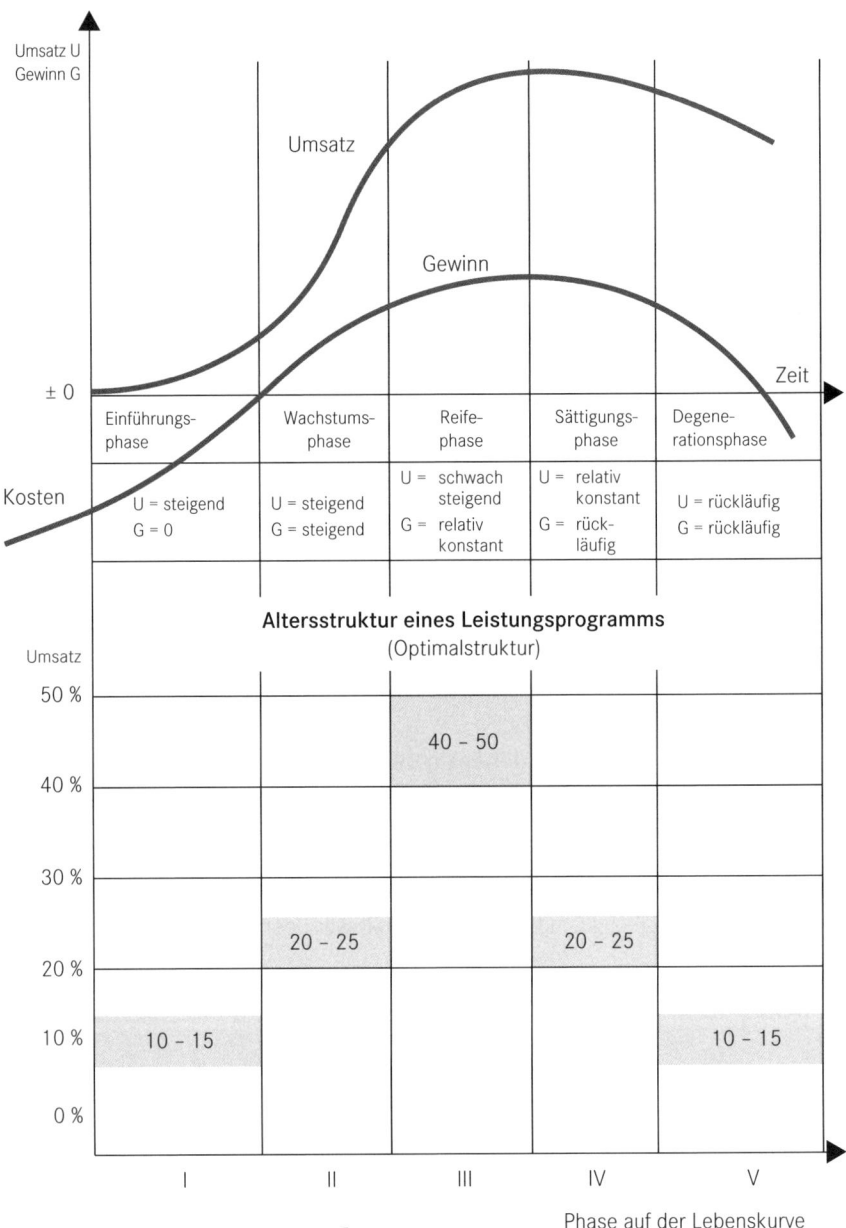

Lebenszyklus einer Leistung und optimale Altersstruktur des Gesamtsortiments in den einzelnen Lebensphasen

Ein Unternehmen ist dann gut „aufgestellt", wenn sein Leistungsprogramm der „Idealstruktur" (in der unteren Hälfte der Abbildung dargestellt) sehr nahe kommt, denn die einzelnen Leistungen liefern unterschiedliche Beiträge zum Gesamtumsatz und Gesamtgewinn des Unternehmens. So sollten ca. 20 % des Umsatzes mit Leistungen erzielt werden, deren Märkte in einer Wachstums- oder Sättigungsphase sind. In sog. „reifen" Märkten sollten ca. 40 - 50 % des Gesamtumsatzes erzielt werden.

Beurteilt man die Marktleistungen unter den Gesichtspunkten „Attraktivität für die Kunden" und „Wettbewerbsstärke des Unternehmens", dann lassen sich die Einzelleistungen als „Fragezeichen", „Sterne", „Cash-Kühe" oder „Arme Hunde" im Sortiment erkennen (siehe nachfolgende Abbildung).

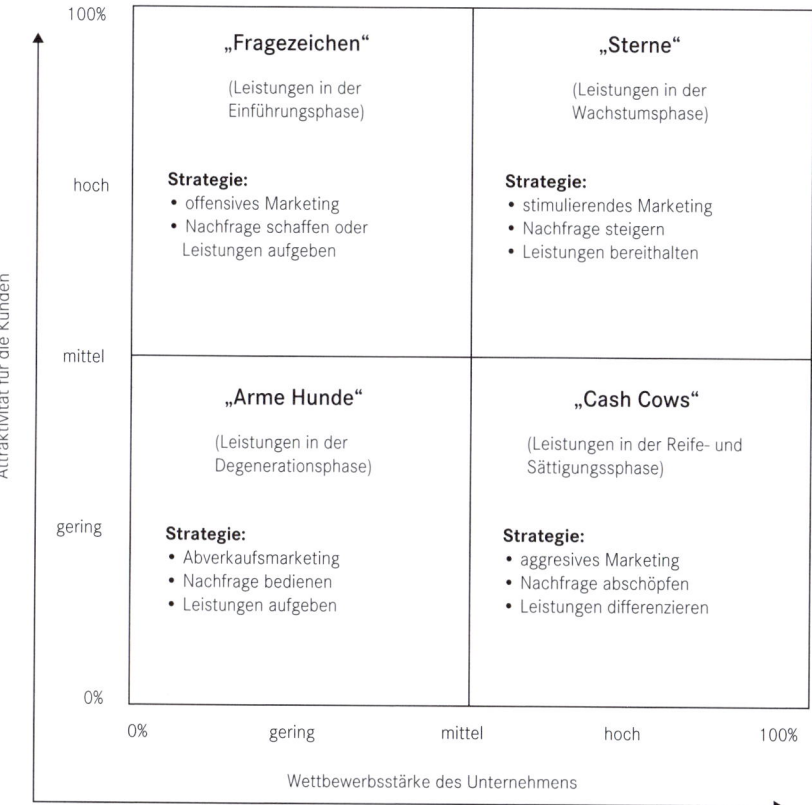

Klassifikation der Leistungen aus Kunden- und Unternehmenssicht

Bezeichnung der Leistungen in den Phasen eines PLC

Die im Einzelfall zweckmäßige Marketingstrategie ist in den Handlungsfeldern angegeben. Aus diesen Strategien sind dann die erforderlichen operativen Ziele und Maßnahmen für die einzelnen Marketinginstrumente abzuleiten und koordiniert anzuwenden (siehe Abschnitt 2.3 „Ein ganzheitliches Marketingkonzept entwickeln").

2.2.2 Leistungspolitik

2.2.2.1 Haupt- und Zusatzleistungen

Leistungs-politik

Im Rahmen der Leistungspolitik wird entschieden, **„was"** dem Kunden als „Problemlösung" (reale und psychologische Vorteile) zur Erfüllung seiner kaufentscheidenden Bedürfnisbündel angeboten werden soll. Es geht um Entscheidungen über die **Zusammensetzung und Entwicklung des Leistungsprogramms.** Hier legt das Unternehmen fest, welche Produkte, Dienstleistungen oder Kombinationen als Haupt- oder als Zusatzleistungen in den einzelnen SGF angeboten werden sollen.

Haupt-leistungen

Hauptleistungen können branchenübliche und von allen Mitbewerbern angebotene Grundleistungen sein, die sich meist nicht oder wenig zur Profilierung beim Kunden eignen (vgl. Grundleistungen bei Sanitärinstallation, Maler, Gärtner oder Friseur). Diesen Leistungen fehlt das **Alleinstellungsmerkmal als Wettbewerbsvorteil.** Die vom Unternehmen angebotenen Produkte, Dienstleistungen oder Leistungskombinationen sollten jedoch so gestaltet werden, dass sie vom Kunden als Leistung „unseres" Unternehmens erkannt und bevorzugt werden. Im Rahmen des gesamten Leistungsprogramms bilden diese Leistungen das **Hauptprogramm** (Kernsortiment) des Unternehmens und prägen als **Hauptumsatzträger** das Kerngeschäft des Unternehmens.

Zusatz-leistungen

Zusatzleistungen dienen der Ergänzung und Aufwertung der Hauptleistungen für eine in den Augen des Kunden „bessere" oder umfassendere Problemlösung bzw. Bedürfnisbefriedigung. Diese Leistungen können ebenfalls einzelne Sachleistungen (Zusatz- oder Ergänzungsprodukte), ergänzende Dienstleistungen und zusätzlich angebotene Leistungskombinationen sein. Sie bilden zusammen das **Zusatzprogramm** (Randsortiment). Dabei sind die Services, speziell der Kundendienst, eine der wichtigsten Zusatzleistungen.

Die Gestaltung der Haupt- und Zusatzleistungen führt zu einem differenzierten Leistungsprogramm.

2.2.2.2 Differenzierte Leistungsprogramme

2.2.2.2.1 Programmstruktur

Programm-struktur

Mögliche Kombinationen aus Sachleistungen (SL) und Dienstleistungen (DL) zur Gestaltung differenzierter Haupt- und Zusatzleistungsprogramme zeigt die nachfolgende Tabelle.

Hauptleistungen (HL) Zusatzleistungen (ZL)	Sachleistungen	Dienstleistungen	Leistungskombinationen
Dienstleistungen	Produkt-Dienstleistungs-Kombinationen: – Angebot von Hebebühnen (HL) und Reparaturdienst (ZL) – Metzgerei (HL) und Partyservice (ZL)	Dienstleistungs-Dienstleistungs-Kombinationen: – Angebot von Reparaturdienst (HL) und Abholservice (ZL) – Friseurleistungen (HL) und Nagelpflege (ZL)	
Sachleistungen	Produkt–Produkt-Kombinationen: – Angebot von Gartengeräten (HL) und Pflanzenschutzmitteln (ZL) – Fahrräder und zugehörige Bekleidung (ZL)	Dienstleistungs–Produkt-Kombinationen: – Angebot von Reparaturdienst (HL) und Ersatzteilhandel (ZL) – Friseurleistungen (HL) und Haarpflegemittel (ZL)	

Leistungskombinationen zur Marktbearbeitung

Die **kundengerechte Gestaltung** (Auswahl und Ausprägung) der einzelnen SL, DL und Leistungskombinationen bei den Haupt- und Zusatzleistungen führt zu einem sehr unterschiedlich aufgebauten **Gesamtleistungsprogramm:** Haupt- als auch Zusatzprogramm unterscheiden sich in **Programmbreite** (Vielzahl der angebotenen Leistungen) und **Programmtiefe** (Zahl der Leistungsvarianten).

Programmbreite und -tiefe

> **Beispiel**
>
> Wer sich im Markt als „Generalist" profilieren will, hat meist ein relativ breites, aber flaches Leistungsprogramm (viele Leistungsarten, jedoch geringe Variantenzahl). Der „Spezialist" dagegen zeichnet sich häufig durch ein schmales, aber dafür tiefes Leistungsprogramm aus (wenig Leistungsarten, aber große Variantenvielfalt).

Das Gesamtleistungsprogramm muss den Grundeinstellungen (preis- oder qualitätsbewusst) und den situativen Bedürfnisbündeln der Kunden entsprechen.

So erwarten **preisorientierte Kunden** preis- und kostengünstige Leistungsangebote bei HL und ZL; Mindest- oder Standardqualitäten genügen. Hier können durch eine **Strategie der Leistungsvereinfachung** (Kostensenken durch „Abspecken") sog. **„lean products"** mit klaren persönlichen Vorteilen für diese Kundengruppe geschaffen werden. Geeignete Maßnahmen mit operativem Ziel (in Klammern angegeben) sind:

Preisorientierte Kunden

- Verringerung/Änderung der Leistungsstruktur
  (z. B. bei HL A und F: Ersatz Schraubverbindung durch Kleben; Kunststoff- statt Metallgehäuse; beides innerhalb von 6 Monaten)
- Verringerung der Anzahl Leistungsvarianten
  (z. B. bei HL – Produktgruppe „G": Wegfall des leistungsstärksten Produkts bis Jahresende)
- Verringerung der Anzahl der angebotenen Leistungen
  (z. B. Wegfall der HL–Produktgruppe „N" und der ZL–Servicepakete „K" bis Jahresmitte und „Y" bis zum Jahresende)

Qualitätsorientierte Kunden

Qualitätsorientierte Kunden erwarten von den Leistungen persönlich profilierende Vorteile – sie möchten spezifische Problemlösungen mit individuellem „Mehr-Wert". Das kann erreicht werden mit einer **Strategie der Leistungsanreicherung** (Mehrwert durch „Hinzufügen"), um bei HL und ZL sog. **„premium products"** zu erhalten. Geeignete Maßnahmen zur Schaffung höherwertiger HL und ZL sind:

- Weiterentwicklung bisheriger Leistungen
  (z. B. bei HL-Produkt „C": Verbesserte Handhabung bis Jahresende)
- Angebot zusätzlicher Varianten bei HL oder ZL
  (z. B. bei HL-Produktgruppe „N" [siehe oben] zwei neue Produktvarianten bis Ende des Jahres)
- Neuentwicklungen von Einzelleistungen oder Leistungsgruppen für HL und ZL
  (z. B. neue Leistungskombination SL/DL aus bisherigen Leistungen innerhalb von 1 Jahr; Ideensuche für innovative ZL innerhalb von 6 Monaten)

Das wichtigste unternehmerische Entscheidungskriterium für die Gestaltung des Leistungsprogramms ist die Frage **„Was will der Kunde?"** und nicht „Was kann das Unternehmen?". Das Unternehmen braucht ein für die Kunden **attraktives Leistungsprogramm aus HL und ZL.** Dabei muss die Leistung ihren **„Preis wert"** sein. Dies gilt für qualitäts- und preisbewusste Kunden; beide Käufertypen versuchen, ein subjektiv **optimales Preis-Leistungs-Verhältnis** zu erhalten. Folgendes Beispiel soll dies verdeutlichen.

Beispiel

Ein Kunde will sein Bad komplett renovieren und bespricht seine Vorstellungen mit einem Sanitärfachmann, der ein Angebot abgeben soll. Dabei wird deutlich, dass Zu- und Abfluss von Kalt- und Warmwasser sowie ein fachmännisch korrekter Einbau der Badewanne für den Kunden keinen großen Stellenwert für die Kaufentscheidung haben. Die Ausführung dieser Hauptleistungen ist für ihn Standard. Er legt vielmehr Wert auf ergänzende Leistungen wie Design der Armaturen und der Badkeramik, Farbgebung und Qualität der verwendeten Fliesen und Anstriche. Als wertvoll sieht er auch die Skizzen, Muster und Empfehlungen sowie die Schilderungen der künftigen persönlichen Vorteile durch den Verkäufer. Diese prägen den Eindruck von der Leistungsfähigkeit des Unternehmens beim Kunden. Je weniger die eigentliche Hauptleistung differenzierbar ist, desto mehr können diese Zusatz- und Servicedienstleistungen das Angebot für den Kunden attraktiv und **„preiswert"** machen.

Nicht die oft wenig profilierbaren Hauptleistungen, sondern erst die Kombination mit Zusatzleistungen steigern die Attraktivität und die Wirkung auf den Kunden.

2.2.2.2.2 Programmgestaltung

Die Nachfrage nach individuellen und umfassenden Problemlösungen der Kunden bedingt häufig eine Überprüfung der bisherigen Geschäftsidee. Das führt meist zu einer „Neuorientierung" mit Umschichtungen oder Erweiterungen des Leistungsprogramms an HL und ZL, beispielsweise in Richtung „Renovierung – Alles aus einer Hand" oder „Die ganze Welt des Wohnens".

Programmgestaltung

Das ist auch bei folgenden **Beispielen** gegeben:

- Wellness-Oasen statt Bädern
- Wohnwelten statt Möbeln für Wohn-, Schlaf- oder Kinderzimmer
- Mediterranes Feeling statt Wandanstrichs und Farbe
- Wohnraumkonzepte statt Wohnungseinrichtungen.

Im zukünftigen Wettbewerb werden vor allem Marketing- und Leistungskonzepte mit **erweiterten, kundenbezogenen Haupt- und Zusatzleistungsangeboten** erfolgreich sein.

Die Entwicklung und Optimierung von differenzierten Haupt- und Zusatzleistungsprogrammen erfordert strategische und operative Entscheidungen beim Einsatz verschiedener **Gestaltungsinstrumente**, wie sie in nachstehender Abbildung aufgeführt sind.

**Programm-
gestaltung**

Gestaltungsinstrumente für differenzierte Leistungsprogramme bei Haupt- und Zusatzleistungen					
Entwicklung von Leistungen (Innovation)		Änderung von Leistungen (Variation)		Verzicht auf Leistungen (Elimination)	
Programm-erweiterung	Diversifika-tion	Leistungs-differenzierung	Leistungs-anpassung	Verzicht auf einzelne Leistungen	Verzicht auf Leistungs-bereiche

Maßnahmenbündel zur Gestaltung differenzierter Leistungsprogramme

2.2.2.2.3 Gestaltungsinstrumente im Einsatz

**Leistungs-
entwicklung**

(1) Leistungsentwicklung

Hier geht es um das Finden und Bewerten von Ideen und die Auswahl neuer Leistungen für das HL- und ZL-Programm, ausgelöst durch technischen Fortschritt, veränderte Kundenbedürfnisse, hohe Markteintrittsbarrieren oder Aktivitäten der Mitbewerber. Solche **Leistungsneuheiten** können sein:

- **Firmenneuheiten:** Das sind Leistungen, die in gleicher oder ähnlicher Form bereits am Markt angeboten werden. Sie sind als „Me-too-Leistungen" zu sehen mit geringem Potenzial zur Profilierung beim Kunden. Firmenneuheiten müssen so abgewandelt werden, damit sie sich vom Wettbewerbsangebot unterscheiden, ins preis- oder qualitätsorientierte Leistungsprofil des Unternehmens passen und der Kunde in der neuen Leistung besondere Vorteile für sich erkennt.

- **Marktneuheiten** sind Leistungen, die es in dieser Art bislang noch nicht gibt. Als Innovationen sind sie das Ergebnis systematischer, bedürfnis-, fertigungs- oder distributionsorientierter Ideensuche, Ideenauswahl und wirtschaftlicher Bewertung. Innovationen sind zwar kostenintensiver als Firmenneuheiten, aber für das Unternehmen hoch attraktiv, denn das Alleinstellungsmerkmal dieser neuen HL oder ZL eignet sich besonders zur Profilierung beim Kunden.

> Die heutigen Kosten der Innovationen sichern dem Unternehmen die Gewinne von morgen.

(2) Leistungsänderungen

Hier kommen als Maßnahmenbündel mit entsprechenden Handlungszielen zum Einsatz:

- Maßnahmen zur **Leistungsanpassung** von HL und ZL an technische, wirtschaftliche oder soziale Veränderungen im Markt. Durch diese vom Kunden erwarteten Standards, z. B. bei technischer Qualität, Ausstattung, Aussehen (Design) oder Serviceleistungen, werden in der Regel keine größeren Wettbewerbsvorteile erreicht.

- Bei einer **Leistungsverbesserung** durch Nutzung des technischen Fortschritts will das Unternehmen kaufwirksame Wettbewerbsvorteile erreichen. Bisherige Haupt- und Zusatzleistungen werden durch das Prädikat „Neu" für den Kunden (wieder) attraktiv und erhalten neue Kaufimpulse. Dies ist eine Daueraufgabe, da sonst technologisch veraltete Leistungen angeboten werden, was auf Dauer existenzbedrohend werden kann.

- Bei der **Leistungsdifferenzierung** geht es um die Gestaltung des Haupt- und Zusatzprogramms durch **Leistungsvarianten** im Hinblick auf die speziellen Erfordernisse ausgewählter Kunden oder Kundengruppen. Dies kann erreicht werden z. B. bei HL durch Abwandlungen bei Materialeinsatz, Verpackung, Farbe, Form, Größe, Leistungsfähigkeit, Qualität oder Design. Ergänzt durch unterschiedliche Ausprägungen bei ZL (z. B. Zusatzprodukte, Beratung, Garantiegewährung oder Kundendienst u. a.) können **höherwertige Kundennutzen** geboten werden.

Zur **Bewertung alternativer Produktvarianten** (Eigenfertigung oder Kauf) eignet sich das **Verfahren der Nutzwertanalyse,** wie das folgende **Beispiel** als Entscheidungshilfe für die Auswahl eines Wurst-Abfüll- und Dosierautomaten zeigt.

Beispiel für eine Nutzwertanalyse

1. Ziel der Entscheidung	Kauf eines Wurst-Abfüll- und -Dosierautomatens					
2. Unbedingte Forderung	1. Preis nicht über					
	2. Hohe Portionier- und Abdrehgeschwindigkeit					
3. Auswahlkriterien	4. Gewichtungen (G)	5. Alternativen				
		6. Automat 1		6. Automat 2		6. Automat 3
		(W)	(GxW)	(W)	(GxW)	(W)	(GxW)

3. Auswahlkriterien	4. Gewichtungen (G)		6. Automat 1 (W)	6. Automat 1 (GxW)	6. Automat 2 (W)	6. Automat 2 (GxW)	6. Automat 3 (W)	6. Automat 3 (GxW)
Preis, Rabatt		25	6	150	10	250	8	200
Maschinen-Leistung								
• hohe nutzbare automatische Portionier- und Abdrehgeschwindigkeit	10		8	80	7	70	8	80
• Portioniergenauigkeit	5		8	40	8	40	10	50
• Füllleistung pro Stunde	5		6	30	6	30	8	40
• Beschaffenheit des Portionier- und Fördersystems	5		7	35	4	20	7	35
• Füllgutbehandlung durch die Maschine	5		10	50	6	30	8	40
• schonendes Fördern, auch empfindlicher Massen	6		10	60	5	30	10	60
• universelle Einsetzbarkeit für verschiedene Füllprodukte	10		6	60	4	40	10	100
• Baukastenmögliche Ausbaufähigkeit der Maschine mit Zusatzgeräten	4	50	5	20	5	20	10	40
Ergonomieberücksichtigung für das Bedienungspersonal		3	8	24	8	24	8	24
Bedienbarkeit der Maschine einfach, schnell		3	8	24	6	18	10	30
Reinigungsfreundlichkeit, Hygiene		4	10	40	6	24	10	40
Design		2	10	20	5	10	8	16
Kundendienst		6	8	48	8	48	6	36
Firmenimage zur Maschinenhaltbarkeit		3	10	30	5	15	10	30
Wiederverkaufswert		4	8	32	10	40	10	40
Ergebnisse		100		743		709		861
Entscheidung								X

Nutzwertanalyse bei der Auswahl eines Wurst-Abfüll- und Dosierautomaten

Orientiert sich das Unternehmen bei seinen Entscheidungen zur Leistungsdifferenzierung an kundenbezogenen Marktsegmenten (z. B. Endverbraucher, Gewerbebetriebe und öffentliche Hand), dann kann sich das positiv auf die Ertragsentwicklung des Unternehmens auswirken, wenn die Kundengruppen untereinander keinen starken Informationsaustausch haben. Hier besteht die Möglichkeit, für gleiche Preise unterschiedliche Leistungen anzubieten oder für kundenspezifische Leistungsvarianten unterschiedliche Preise zu erzielen.

> Leistungsdifferenzierung ermöglicht Preisdifferenzierung!

Dies bedingt aber auch einen differenzierten Einsatz der übrigen Marketinginstrumente **(differenziertes Marketing),** damit die Ertragsmöglichkeiten optimal ausgeschöpft werden.

(3) Leistungsaufgabe

Leistungs-
verzicht

Überlegungen zum **Leistungsverzicht/Leistungsaufgabe** sind erforderlich bei Leistungen, die selten nachgefragt werden, relativ geringe Wachstumschancen haben (z. B. infolge Marktsättigung oder Nachfrageänderungen), hohe Bereitstellungskosten an Kapital oder Fachpersonal erfordern und daher oder aufgrund starker Wettbewerbssituation geringe oder keine Deckungs- bzw. Gewinnbeiträge erwirtschaften.

Solche ertragsschwachen HL und ZL gilt es mithilfe der Absatzerfolgsrechnung zu erkennen. Anhaltspunkte für die Entscheidung **„Verzichten oder Beibehalten?"** kann das Unternehmen durch den Einsatz der nachfolgenden Checkliste erhalten.

Wie ist der Marketingaufwand heute?	normal	hoch	übertrieben
Wie viel Verkaufszeit ist erforderlich?	normal	viel	zu viel
Wie viel Innendienstzeit wird gebraucht?	normal	viel	zu viel
Sind Kunden auf das Produkt angewiesen?	ja	bedingt	nein
Wie ist der Branchentrend?	steigend	eben	fallend
Beeinflusst das Produkt unser Image?	positiv	nicht	negativ

Ist das Produkt zu verbessern?	leicht	vielleicht	nicht
Wäre eine Preissenkung erfolgreich?	sicher	fraglich	nicht
Kann der Ertrag normalisiert werden?	ja	vielleicht	nein
Werden durch Streichung Mittel frei?	nein	vielleicht	ja
Sind sie anderweitig besser anzulegen?	nein	vielleicht	ja
Kann ein neues Produkt den Platz übernehmen?	nein	vielleicht	ja

Checkliste zur Entscheidung über Verzicht auf eine Marktleistung (Auszug)

Ertragsschwache Leistungen

Bei ertragsschwachen Varianten von HL und ZL ist zu prüfen, wie man die Markt- und Gewinnchancen verbessern könnte. Hierzu sind kaufwirksame Leistungsverbesserungen (siehe oben) sehr geeignet.

- **Beibehalten ertragsschwacher Leistungen**
  Gelingt die angestrebte Verbesserung des Gewinnbeitrags nicht, muss vor der Entscheidung zur Aufgabe geprüft werden, ob Gründe für den Verbleib im Leistungsangebot des Unternehmens sprechen. Hierzu gehören HL und ZL, die als „Lockartikel" die Funktion eines „Marktöffners" haben. Auch können verschiedene ZL (z.B. Garantie- und Kulanzregelungen) – da allgemeiner Standard – nicht problemlos unterbleiben. Sie werden vom Kunden als „Muss" erwartet und würden bei der Elimination außer Imageproblemen (sicher) auch Kundenverluste für das Unternehmen mit sich bringen.

- **Verzicht auf ertragsschwache Leistungen**
  Will man bestimmte HL oder ZL aufgeben, dann ist zu entscheiden, wie die **Sortimentsbereinigung** zu erfolgen hat. Das kann durch **sofortige Aufgabe** (Aufträge für die jeweilige Leistung werden ab sofort nicht mehr angenommen) oder durch mehr oder weniger rasches **Auslaufenlassen** (systematischer Abbau der Aufträge über einen bestimmten Zeitraum bis zur endgültigen Ablehnung solcher Aufträge) geschehen.

  Für welche Art der Bereinigung des Leistungsprogramms sich das Unternehmen entscheidet, ist abhängig von

  - der Art der Leistung (Sach- oder Dienstleistung),

- wie lange noch Ersatzteile, Wartungs- oder Reparaturleistungen laut Kaufvertrag vom Unternehmen zu erbringen sind,
- ob eine Verlagerung dieses Geschäfts auf andere durch Verkauf oder Kooperation sinnvoll ist und
- ob und in welcher Höhe Restbestände bei Rohstoffen und halbfertigen Erzeugnissen vorliegen und wie diese anderweitig verwendet werden können.

Bei der Aufgabe von Leistungen ist zu beachten, dass die Gefahr von Kundenabwanderung besteht, wenn der Kunde von der Entscheidung überrascht wird. Frühzeitige Information, verknüpft mit Kundenbindungsaktivitäten (z. B. Gutscheine o. Ä.), mindert beim Kunden psychologisch eine aufkommende Wechselbereitschaft zu Mitbewerbern.

2.2.2.3 Profilierende Servicepolitik

Im Rahmen eines optimalen Leistungsangebots sind Serviceleistungen ein zentraler Bestandteil des Zusatzleistungsprogramms. Unter **Servicepolitik** versteht man alle kundenbedürfnisorientierten Ziel- und Maßnahmenentscheidungen zur Realisierung der strategischen Marketingziele und Strategien. Entsprechend den preis- oder qualitätsorientierten Grundeinstellungen und den unterschiedlichen Bedürfnisbündeln bei Kunden ist eine kundenbezogene differenzierte Servicepolitik erforderlich.

Servicepolitik

Eine **kundenbezogene differenzierte Servicepolitik** eignet sich besonders dazu,

- eine kaufwirksame Profilierung gegenüber Mitbewerbern,
- eine höhere Kundenzufriedenheit hinsichtlich des subjektiv empfundenen Preis-Leistungs-Verhältnisses sowie
- eine bessere Kundenbindung

zu erreichen.

Da Serviceleistungen den Absatz der HL erleichtern und erhöhen sollen, hat dies in manchen Branchen zu einem unübersichtlichen Angebot an Servicedienstleistungen geführt (siehe Darstellung auf der folgenden Seite).

Serviceleistungen von „A – Z"

Absatzgarantien	**M**anagementverträge
Absatzhilfen (mehrstufiges Marketing)	Miet- und Leihmaschinen
Alt-Maschinen-Instandstellung	Mikrofilm (Ersatzteile/Zeichnungen)
Anpassung an bestehende Anlagen (Upgrading)	Montageleistungen
Antriebsdimensionierung	Monteureinsatz innerhalb 24 h
Arbeitsvorbereitung	**N**C-Programmerstellung
Auftragsforschung	Nullserie-Fertigung
Bedienerschulung	**O**ccasionseintausch
Beratungen	**P**atent- und Lizenzverträge
Beschaffungshilfen-Betriebsmittel	Personalvermittlung/Leihmaschinisten
Beratung	Produktions-Engpass-Überbrückung
Dokumentation	Produktionsoptimierung
Engineering	Projektierung
Ersatzteildienst 24 h	**R**ecycling/Verschrottung
Ersatzteilverträge	Risikountersuchungen
Ersatzteillisten auf Disketten	Rücknahme von Verpackung
Einsatz- bzw. fertigungssynchrone Anlieferung (JIT)	**S**eminare und Fachvorträge für Kunden
Fachbeiträge in Zeitschriften	Software-Anpassungen
Feasibility-Studien	Spezialentwicklungen
Finanzierungshilfen/Financial Engineering	**T**echnologietests
Garantieleistungen	Telefonische Verknüpfung Maschine/Hersteller
Gebrauchtmaschinenvermittlung (z. B. West/Ost)	Telefon-Ratgeber/Hotline (Trouble shooting)
Generalunternehmer	Transport-Organisation
Herstellung von Kundenprodukten, Beweis an Werkstücken	Transportversicherung
Inspektion	**Ü**bersetzung der Betriebsanleitungen
Joint Venture	Umstrukturierungshilfen für den Betrieb
Kalkulationsunterstützung	Umwelt – Verpackung
Know-how-Verträge	Umweltverträglichkeitsprüfungen
Kompensationsgeschäfte	Universitätsunterstützung/Forschungsaufträge
Konsignations-Ersatzteile	Unterhalt im Vertrag
Kulanzleistungen	**W**erkzeugberatung
Kundendemos	Wertanalysen
	Zeitstudien

Serviceleistungen von „A - Z" für Investitionsgüter (Belz)

Dabei ist Folgendes zu beachten:

Servicepakete

- Aus diesen Einzelleistungen müssen **differenzierte Servicepakete** gebildet werden, wenn Service kauffördernd wirken soll.
- Mangelnde Übersichtlichkeit und Undurchsichtigkeit des Serviceangebots kann bei Kunden zu Verwirrung, Verunsicherung und Kaufzurückhaltung führen.

Kunden bevorzugen und erwarten klare Strukturen hinsichtlich

–   **ihrer Ansprechpartner** (in Marketing, Verkauf und Service)
–   **ihres Angebots an Leistungen** (erweiterte Problemlösungen)
–   **ihres Serviceangebots** (einzelne Services oder als Servicepakete)
–   **ihrer entscheidenden Vorteilsargumente.**

Wer das umsetzt, schafft Profilierung und Präferenzen beim Kunden.

Da die Servicepolitik und die Serviceaktivitäten von zunehmend entscheidender Bedeutung sind für Absatzerfolge und eine kaufwirksame Profilierung beim Kunden,
sollen die **Maßnahmen einer profilierenden Servicepolitik** hier ausführlicher
dargestellt werden.

Folgende Abbildung zeigt die kaufbeeinflussenden Faktoren und Werte aus einer
Befragung beim Kauf eines technisch und qualitativ hochwertigen Produkts. Die direkt kundenbezogenen Marketingaktivitäten (im Beispiel Verkäufer und Service mit
insgesamt 76 %) dominieren dabei.

Kaufentscheidende Faktoren

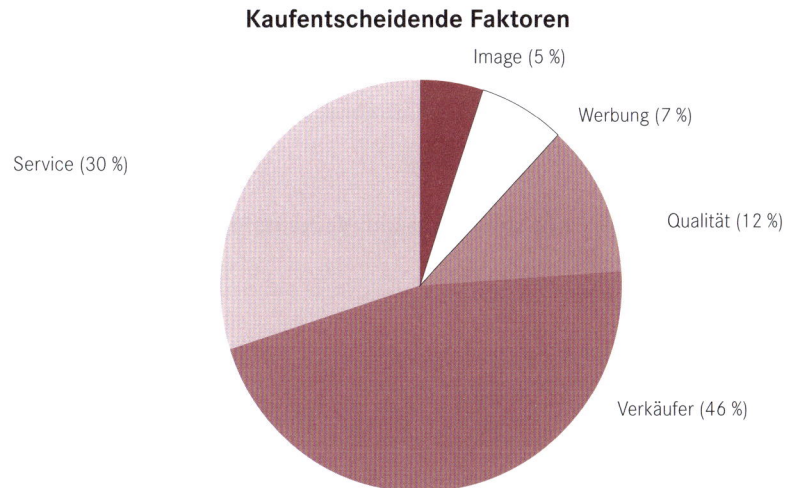

Image (5 %)

Werbung (7 %)

Service (30 %)

Qualität (12 %)

Verkäufer (46 %)

Beispiel für kaufentscheidende Faktoren

**Kaufentschei-
dende Faktoren**

Kunden erwarten einfach die **Beratung und Betreuung** durch den Fachmann sowie weitere Serviceleistungen **vor dem Kauf** (Verkaufsanbahnung), **während des Kaufs** (Entscheidungsunterstützung) und **nach dem Kauf** (Kundendienst) einer HL.

Beispiel

„Die FESTO AG & Co. KG, Esslingen, weltweit führender Hersteller in pneumatischen Produkten und Steuerungen, sieht **Service und direkten Kundenkontakt als die zentralen Elemente für Kundenbindung:** „Persönlicher Kontakt findet bei FESTO nicht nur während der kontinuierlichen Kundenbetreuung statt, sondern auch im Rahmen des Angebots an Training & Consulting. Darüber hinaus stellt ein länderspezifisches Messe- und Veranstaltungsprogramm – bestehend aus Messen, themenbezogenen Fachtagungen und Kundenworkshops – eine effektive Art der Kundenbindung sicher. Wir versuchen unsere Kunden an den entscheidenden Kontaktpunkten mit unserem Produkt- und Serviceangebot zu begeistern – über die Begeisterung an den sogenannten ‚Moments of Truth' – den Momenten der Wahrheit – erreichen wir die langfristige Kundenbindung.“

Abschlussbezogener Service

- **Abschlussbezogener Service**
  Die abschlussbezogenen **Serviceleistungen** werden **vor** und **während** des **Kaufentscheidungsprozesses** eingesetzt. Sie haben für Kunden oder Absatzhelfer (z. B. Architekten) den Charakter von Entscheidungshilfen. Aus Sicht des Unternehmens sind es **Anbahnungs- und Verkaufsförderungshilfen** für den Absatz der HL. Die Maßnahmen selbst lassen sich gliedern in technische und kaufmännische Serviceleistungen.

  Im **kaufmännischen** Bereich sind folgende Maßnahmen zur Erhöhung der Kaufbereitschaft besonders geeignet:

  - Beratung
  - Gestaltungs- und Einrichtungsvorschläge sowie fertigungstechnische Beratung
  - Entgegenkommen und Zugeständnisse an den Kunden, z. B. bei Lieferbedingungen, Finanzierungsberatung, Kreditvermittlung, Kostenvoranschlägen, Zustelldienst, Wirtschaftlichkeitsberechnungen
  - Bereitstellung von Parkplätzen, Anrechnung von Parkhausgebühren
  - Lieferung nach Hause mit/ohne Montage
  - Übergabe von Waren zur Auswahl zu Hause
  - Bezahlung mit Bank- und Kreditkarten oder per Smartphone.

Im **technischen** Bereich sind es insbesondere Maßnahmen, die sich auf technische Fragen und auf die Ausführung der HL beziehen, wie z. B.

- technische Informationen,
- die Einsatz- und Verwendungsberatung,
- Garantiezusagen, Lieferservice mit Lieferpünktlichkeit,
- Liefergenauigkeit und Sauberkeit bei der Ausführung der Arbeit,
- Probelieferungen und Muster,
- Ausführung von Sonder-, Eil- oder Kleinaufträgen,
- Besichtigung und Erläuterung von Referenzprojekten / Referenzanlagen.

Abschlussbezogene Serviceleistungen werden in aller Regel nicht isoliert angewandt. Für eine **optimale Wirkung** müssen sie als **ein auf den Kunden individuell ausgerichtetes „Servicepaket" aus Dienstleistungen vor, während und nach dem Kauf** zum Einsatz kommen, wie folgende Abbildung verdeutlicht.

Serviceleistungen zum Zeitpunkt des Kaufs

Serviceleistung und Zeitpunkt des Kaufprozesses

Leistung einer Kundendienst- organisation	Zeitpunkt und Art der Leistungserstellung					
	Zeitpunkt				Art der Leistung	
	vor dem Kauf der Haupt- leistung	beim Kauf der Haupt- leistung	nach dem Kauf der Haupt- leistung	unab- hängig vom Kauf der Haupt- leistung	tech- nisch	kaufmän- nisch
Muss-Leistung						
– Gewährleistung[1]			x		x	
Soll-Leistung						
– Sicherheitsprüfungen			x	x	x	
– Installation[2]			x		x	
– Bereitschaftsdienst/ Notdienst			x	x	x	x
– Technische Beratung	x		x	x		x
Kann-Leistung						
– Kundendienstvertrag (Inspektion bis Full-Service)			x	x	x	
– Entsorgung			x	x	x	
– Zubehörverkauf			x	x		x[4]
– Verbrauchsmittelverkauf			x	x		x[4]
– Telefonunterstützung			x			x
– Kundenschulung			x	x[3]		x
– Ersatzteildienst			x	x[3]	x	
– Umtauschrecht			x			x
– Zustellung			x			x
– Testlieferung	x				x	
– Bestelldienst	x					x
– Verpackung		x				x
– Unterweisung im Gebrauch		x			x	

[1] Häufig auch als Garantie bezeichnet.
[2] Bei höherwertigen Anlagen meist eine „Muss-Leistung".
[3] Sehr stark abhängig von der Kompetenz.
[4] Häufig auch als technische Leistung eingestuft.

Formen von Serviceleistungen zum Zeitpunkt eines Kaufprozesses (Bruhn)

> Kundenindividuelle Kombinationen aus HL und Servicepaketen erschweren den Kunden mögliche Preisvergleiche. Sie sind daher ertragswirksamer als Einzelleistungen.

- **Einsatzbezogener Service**

  Diese Art von Serviceleistungen umfasst ebenfalls technische und kaufmännische Maßnahmen, die einzeln oder als „Paket" eingesetzt werden. Hier dominieren technische Serviceleistungen wie z. B.

  - Installation und Probelauf,
  - schriftliche oder persönliche Anwendungsberatung,
  - Anleitung und Schulung für Kleinreparaturen,
  - Wartung und Instandhaltung,
  - Ersatzteilbevorratung,
  - Notdienst,
  - Hotline für Fernwartung.

  Bei diesen Serviceleistungen ist auch die Frage zu klären, **ob und in welchem
  Umfang** diese auf Voll- oder Teilkostenbasis (pauschal oder nach Aufwand) **berechnet oder unentgeltlich** erbracht werden (z. B. während der Garantiefrist
  oder bei Kulanz).

  Auch eine **aufgeschlüsselte Rechnungslegung** für Haupt- und Zusatzleistungen ist durch die Preis- und Kostentransparenz für den Kunden eine echte Ser-
  viceleistung.

  Bei einem starken Preis- oder Werbewettbewerb, bei dem sich die Bemühungen
  der Mitbewerber häufig gegenseitig aufheben und wirkungslos verpuffen, versuchen manche Unternehmen sich durch **besonders attraktive Serviceleistungen vor dem Kauf** zu profilieren. So kann sich das Unternehmen beispielsweise
  durch

  - Modelle oder kombinierbare Module zur Demonstration vor Ort,
  - 3D-Einrichtungsplanung am Tablet vor Ort beim Kunden,
  - Konfiguration der Problemlösung mittels elektronischer Komponentendatei-
    en auf dem Tablet oder Notebook direkt vor Ort beim Kunden,
  - einen „366-Tage-rund-um-die-Uhr Notdienst",
  - Reparaturanleitungen im Internet oder über Apps im Smartphone

  wirkungsvoll von Mitbewerbern abheben und Marktvorteile erlangen.

Eine **differenzierte Servicepolitik** schafft **kundenindividuelle Zeit-, Informa-
tions- und Kompetenzvorteile** (wie z. B. Schnelligkeit/Aktualität und hohe Prob-
lemlösungskompetenz) und bewirkt bei B2B-Kunden, technikbegeisterten B2C-Kun-
den wie auch beim eigenen Verkaufs- und Servicepersonal starke verkaufsfördernde
Impulse und Zufriedenheit.

Kundenspezifische Serviceleistungen profilieren im Wettbewerb um den Kunden, schaffen Vertrauen in die Leisungsfähigkeit des Unternehmens, führen zu erhöhter Kundenzufriedenheit und Kundentreue und erlauben eine bessere Nutzung des Etragspotenzials der Kunden.

Preispolitik

2.2.3 Preispolitik

2.2.3.1 Preisbildung

Preisbildung

Preise entstehen beim finanziellen Ausgleich von Angebot und Nachfrage nach einer Leistung. Die **Preisbildung** im Rahmen des Kaufprozesses erfolgt durch Ausgleich der Preisforderung des Unternehmens mit der Zahlungsbereitschaft des Kunden.

Preise ergeben sich aus den Preisvorstellungen der Anbieter und Nachfrager/Kunden. Diese Preisvorstellungen spiegeln die Wertschätzung der Leistung (HL oder ZL) durch den Anbieter („Das soll die Leistung kosten!") und durch den Kunden (Das ist mir die Leistung wert!") wider.

Preisvorstellung

Preisvorstellungen können wie folgt ermittelt werden:

- auf Kundenseite: Angebots- und Preisvergleiche, Wertanalysen (im B2B-Geschäft), Erfahrungen aus früheren Geschäften, Empfehlungen von Dritten, Freunden etc.
- auf Anbieterseite: Kalkulationen zu Voll- und Teilkosten, Preis- und Wertanalysen, Erfahrungswerte aus früheren, ähnlichen Projekten/Aufträgen, Schätzungen o. ä.

Reale Preise können wie folgt zustandekommen:

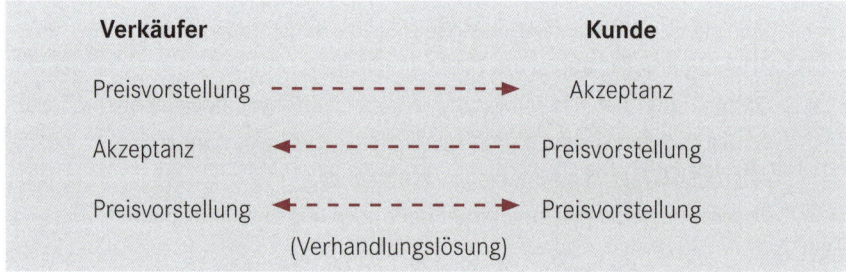

- Die Situation (1) findet sich überwiegend im B2C-Geschäft (z. B. Preisakzeptanz beim Kauf im Einzelhandel, beim traditionellen oder elektronischen Katalogge-schäft, in Onlineshops und bei Verkaufsplattformen wie etwa amazon u. a.). Im B2B-Geschäft gilt das bei Verbrauchsgütern, geringwertigen Sach- und Dienstleistungen im Direktgeschäft und bei den oben genannten Formen des Verkaufs.

- Situation (2) ist z. B. gegeben bei Auktionen im B2C- und B2B-Geschäft (z. B. Schmuck, Autos oder Gebrauchtmaschinen) sowie vor allem im Zuliefergeschäft mit Großkunden (Preisvorgaben durch Marktmacht) und bei starkem Angebotswettbewerb (Überangebot).
- Situation (3) mit Preisbildung über Verhandlungen ist vor allem im B2B-Geschäft bei komplexen, von beiden Seiten als hochwertig eingeschätzten Produkten und Problemlösungen (sog. Systemgeschäft) gegeben. Hier werden meist Lösungsumfang, Preishöhe und Preisgestaltung gleichzeitig verhandelt, um über Kompromisse einen für beide Seiten als „fair" akzeptierbaren Preis zu bekommen.

> Preis- und Leistungspolitik müssen auf die Grundorientierung der Kunden (preis- oder qualitätsbewusst) ausgerichtet und eng miteinander gekoppelt sein.

Bei der **Qualitätsorientierung,** geprägt durch einzigartige Leistungen in Technik und Design (Qualitäts-, Luxus- oder Premiumprodukte) mit hohen persönlichen Vorteilen für B2C- und B2B-Kunden können auch einzigartige Preise mit hoher Gewinnmarge gefordert werden **(Hochpreispolitik).** Hier kommt man auch mit kleineren Absatzzahlen zur angestrebten Rendite.

Qualitätsorientierung

Bei einer **Kostenorientierung,** geprägt durch Vereinfachung, Rationalisierung und Standardisierung bei der Leistung, deren Erstellung, Vermarktung und Logistik können einzigartige Preise mit niedriger Gewinnspanne als Kaufanreiz realisiert werden **(Tiefpreispolitik).** Hier bringen große Absatzmengen den erforderlichen Umsatz und führen so zur gewünschten Rendite.

Kostenorientierung

Ein Unternehmen kann sich mit jeder dieser Preisstrategien im Wettbewerb positionieren und profilieren. Es sollte jedoch **keine Mischung aus Hoch- und Tiefpreispolitik** stattfinden, denn das führt zu keinem klaren und einheitlichen Image bei den Kunden. Diese sind je nach Kaufobjekt preis- oder qualitätsorientiert aktiv.

2.2.3.2 Preisermittlung

Der Preis ist das flexibelste aller Marketinginstrumente, denn er kann kurzfristig an veränderte Marktsituationen angepasst werden. Damit ist dieses Marketinginstrument in aller Regel sofort kaufwirksam.

Preisermittlung

Durch eine bewusste, auf die Unternehmensziele ausgerichtete **Preispolitik** als Summe aller strategischen und operativen Maßnahmen zur Preisgestaltung für die Haupt- und Zusatzleistungen kann ein Unternehmen

Preispolitik

- seine Marktleistungen für die potenziellen Kunden attraktiv machen (Image eines vorteilhaften Preis-Leistungs-Verhältnisses),

113

- Nachteile bei anderen Marketingmaßnahmen (z. B. geringerer Qualitätsstandard, eingeschränkter Kundendienst o. Ä.) ausgleichen,
- seine strategischen und operativen Marketingziele besser erreichen,
- die erforderliche Liquidität schaffen, sichern und erhöhen sowie
- seine Gesamtkosten und seinen Gewinn einer Periode „verdienen".

Von diesen **Zielen der Preispolitik** kann für kurze Zeit auch abgewichen werden, wenn umgehend auf strategisch bedrohliche Wettbewerbsaktivitäten reagiert, die Nachfrage zur Kapazitätsauslastung angeregt oder eine neue Kundengruppe gewonnen werden muss.

Bei der **Festlegung seiner Preisvorstellung** (Preisermittlung) kann sich das Unternehmen an den zentralen wirtschaftlichen Erfolgsfaktoren **Kosten, Kunden** und **Wettbewerb** orientieren. Dabei sind die Gegebenheiten und Trends bei den **„3-K- + 3-U-Informationen"** als weitere Einflussgrößen zu berücksichtigen.

Kostenorientierte Preisermittlung

- **Kostenorientierte Preisermittlung**

Bei dieser Vorgehensweise bestimmen letztlich die Kostenarten und Kostenanteile die Preisvorstellung des Anbieters. Diese werden in der **Kalkulation** als **Vollkosten oder Teilkosten** zur Preisermittlung berücksichtigt. Welche Kostenarten und welche Gewinnmarge in welcher Höhe in die Kalkulation eingehen, bestimmt zum einen die Höhe des ermittelten Preises und zum anderen die sog. **Preisuntergrenze.**

Diese ist bei einer **Vollkostenkalkulation** nach Abzug des Gewinnzuschlags erreicht, während bei einer Teilkostenkalkulation die Höhe der variablen Kosten die Preisuntergrenze ergeben. Die **Preisobergrenze** ist durch die Zahlungsbereitschaft des Kunden bestimmt (siehe auch „Kundenorientierte Preisermittlung").

Verfahren zur kostenorientierten Preisermittlung sind – neben der **Vollkostenkalkulation** bei Sachleistungen – die **Break-even-Analyse** bei Dienstleistungen sowie die **Deckungsbeitragsrechnung** für beide Leistungsarten.

Dazu nachfolgend das **Beispiel einer Break-eben-Analyse bei Dienstleistungen** (in diesem Beispiel geht es um die Ermittlung von Stundenverrechnungssätzen).

Break-even-Analyse

Break-Even-Analyse

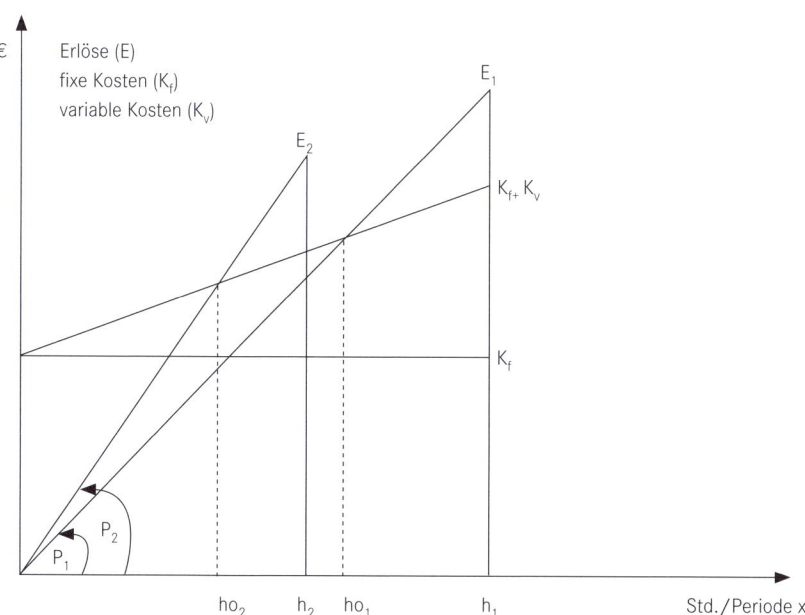

Break-even-Analyse

Es gilt, die „produktiven", verrechnungsfähigen Stunden der Mitarbeiter je Planperiode zu ermitteln, die in der Planperiode „verkauft" werden müssen, um die anfallenden Fixkosten (z. B. Miete, Abschreibungen, Versicherungen etc.), die variablen Kosten (z. B. Stundenlöhne der Mitarbeiter) und einen Gewinn zu erwirtschaften (Kostenzuschlagskalkulation). Kosten plus Gewinn ergeben den erforderlichen Erlös, aus dem sich durch Division mit den Planstunden (h_1) der Stundenverrechnungssatz (P_1) errechnet. Dabei führen die Fixkosten dazu, dass bei sinkender Beschäftigung (= Rückgang der produktiven, verrechnungsfähigen Stunden) die Verrechnungssätze steigen müssen, wenn auch dann noch Gewinn erzielt werden soll. Dies führt z. B. bei den produktiven Stunden h_2 zu einem Verrechnungssatz P_2.

Gelingt es dem Unternehmen in der Periode x (Jahr, Halbjahr, Quartal oder Monat) nicht, so viele Stunden (h_1 oder h_2) wie geplant zu verkaufen (zu verrechnen), dann macht das Unternehmen bei Absinken unter h_{01} oder h_{02} verrechnete Stunden realen Verlust. Die Gesamtkosten sind dann höher als die Summe der erzielten Umsätze (= Summe der zu P_1 oder P_2 verrechneten, d. h. verkauften Stunden).

Dieses Vorgehen der Preisbildung auf Gesamtkostenbasis ist nicht unproblematisch. Häufig können Markt- und Beschäftigungschancen nicht genutzt werden, da „der Markt" nicht in jedem Fall und für jede Leistung des Unternehmens einen Preis zulässt, der auf kalkulierten Vollkosten beruht.

**Deckungsbei-
tragsrechnung**

Werden lediglich ausgewählte Kostenteile zur Preisbildung herangezogen, spricht man von einer **Teilkostenrechnung.** Die bekannteste Form ist die **Deckungsbei-tragsrechnung.** Sie geht davon aus, dass der zu erzielende Preis mindestens die variablen Kosten (Grenzkosten) decken muss. Jeder darüber hinausgehende Erlös wird als Deckungsbeitrag bezeichnet, da er zur Abdeckung der Fixkosten und zur Gewinnerzielung beiträgt. Der zu erzielende **Mindestpreis** (Preisuntergrenze) kann nach folgendem Schema ermittelt werden:

Beispiel einer Deckungsbeitragsrechnung für einen Fertigungsbetrieb	
Verbrauch von Fertigungsmaterial	100,- €
+ Fertigungslöhne	150,- €
Einzelkosten (leistungsabhängig)	250,- €
+ leistungsabhängige Gemeinkosten	100,- €
Grenzkosten (variable Kosten) = absoluter Mindestpreis	350,- €
erzielbarer Verkaufspreis	600,- €
Deckungsbeitrag I	250,- €
- vertriebsfixe Kosten (pro Stück gerechnet)	70,- €
Deckungsbeitrag II	180,- €
- Unternehmensfixkosten (pro Stück gerechnet)	100,- €
Betriebsergebnis pro Stück (Beitrag dieses Artikels)	80,- €

Eine Preisbildung auf Teilkostenbasis (hier z. B. 350,- €) kann nur eine zeitlich begrenzte Maßnahme sein, da hierbei weder Fixkostenanteile „verdient" noch Gewinnbeiträge erwirtschaftet werden. Für diese steht aus diesem Auftrag ein Deckungsbeitrag I in Höhe von 250,- € zur Verfügung. Erst mit Deckungsbeitrag II und nach Abzug der Unternehmensfixkosten kann überprüft werden, ob sich dieser Auftrag für das Unternehmen rentiert hat. Hier wird zwar ein Betriebsergebnis von 80,- EUR/Stück ausgewiesen, jedoch wird erst eine differenzierte Vollkostenkalkulation zur Kontrolle zeigen, ob das auch zutrifft.

**Grenzkosten-
preise**

Grenzkostenpreise sollten stets eine Ausnahme sein und bleiben, um kurzfristig auf den Markt zu reagieren (z. B. als Lockpreis, um einen neuen, strategisch wichtigen Kunden zu gewinnen, als Aktionspreis zur kurzfristigen Abwehr der Mitbewerber). Langfristig ist damit keine reale Kapitalerhaltung und Rentabilität zu erzielen;

hierzu bedarf es stets **Vollkostenpreise.** Sollten diese für eine Leistung langfristig nicht erreichbar sein, ist mit einer **Umsatz- und Sortimentsanalyse** zu klären, ob man diese Leistung aufgeben kann (vgl. in Abschnitt 2.2.2.2.3 „Leistungsverzicht").

- **Kundenorientierte Preisermittlung**

Dieses Vorgehen ist ein geeignetes Instrument zur Durchsetzung einer Wachstumsstrategie. Bei bisherigen oder neuen Kundengruppen gilt es, einen bestimmten Markt- oder Umsatzanteil zu erreichen und zu sichern.

Preisaktivitäten sollen Kaufimpulse auslösen. Dies kann erfolgen durch:

- **Preissenkungen** (langfristiges Senken des Preisniveaus oder kurzfristiges, zeitlich begrenztes Absenken der Preishöhe, z. B. Aktionspreise, Lockvogelangebote, Saisonpreise o. Ä. zum Auslösen eines Kaufimpulses; geeignetes Planungs- und Kontrollinstrument ist die Deckungsbeitragsrechnung).
- **Preiskonstanz** (statt wechselnder, aktueller Preise [Stunden-,Tages- oder Börsenpreise] geben über einen gewissen Zeitraum stabile Preise [Saisonpreise, Rahmenabschlüsse oder Kontrakte] den Kunden Planungssicherheit, steigern das Vertrauen in langfristige Zusammenarbeit und erhöhen die Kundenzufriedenheit).
- **Preiserhöhungen** (begründet durch Kostensteigerungen im Unternehmen und seinen Prozessen, die nicht durch Rationalisierung aufgefangen werden können; für „neue" [geänderte] Leistungen/Leistungskombinationen werden „neue" [angepasste] Preise festgelegt oder höhere Preise bei Premium-Leistungen, die einen hohen Prestigewert oder Exklusivcharakter haben und die jeder „Trendsetter" sofort haben will).
- **Preisdifferenzierung** (für gleiche oder ähnliche Leistungen werden in unterschiedlichen Marktsegmenten [Teilmärkten] unterschiedliche Preise gefordert).

Leistungsdifferenzierung ermöglicht Preisdifferenzierung.

Dieses Vorgehen ist ein richtiger Schritt, dem reinen Preiswettbewerb auszuweichen.

Analog zur Leistungsdifferenzierung kann man wirkungsvolle **Preisdifferenzierung/ Preissegmentierung** durchführen als

- räumliche Preisdifferenzierung (z. B. Stadt/Land, Inland/Ausland)
- zeitliche Preisdifferenzierung (z. B. Jahreszeiten, Arbeitszeit/Freizeit, Tag/ Nacht, morgens/abends/nachts)
- verwendungsbezogene Preisdifferenzierung (z. B. Industrie- und Haushaltsstrom)

- personelle Preisdifferenzierungen (z. B. Schüler, Studenten, Rentner)
- mengenmäßige Preisdifferenzierung (z. B. Groß-/Kleinpackungen, Sonder-größen).

Werden **kombinierte Differenzierungsmerkmale** eingesetzt, dann erschwert das die Markt- und Preisübersicht für Kunden und Mitbewerber erheblich. So lassen sich relativ leicht **Preise mit unterschiedlichen Gewinnbeiträgen** zur Verbesserung der Ertragslage des Unternehmens bilden.

Wettbewerbs-orientierte Preis-ermittlung

- **Wettbewerbsorientierte Preisermittlung**

Hier orientiert sich das Unternehmen an der Preispolitik (soweit erkennbar), der Preisbildung und dem Einsatz der Preisgestaltungsinstrumente der Hauptmitbewer-ber. Das Unternehmen versucht, mittels **Preisbeobachtung und Preisanalyse** die preisbezogenen Aktivitäten des Wettbewerbers und deren Wirkung bei den Kunden zu ermitteln/abzuschätzen. So können z. B. Erhöhung, Senkung oder Differenzierung von Preisen als Maßnahme zur Marktsegmentierung, besseren Marktausschöpfung, besseren Kapazitätsauslastung oder Ausschaltung von Wettbewerbern ausgerich-tet sein. Von diesen Feststellungen und Erkenntnissen ausgehend, wird das eigene Unternehmen seine Preisaktivitäten ausrichten. Entsprechend den eigenen Marke-tingzielsetzungen und Strategien werden dann **Preishöhe und Preisgestaltung gleich, über oder unter den Aktivitäten des Mitbewerbers** liegen.

Ein zeitlich begrenztes Übernehmen oder Unterschreiten von Wettbewerbspreisen zur Abwehr von Kaufimpulsen bei alten und neuen Kunden in einem Teilmarkt kann kurzfristig durchaus sinnvoll sein. Aber bei genereller (langfristiger) Übernahme einer **Niedrigpreispolitik des Mitbewerbers** ist **Vorsicht** geboten, denn diese passt meist nicht zur eigenen Kostenstruktur und kann zu Liquiditätsengpässen oder sogar zur Existenzbedrohung führen (z. B. bei Neugründungen, jungen und kleinen Unter-nehmen).

Wichtig ist, auf Preisaktivitäten von Mitbewerbern nicht zwingenderweise mit eige-nen Preismaßnahmen zu reagieren. Es ist meist liquiditäts- und gewinnschonender, zunächst andere Marketingaktionen zu überlegen und auf ihre Wirkungen hinsicht-lich Kunden, Mitbewerber und Gewinnsituation zu prüfen.

2.2.3.3 Preisgestaltung

Die absolute Höhe des Preises ist nur ein Element zur Preisgestaltung; ergänzend kommen die sog. **Sonderformen der Preisbildung** hinzu. Dies sind die Ausprägun-gen von Rabatten, Konditionen und der Absatzfinanzierung. Sie sind Kostenverursa-cher und damit Bestandteil der Kalkulation. Der sich ergebende Gesamtpreis wird als

Bruttopreis bezeichnet, der nach Abzug der Preisnachlässe zum **Nettopreis** wird. Hinzu kommt dann noch Mehrwertsteuer, die kein Preisbestandteil ist.

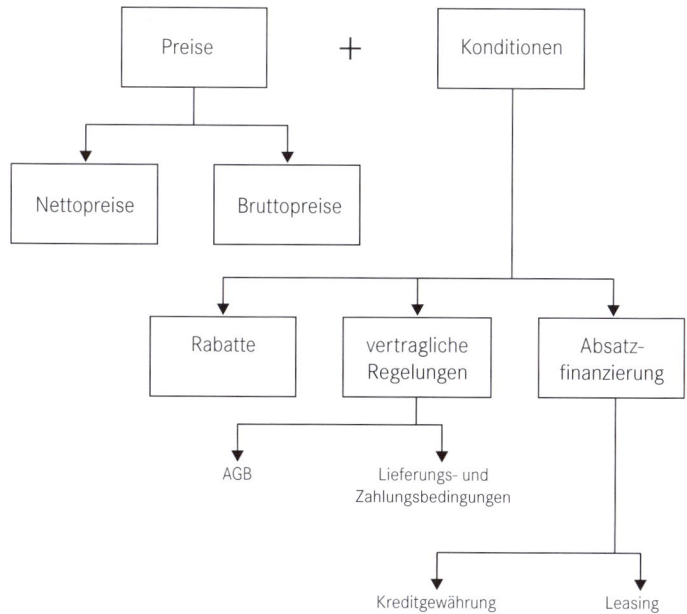

Instrumente der Preisgestaltung

Instrumente der Preisgestaltung

- **Rabatte**

Rabatte

Rabatte sind **Preisnachlässe,** die an Abnehmer in Form von Preisabschlägen **(Nominalrabatt)** oder Mengenzugaben **(Naturalrabatt)** gewährt werden und zu einem niedrigen Nettopreis führen. Im B2B-Geschäft kommen – sofern nicht auf ein **Nettopreissystem** umgestellt wurde – hauptsächlich folgende Rabattarten zur Einsatz:

- **Funktionsrabatt:** Entgelt für Übernahme von Leistungen, z. B. Konsignationslager, Ersatzteile etc.
- **Mengenrabatt und Bonus:** Rabattstaffeln belohnen die Abnahme größerer Mengen; der Bonus bezieht sich auf die gesamte Jahresbestellmenge.
- **Treuerabatt:** Vergütung für den Bezug von Waren bei einer langfristigen und intensiven Zusammenarbeit mit dem Rabatt gewährenden Unternehmen.
- **Einführungsrabatt:** Zusätzlicher Preisnachlass, um erstmals ins Geschäft zu kommen bzw. um ein neues Produkt besser in den Markt zu bringen. Anwendung meist in Kombination mit Funktions- und Mengenrabatten.
- **Barzahlungsrabatt:** stellt als **Skonto** eine Vergütung für die sofortige Bezahlung einer Leistung dar.

In der B2B-Praxis werden Rabatte und Boni kundenspezifisch kombiniert, also selten isoliert eingesetzt.

Im B2C-Geschäft wurden in den letzten Jahren viele Rabattsysteme in Form von **Treuepunktsystemen** für Endverbraucher (z. B. Bonushefte im Handwerk, Payback-System, Lufthansa-Miles&More-Programm) entwickelt und als **Instrument der Kundenbindung** eingesetzt.

Konditionen

- **Konditionen**

Hier geht es um die rechtliche Gestaltung der Rechte und Pflichten der Vertragspartner in einer Geschäftsbeziehung. Dies betrifft:

- Die **Allgemeinen Geschäftsbedingungen (AGB)** betreffen insbesondere Aussagen über Gewährleistung und Haftung (Haftungsübernahme nach VOB oder erweitert nach BGB oder verbessertes Rückgaberecht). Auch dürfen die mit einem „lockeren Vorgehen" bei der Vertragsgestaltung verbundenen Kosten- und Ertragsrisiken nicht unterschätzt werden (vgl. z. B. Konsequenzen für die Produkthaftung).
- Die **Zahlungsbedingungen** sind die Regelungen zu Zahlungsfristen und Gewährung von Skonto, Zahlungsweise und Abwicklung der Zahlung (einschließlich Verzugszinsen) sowie Inzahlungnahme oder Rücknahme gebrauchter Waren (z. B. bei Aktionswochen). Dabei gilt das **Skonto** als das **effizienteste Instrument der Preisgestaltung** und der Steuerung des Geldeinganges (Anreizfunktion des Skonto). Die Höhe des Skontos richtet sich nach der vereinbarten Zahlungsweise, z. B. Vorauszahlung, Anzahlung, Zahlung bei Lieferung oder innerhalb einer bestimmten Frist.
- **Lieferbedingungen** werden vom Kunden häufig nicht als direkt preiswirksam erkannt, obwohl hier Kostenverteilungen zwischen Käufer und Verkäufer geregelt werden, wie z. B. (1) Ort und Zeit der Warenübergabe und des Gefahrenübergangs, (2) Vereinbarungen über die Transportrisiken und Versicherungskosten (Wer kommt dafür auf?), (3) Konventionalstrafen bei verspäteter oder ganz ausgefallener Lieferung oder Leistung sowie (4) das Umtauschrecht. Hierzu gehört auch die Bereitschaft zur Inzahlungnahme von Altgeräten oder zum Abschluss von Gegengeschäften (Gegenlieferungen).

Absatzfinanzierung

- **Absatzfinanzierung**

Im B2B- und im B2C-Geschäft spielt die Absatzfinanzierung eine immer größere Rolle. Hierzu können Eigenmittel sowie Lieferanten- oder Kontokorrentkredite eingesetzt werden. Auch Kreditinstitute zur Vermittlung einer Finanzierung werden eingeschaltet. Beispiele für Absatzfinanzierung sind:

- Gewähren eines Zahlungsziels
- Ratenkauf
- Kundenkarten
- Monatsrechnung
- Vermietung (durch das Unternehmen)
- Leasing (durch eine Finanzierungsgesellschaft).

Dabei können über Vermietung oder Leasing zusätzliche Umsätze im B2B-Geschäft (Vermietung von z. B. Kraftfahrzeugen, Werkzeug- oder Baumaschinen) geschaffen werden. Dies gilt auch für das B2C-Geschäft, wo im Hobby- bzw. Do-it-yourself-Bereich durch die Vermietung von Werkzeugen, Geräten oder Maschinen, z. B. für Gartenarbeiten, Hausrenovierungen o. Ä., zusätzliche Marktanteile gewonnen werden können.

Die **Instrumente zur Preisgestaltung** sind jedoch nur dann ein wirksames Marketinginstrument, wenn sie dem Kunden in der Marketingkommunikation als **attraktive, vorteilbringende Zusatzdienstleistungen** vermittelt werden.

2.2.4   Kommunikationspolitik

Kommunikationspolitik

Marketingkommunikation ist eine bewusste und zwanglose Einflussnahme auf Menschen mithilfe spezieller Kommunikationsmittel und -maßnahmen, um strategische und operative Marketingziele zu erreichen. Hierzu gehören alle von einem Auftraggeber bezahlten Informationen, Darstellungen und Präsentationen der Leistungen eines Unternehmens unter Einsatz von Personen und Medien als Informationsträger.

2.2.4.1 Ziele und Einflussfaktoren definieren

2.2.4.1.1   Ziele der Marketingkommunikation

Marketingkommunikation

Hauptziele der Marketingkommunikation sind:

- Auf das Unternehmen und seine Leistungen aufmerksam machen.
- Ein positives Image des Unternehmens bei Mitarbeitern, Geschäftspartnern und in der Öffentlichkeit aufbauen und pflegen.
- Einstellungen und Handlungsweisen von Adressaten innerhalb und außerhalb des Unternehmens beeinflussen.
- Den Verlauf des Kaufprozesses beim Kunden beeinflussen.
- Kunden zu Wiederkäufen und Zusatzkäufen veranlassen.
- Kundenzufriedenheit und Kundenbindung erreichen.

Versteht man Marketingkommunikation als Informationsprozess, dann sind zur bestmöglichen Realisierung dieser Hauptziele bei den Adressaten weitere **Teilziele**

innerhalb der **Aufgaben in den Ablaufphasen der Marketingkommunikation** festzulegen. Im Ablauf jeder Marketingkommunikation lassen sich folgende **AIDA-Aufgaben** – hier am Beispiel eines Kaufprozesses dargestellt – unterscheiden:

Kaufprozess

AIDA im Kauf-prozess

Nicht-Kaufphase	Vor-Kaufphase	Kaufphase	Nach-Kaufphase	Vor-Kaufphase	Wieder-Kaufphase
A	I	D	A	A →I	D → A

Kommunikationsaufgaben

Präferenz aufbauen, Präsenz zeigen	Interesse, Aufmerksamkeit, Kaufwunsch wecken	Kaufwunsch intensivieren, Kauf auslösen	Kaufrichtigkeit bestätigen, Kundenbindung erzeugen

AIDA im Kaufprozess

Für die Konzeption und Ausgestaltung der Marketingkommunikation bedeutet AIDA im Einzelnen:

Aufmerksamkeit (attention)

A = **Aufmerksamkeit:** Aussage muss dem Adressaten Vorteile signalisieren, auffallen; vom Wettbewerber abheben und einprägsam sein. Dies wird durch **rationale Aussagen** (z. B. „Vorsprung durch Technik") und **emotionale Ansprache** (z. B. Produktpräsentation in ansprechender Landschaft, mit speziellem Sound oder mit sympathischen Menschen oder beliebten Schauspielern in einer Handlungssituation) erreicht. Damit sollen positive, vorteilversprechende Signale gesandt und Sympathie für die Leistung (HL oder ZL) geweckt werden.

Interesse (interest)

I = **Interesse:** Informationen über Besonderheiten der Marktleistungen und deren Vorteile für den Kunden sollen als **Handlungslöser** für weitere Informationen wirken oder einen Kaufwunsch auslösen.

Dringlichkeit (desire)

D = **Dringlichkeit/Kaufwunsch** soll durch noch intensivere, möglichst persönliche Kommunikation der Kundenvorteile soll der Kaufwunsch aktiviert und verstärkt werden – evtl. auch unterstützt durch monetäre Anreize (Sonderpreis oder Erstkäuferbonus): „Ja, jetzt kaufe ich!"

Aktion (action)

A = **Aktion/Kauf:** Durch **Bestätigungsargumente** soll der Kunde für seine Kaufentscheidung gelobt, die Vorteilhaftigkeit seines Kaufs nochmals herausgestellt und Kundenzufriedenheit erreicht werden. Gleichzeitig gilt es, Zusatz- und Wiederkäufe anzuregen, z. B. über Gutscheine.

Mithilfe dieses Modells kann jede Marketingbotschaft auf die Besonderheiten der einzelnen Zielgruppen (Einzelpersonen oder Personengruppen im B2C- und B2B-Geschäft) ausgerichtet und auf die erzielte Wirkung in den einzelnen Phasen des Kaufprozesses überprüft werden.

Welche strategischen und operativen Fragen bei der Zielbestimmung, der Auswahl **und der Kombination** der Kommunikationsinstrumente zu lösen sind, verdeutlichen die **„7 W-Fragen Marketingkommunikation"**:

• **Warum** soll geworben werden?	→	Werbeziele
• **Wer** soll angesprochen werden?	→	Zielgruppen
• **Was** wird übermittelt?	→	Informationsgehalt der Werbebotschaft
• **Wann** wird die Werbebotschaft übermittelt?	→	zeitlicher Einsatz, Koordination
• **Wo** wird übermittelt?	→	räumlicher Einsatz, Koordination
• **Womit** wird übermittelt?	→	Werbemittel, Werbeträger
• **Wie** wird übermittelt?	→	Form, Stil und Präsentation

*7 „W-Fragen"
der Marketing-
kommunikation*

Entscheidungsfelder der Marketingkommunikation

Diese Fragen sind zielgruppenspezifisch zu beantworten.

2.2.4.1.2 Spezielle Einflussfaktoren

Die Ziel- und Maßnahmengestaltung in der Kommunikationspolitik ist abhängig von **Bestimmungsfaktoren** (Unternehmensziele, strategische Marketingziele und die gewählten Marketingstrategien), **generellen Einflussfaktoren** (die **„3-K- + 3-U-Informationen"**, siehe Abschnitt 1.1.1) und einigen **speziellen Einflussfaktoren** wie z. B.:

Einflussfaktoren

- **Phase des Produktlebenszyklus**
  Die unterschiedlichen Marketingstrategien in der Einführungs-, Wachstums, Reife- oder Verfallsphase von HL und ZL verlangen auch einen entsprechend ausgerichteten, kombinierten Einsatz der Kommunikationsinstrumente. So sollten in der Einführungsphase verstärkt Werbung, persönliche Kommunikation und intensive Verkaufsförderung zum Einsatz kommen.

- **Phase des Kaufprozesses**
  Die Nicht-Kaufphase und die Vor-Kaufphase sind die **Hauptinformationszeiten** des späteren Kunden. Hier sollten verstärkt allgemeine Werbung und Öf-

fentlichkeitsarbeit zum Einsatz kommen. Die Vor-Kaufphase und die Kaufphase beinhalten die **Prüf- und Entscheidungszeit** des potenziellen Kunden. Hier sind intensive persönliche Kommunikation (Beratungs- und Verkaufsgespräche), unterstützt durch vielseitige Verkaufsförderungsmaßnahmen, angeraten. Die Nach-Kaufphase ist die **Nutzungszeit,** in der die versprochenen Kundenvorteile wirksam werden sollen; oder nicht eintreten. In beiden Fällen sind persönliche Kommunikation und personifizierte Direktwerbung (Direct Mail oder E-Mail) zur Verbesserung der Kundenbetreuung und Kundenzufriedenheit empfehlenswert.

Komplexität des Kaufprozesses

- **Komplexität des Kaufprozesses**

  Hier lassen sich **Einzelentscheidungen** (eine Person) und **Teamentscheidungen** (mehrere Personen) auf der Angebotsseite als auch auf der Nachfrageseite eines Kaufprozesses unterscheiden. Dies erzwingt **unterschiedlich komplexe Kommunikationsprozesse** mit einseitigen und zweiseitigen Informationsflüssen.

Verkäuferseite (Absender)	Käuferseite (Adressat)	Komplexität des Kommunikationsprozesses
Einzelentscheider	Einzelentscheider	**„einfache" Struktur** (jeweils nur 1 Akteur)
Verkaufsteam	Einzelentscheider	**verkäuferseitige Komplexität** (mehrere Absender informieren 1 Adressaten: Gefahr des Informationsüberflusses)
Einzelentscheider	Kaufteam	**käuferseitige Komplexität** (nur 1 Absender informiert mehrere Adressaten: Gefahr eines teilweisen Informationsdefizits)
Verkaufsteam	Kaufteam	**doppelseitig hohe Komplexität** (mehrere Absender liefern an mehrere Adressaten unterschiedliche Informationsinhalte)

Komplexität der Informations- und Entscheidungsstrukturen

Die Gestaltung des jeweiligen Kommunikationskonzepts und der Einsatz der Kommunikationsmaßnahmen müssen sich speziell nach der Komplexität der Entscheidungsfindung und dem Informationsbedarf der Beteiligten (Einzel- oder Teamentscheider) richten: „Wer braucht/bekommt welche Informationen?"

- **Rolle der kaufbeeinflussenden Personen**

  Bei **Kaufprozessen von Einzelpersonen** sind alle Informationsinhalte (AIDA-orientiert) am Informationsbedarf des Adressaten in den einzelnen Kaufprozess-phasen auszurichten. Über die **Informationsverarbeitung in den Kaufphasen** bereitet er die spätere Entscheidung vor. Er nimmt dabei verschiedene **Rollen in einer Person** (z. B. Initiator, Beeinflusser, Entscheider und Einkäufer) wahr. Erlebt der Entscheidungsträger den Kommunikationsprozess emotional positiv, kommt es zum Kauf. Falls nicht, kauft er (vielleicht) beim Mitbewerber.

  Bei **Kaufentscheidungen im Team** (Kaufteam) wirken mehrere Personen an der Entscheidungsfindung mit. Sie machen ihren persönlichen Einfluss über **Rollen in den Kaufprozessphasen** geltend. Die Kommunikationsmaßnahmen sind am Informationsbedarf der Rollenträger auszurichten. Als **Rollenträger beim Teamkauf** unterscheidet man

  - den **Initiator** als Impulsgeber, Auslöser,
  - den **Beeinflusser** als „Türöffner" (meist ohne formale Befugnisse),
  - den **Verwender** mit Erfahrungen und Anforderungen zu Nutzung / Einsatz,
  - den **Entscheider,** der mit Fach- oder Führungskompetenz entscheidet und
  - den **Einkäufer** mit Verhandlungs- und Abschlusskompetenz.

  Diese Rollen findet man im **B2B-Geschäft** als Teamkauf oder Buying Center mit **klaren Kommunikationsregeln** organisiert. Das gilt besonders bei Kauf-entscheidungen für technisch anspruchsvolle und komplexe Leistungen (z. B. Zuliefergeschäft, Projektgeschäft und Systemgeschäft).

  Im **B2C-Geschäft** übernehmen häufig Familienangehörige (Eltern, Kinder), Lebenspartner, Verwandte oder Freunde und Berater die oben genannten Rollen bei Kaufentscheidungen (z. B. Mitsprache der Frauen oder der Kinder beim Auto-kauf) – auch wenn diese vom Käufer (Rolle „Einkäufer") gegenüber dem Verkäufer als Einzelentscheidungen dargestellt werden; letztlich ist es eine **Teament-scheidung.** Die **privaten Rollenträger** sind zu identifizieren, AIDA-bezogen zu kontaktieren und entsprechend zu informieren.

- **Ausgabenbereitschaft**

  Die Entwicklung eines optimalen Kommunikationskonzepts samt Kommunikati-onsmaßnahmen erfolgt mittels Eigen- und Fremdleistungen (z. B. durch Agen-turen, Medien und Betreiber elektronischer Medien). Die hierbei anfallenden **Eigen- und Fremdkosten** ergeben in der Summe den benötigten **Kommuni-kationsetat.** Die hierzu erforderlichen Ressourcen an Personal und finanziellen Mitteln sind bereitzustellen oder zu beschaffen. **Ressourcenknappheit** wirkt sich direkt auf den Einsatz und die Kombination der Kommunikationsinstrumente aus.

2.2.4.1.3 Kommunikationsinstrumente

Kommunikationsinstrumente sind **Maßnahmenbündel** aus

- Maßnahmen der **direkten** Kommunikation (z. B. Gespräche, Verkaufsförderung, Direktwerbung),
- Maßnahmen der **indirekten** Kommunikation (z. B. allgemeine Werbung, traditionell und elektronisch) und
- **Kombinationen** aus direkter und indirekter Kommunikation in der Öffentlichkeitsarbeit (PR).

Werden diese **Maßnahmen aufgabenorientiert gebündelt,** erhält man als bekannte Instrumente der Marketingkommunikation

- persönliche Kommunikation,
- Verkaufsförderung,
- Werbung und
- Öffentlichkeitsarbeit.

2.2.4.2 Die persönliche Kommunikation bevorzugen

Persönliche Kommunikation erfolgt als **direkter Informationsaustausch** zwischen Personen (Absender und Adressat) zur Verwirklichung der Marketing- und Kommunikationsziele.

In der Marketingkommunikation werden Gespräche geführt als

(1) **persönliche Gespräche ohne Medienunterstützung** („Face-to-face-Kommunikation") und

(2) **mediengestützte Gespräche** (direkter Informationsaustausch über Medien, z. B. Telefongespräche, Videokonferenzen, Direktmailing mit persönlichen Anschreiben mit/ohne personenbezogene DVDs per Post oder Video-Clips per Mail oder Smartphone).

Die persönliche Kommunikation wird mit verschiedenen Adressaten (innerhalb und außerhalb des Unternehmens) und unterschiedlichen Inhalten geführt.

Im Marketing haben die **oben genannten Gesprächsarten,** wenn sie kaufbeeinflussend ausgerichtet sind, als **Verkaufsgespräche** eine außerordentlich große Bedeutung. Daher sollen Gesprächsgestaltung und Gesprächsführung am Beispiel von Verkaufsgesprächen erörtert werden.

- **Verkaufsgespräche**

  „Verkaufsgespräche" wird hier als **Sammelbegriff** für **Einzelgespräche, Verhandlungen** oder **Diskussionen** beim Anbieter selbst (internes Marketing) und beim Kunden verwendet. Über die **Gesprächsgestaltung** (Verknüpfung von rationalen Argumenten und emotionaler Ansprache) sowie die Art der **Gesprächsführung** bei den Verkaufsgesprächen nimmt das Unternehmen **direkten und unmittelbaren Einfluss** auf die am Kaufprozess beteiligten Personen.

  Verkaufsgespräche sind das geeignete Instrument zur **Umsetzung der Strategie der Kundennähe** (persönliche und zeitliche Kundennähe, siehe Abschnitt 2.1.4). Sie sind äußerst effizient, da **keine Streuverluste** wirken.

  Verkaufsgespräche können auftreten als

  - **Einzelgespräche** (eine Person wird in einem Gespräch mit allen Informationen versorgt, die sie in den einzelnen Phasen des Kaufprozesses benötigt, z. B. beim Kauf einfacher Produkte/Problemlösungen) oder
  - **Gesprächsfolge** (es werden mehrere auf die Kaufprozessphasen bezogene Gespräche geführt als Informations-, Beratungs-, Abschluss- und Betreuungsgespräche; die Gespräche werden mit einem Alleinentscheider oder mit Beteiligten des Kaufteams, z. B. beim Kauf komplexer Produkte oder Projekte, geführt).

Verkaufs-
gespräche

- **Gesprächsgestaltung**

  Verkaufsgespräche müssen stets **geplant und organisiert** werden. Je komplexer der Informationsaustausch (z. B. zwischen Kaufteam und Verkaufsteam), desto intensiver und detaillierter hat die Gesprächsplanung zu erfolgen. Ein Hilfsmittel zur inhaltlichen Strukturierung von Verkaufsgesprächen bietet die nachfolgende Checkliste.

Gesprächs-
gestaltung

7 W-Fragen zur Strukturierung von Verkaufsgesprächen		
Wer?	→ Verkäufer	Mitarbeiter? Führungskraft? Verkaufsteam?
	spricht mit	
Wem?	→ Kunde	Mitarbeiter? Führungskraft? Kaufteam?
Warum?	→ Anlass	Eigener Wunsch? Kundenwunsch? Routinebesuch?
Was?	→ Inhalt	Beratung? Verkauf? Beziehungspflege?
Wie viel?	→ Dauer	Kurzes Gespräch? Ausführliches Gespräch? Zeitlich begrenzt?
Wie?	→ Form	Freies Gespräch? Diskussion? Verhandlung?
Wo?	→ Ort	Kunde? Verkäufer? Verwendungsort?
Wann?	→ Zeitpunkt	Vor dem Kauf? Zum Kaufabschluss? Nach dem Kauf?

„7 W-Fragen" zur Planung von Verkaufsgesprächen

Sie gilt für den Aufbau von Einzelgesprächen (ein Verkaufsgespräch, das alle AIDA-Aufgaben enthält) und **Verkaufsteilgesprächen** (z. B. Informations-, Beratungs-, Abschluss- und Betreuungsgespräche) bei verschiedenen Rollenträgern im Kauf- als auch im Verkaufsteam.

Die **Gestaltung von Verkaufsgesprächen** sollte zur besseren Planung und Kontrolle in drei Aufgabenbereiche zusammengefasst werden:

- **Gesprächsvorbereitung** (u. a. Analyse der Gesprächspartner, Informationsbedarf ermitteln, Gesprächsziele festlegen, Vorteilsargumentation aufbauen, Unterlagen bereitstellen)
- **Gesprächsführung** (u. a. Erkennen der Persönlichkeit und der fachlichen Kompetenz des Gesprächspartners, Rolle im Kaufprozess erkennen und Argumentation daran ausrichten, Instrumente der sprachlichen und nicht sprachlichen Kommunikation einsetzen)
- **Gesprächskontrolle** (u. a. Ergebnis- und Ablaufanalyse durchführen, positive und negative Argumente des Gesprächspartners dokumentieren; Stärken-Schwächen-Analyse der eigenen Gesprächsführung durchführen und dokumentieren; Bewertung des Gesprächs und weiteres Vorgehen vorschlagen oder festlegen).

Wie eine Gesprächsvorbereitung in einem komplexen B2B-Geschäft oder bei Verhandlungen zu langfristiger Zulieferpartnerschaft aussehen könnte, zeigt folgende Checkliste.

Gestaltung von Verkaufs-gesprächen

Positionen zur Gesprächsvorbereitung

	erledigt		
	ja	nein	wer bis wann

Klassifizierung des Verkaufsgesprächs
- Routine-Besuch bei A-, B- oder C-Kunde ☐ ☐ ------------
- Besuch aus besonderem Anlass
  - Rückläufige Umsätze ☐ ☐ ------------
  - Reklamation ☐ ☐ ------------
  - Beschwerde ☐ ☐ ------------
- Einbindung in Entwicklungsprojekt
  - Neukunde ☐ ☐ ------------
  - Altkunde ☐ ☐ ------------

Bereitstellung von Informationen
- Kundendaten
  - Umsatz-, Ertragskennzahlen ☐ ☐ ------------
  - Potenzial für Zusatzgeschäft ☐ ☐ ------------
- Berichte von früheren Besuchen (Auffälligkeiten beachten) ☐ ☐ ------------
- Gesprächspartner beim Kunden
  - Name, Position, Funktion im Kaufteam, Sekretärin ☐ ☐ ------------
- Zusätzliche Gesprächspartner im Kaufteam (Dritte)
  - Name, Position, Funktion, Sekretärin ☐ ☐ ------------
- Gesprächspartner im eigenen Haus
  - Name, Position, Funktion im Verkaufsteam ☐ ☐ ------------
- Gesprächspartner von Kooperationspartnern
  - Name, Position, Funktion im Verkaufsteam ☐ ☐ ------------
- Mitwirkung von Absatzhelfern (Architekten, techn. Berater, Experten)
  - Name, Position, Funktion im Verkaufsteam ☐ ☐ ------------
- Gesprächsziele bei Gesprächspartnern
  - Erstkontakt festigen, Verkauf tätigen, Vertrauen aufbauen ☐ ☐ ------------
- Gesprächsinhalte
  - Angebot und Alternativen ☐ ☐ ------------
  - Kundenbezogene Leistungen ☐ ☐ ------------
- Kundenbezogene Nutzen-Argumentation
  - Spezielle Vorteile (bei Leistung und Kosten) ☐ ☐ ------------
  - Kundennutzen (subjektiver Mehr-Wert) ☐ ☐ ------------

Zusammenstellen der Gesprächsunterlagen
- Kundendaten auf Laptop oder Tablet zum Mitnehmen ☐ ☐ ------------
- Technische Dokumente
  - Prospekte und Zeichnungen ☐ ☐ ------------
  - Muster oder ähnliche Lösungen ☐ ☐ ------------
- Präsentationsunterlagen
  - Referenzteile, Video oder ☐ ☐ ------------
  - Interaktive Online-Power-Point-Präsentationen ☐ ☐ ------------

Festlegen des Gesprächstimings
- Gesprächstermin (Kundenwunsch)   ☐ ☐ -----------
- Gesprächsdauer
  - Eigene Planung   ☐ ☐ -----------
  - Vom Kunden vorgegeben   ☐ ☐ -----------
- Folgetermin geplant   ☐ ☐ -----------

Abstimmung mit der Geschäftsleitung
- Rücksprachen erforderlich   ☐ ☐ -----------
- Termin vereinbart   ☐ ☐ -----------

Sonstiges (im Gespräch zu beachtende Besonderheiten):

Persönliche Notizen:
(z. B. persönliche Informationen über wichtige Gesprächspartner wie Geburtstag, kulturelle und sportliche Interessen, Mitgliedschaft oder Fan von Sportarten und Sportvereinen u. a.)

Checkliste zur Gesprächsvorbereitung bei komplexen B2B-Geschäften

- **Gesprächsführung**

  Ausgestattet mit den Informationen aus der Gesprächsvorbereitung ist nun das Gespräch mit dem Gesprächspartner (Alleinentscheider oder Rollenträger) zu führen. Dabei hat sich folgendes **Vorbereiten und Vorgehen nach den Phasen eines Gesprächsablaufs** als vorteilhaft erwiesen: Gesprächseröffnung → Bedarfsermittlung → kundenspezifische Vorteilsargumentation → Behandlung von Einwänden → Vorwandbehandlung → Abschlussbestätigung oder Vereinbarung von Folgesprächen.

  > Die Erläuterung von spezifischen Kundenvorteilen als Mehrwert gegenüber Mitbewerbern ist kaufentscheidend; die Präsentation von Leistungsmerkmalen ist es hingegen nicht.

  Die **Erfolgsfaktoren** eines aktiv geführten Verkaufsgesprächs sind (1) **intensives Fragen,** (2) **aufmerksames Zuhören,** (3) personenbezogene **Vorteilsargumentation** und (4) **sympathiewirksamer Einsatz der persönlichen Gestaltungselemente** (z. B. Gesprächsort, Gesprächsatmosphäre, Sprache und Erscheinungsbild).

Gesprächs-führung

Gestaltungs-elemente im aktiven Ver-kaufsgespräch

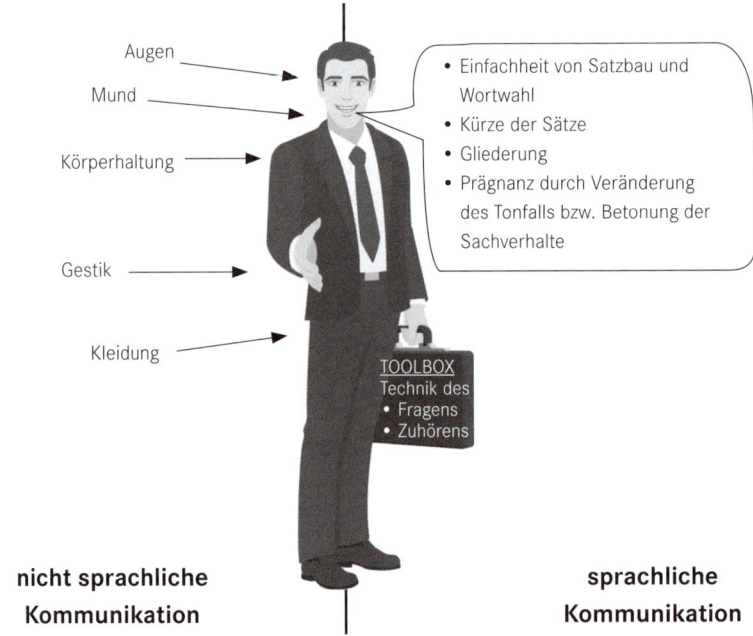

Augen

Mund

Körperhaltung

Gestik

Kleidung

- Einfachheit von Satzbau und Wortwahl
- Kürze der Sätze
- Gliederung
- Prägnanz durch Veränderung des Tonfalls bzw. Betonung der Sachverhalte

TOOLBOX
Technik des
• Fragens
• Zuhörens

nicht sprachliche Kommunikation

sprachliche Kommunikation

Gestaltungselemente für ein aktives Verkaufsgespräch

> Nur wer fragt, führt das Gespräch. Wer nicht zuhören kann, kann den wirklichen Kundenwunsch nicht erkennen.

- **Gesprächskontrolle**

Diese letzte Phase eines Verkaufsgesprächs wird häufig vernachlässigt oder sogar ganz weggelassen; beides ist falsch! Denn mit einer Kontrolle als **Soll/Ist-Vergleich von Gesprächszielen und Gesprächsergebnissen** lassen sich wertvolle Erkenntnisse für spätere Gespräche gewinnen, so z. B.

- positive Zielerreichung (Welche Gründe? Stärken-Schwächen-Analysen zum Erkennen von Stärken und Erfolgsfaktoren für künftige Geschäfte u. a.)
- negative Zielerreichung (Welche Gründe? Stärken-Schwächen-Analysen zum Erkennen von Schwächen bei Informationsinhalten, Gesprächsvorbereitung, Gesprächsverlauf, Vorteilsargumentation, schlechtes Erscheinungsbild u. a.)
- Erkennen von Verbesserungspotenzial bei Aufbau, Ablauf und Kontrolle des Gesprächs sowie bei den beteiligten Personen/Rollenträgern.

> Ein emotional geführtes Verkaufsgespräch ist gelebte Verkaufsförderung!

2.2.4.3 Verkaufsförderung durchführen

2.2.4.3.1 Ziele der Verkaufsförderung

Unter Verkaufsförderung (Sales Promotion) sind alle Entscheidungen und Maßnahmen zu verstehen, die dazu dienen, dem Absatz und Umsatz kurzfristig starke Impulse zu geben. **Ziel der Verkaufsförderung** ist es,

Verkaufsförderung

- einen Kaufwunsch auszulösen oder zu bestärken und
- dem Kunden die Kaufentscheidung zu erleichtern und herbeizuführen.

Im Gegensatz zur **Werbung** mit ihren **generellen Aussagen und Anreizen** für Ziel- oder Adressatengruppen (**„Kennen Sie** unsere Leistungen?") setzt die **Verkaufsförderung** auf **spezielle Anreize** für einzelne Adressaten (**„Kaufen Sie** unsere Leistung!").

Verkaufsförderung ist ein **starkes Instrument der direkten Marketingkommunikation.** Sie hat – kombiniert mit dem Instrument des Verkaufsgesprächs – einen hohen Wirkungsgrad für Verkaufsabschlüsse und zufriedene Kunden.

Die Gründe oder auch Auslöser für Verkaufsförderungsaktivitäten sind begründet in den Erfahrungswerten über die Wirkung von „Information" und „direktem Erleben" beim Menschen bezüglich

Wirkungsweise

- **Wissenserwerb:**
  - 78 % durch das Auge (visuell)
  - 13 % durch das Ohr (auditiv)
  - 9 % durch Geruchs-, Geschmacks- und Tastsinn

- **Behaltenswerte:**
  - 10 % von dem, was man liest
  - 20 % von dem, was man hört
  - 30 % von dem, was man sieht
  - 50 % von dem, was man audiovisuell aufnimmt (gehört und gesehen)
  - 70 % von dem, was man selbst spricht
  - 90 % von dem, was man selbst ausführt

- **Vergessenswerte:**

Man vergisst	nach 3 Stunden	nach 3 Tagen
Gehörtes	30 %	90 %
Gesehenes	28 %	80 %
Audiovisuell Wahrgenommenes (gesehen und gehört)	15 %	35 %
Selbst Ausgeführtes	1 %	10 %

Auch wenn es sich hierbei lediglich um Anhaltspunkte handeln kann, zeigt sich, dass durch **„direktes Erleben" über optisch-sensorische Eindrücke** und selbst durchgeführte Aktivitäten am besten **spontane und nachhaltige Impulse zur Beeinflussung der Kaufentscheidung** erreicht werden können. Es gilt im B2C- als auch im B2B-Geschäft:

> Der Mensch entscheidet individuell mit seinen fünf Sinnen: Hören, Sehen, Fühlen, Riechen, Schmecken.

Bei der Verkaufsförderung geht es um das Auslösen stimulierender Impulse bei Einzelentscheidern oder Rollenträgern bei Teamentscheidungen bei (1) alten und möglichen neuen Kunden, (2) bisherigen und möglichen neuen Absatzhelfern sowie (3) bisherigen und potenziellen Vertriebspartnern.

2.2.4.3.2 Verkaufsförderungsmaßnahmen

Verkaufsförderungsmaßnahmen

Die **Maßnahmen der Verkaufsförderung** sind **Serviceleistungen,** die im Kaufprozess vor, während und nach dem Kauf erbracht werden. Die Maßnahmen sollten sich durch folgende **Eigenschaften** auszeichnen:

* hoher Aufmerksamkeitswert
* großer Informations- und Mehrwert
* Möglichkeiten zur eigenen Mitwirkung sowie
* starke Reize als emotionale Handlungsauslöser.

Das wird durch demonstrative Aktivitäten und personenbezogene Maßnahmen erreicht.

Demonstrative Maßnahmen

* **Demonstrative Maßnahmen**
  In hohem Maße verkaufsfördernd wirken

  - Einladungen auf Messen und Ausstellung und dortige Fach- und Verkaufsgespräche
  - Demonstrationen im eigenen Haus, beim Endkunden, bei Absatzhelfern und Absatzmittlern
  - Vorführungen zusammen mit anderen Unternehmen, z. B. Lieferanten
  - Hausmessen mit Testmöglichkeiten
  - Einsatz von Modellen und Schnittmodellen beim Kunden
  - Abgabe von Proben und Mustern
  - Muster mit personifizierter Begleit-DVD u. a.

- **Personenbezogene Maßnahmen**

  Hier werden ebenfalls direkte Impulse auf die Zielpersonen (Kunden/Rollenträger) ausgerichtet, aber mit geringerem Bezug auf die technische Demonstration des Produkts. Hierher gehören z. B.:

  - Gutscheine, Warenproben oder Muster
  - Preisnachlässe, Einführungspreise oder Sonderpreise (Aktionspreise)
  - Überlassen von Testgeräten
  - Durchführung von Kosten- und Ertragsvergleichen
  - Einsatz von kleineren Preisausschreiben
  - Abgabe von Werbegeschenken
  - zeitlich befristete Spezialangebote (z. B. Umtauschaktionen, Inzahlungnahme von Altgeräten, Zusatzangebote)
  - „Geld zurück"-Aktionen
  - Verpackungen mit Zusatznutzen (z. B. als Spielzeug oder Dekoration)
  - Service-Einrichtungen (z. B. Beratungsdienst, Lieferservice oder Finanzierungshilfen)
  - Schulung bzw. Unterweisung von Mitarbeitern (z. B. über Einsatz, Anwendung, Wartung und Reparatur von Sachleistungen)
  - Übermittlung von Produkt- und Marktinformationen (z. B. Handbücher, technische Datenblätter oder Testergebnisse etc.)
  - Machbarkeitsstudien und Wirtschaftlichkeitsberechnungen
  - Laborberichte und wissenschaftliche Gutachten
  - Bereitstellung von Ausstattungsteilen (z. B. Lager- und Verkaufshilfen wie Regale, Ständer, Boxen etc.).

Soweit es sich um **Datenmaterial** handelt, kann dies in gedruckter und in elektronischer Form (Datenbanken im Internet) bereitgestellt und mit Zugriffsberechtigung vom Rollenträger selbst ausgewählt werden. Es ist jedoch wirkungsvoller, wenn diese Daten in ein Verkaufsgespräch eingebunden sind und persönlich präsentiert werden.

Da die vorgesehenen Verkaufsförderungsmaßnahmen mit z. T. nicht unerheblichen Kosten verbunden sind, muss ein entsprechendes **Verkaufsförderungsbudget** bereitgestellt werden.

2.2.4.4 Werbung differenziert gestalten

Im Gegensatz zur Verkaufsförderung (persönlicher, wechselseitiger Informationsfluss zwischen Absender und Adressat) versteht man unter **Werbung** einen **anonymen** und **einseitigen Informationsfluss an eine Kommunikationszielgruppe** (derzeitige und mögliche Kunden/Interessenten). **Werbung ist nicht an einzelne Personen adressiert** (z. B. nicht adressierte Zusendung von Katalogen, Prospekte,

Wettangebote, Preisausschreiben oder Beihefter und Beileger in Zeitschriften und Zeitungen). Mit Werbung sollen nach einem bestimmten Zeitraum (Werbedauer) exakt festgelegte Werbeziele erreicht werden.

Werbeziele • **Werbeziele**

Werbung ist eines der wichtigsten Marketinginstrumente, um das Unternehmen und seine eigenen Leistungen

– bei Interessenten und Kunden bekannt zu machen,
– deren Attraktivität herauszustellen und
– die Kaufwahrscheinlichkeit zu steigern.

Aus diesem generellen **Werbezweck** sind Werbeziele zu entwickeln. Ausgehend von den **Hauptwerbezielen „Informieren, überzeugen und erinnern"** sind konkrete Werbeziele (Soll-Vorgaben) festzulegen, die an den (1) Marketingzielen, (2) den Wünschen (Bedürfnisbündel) und (3) den Einstellungen (preis- oder qualitätsbewusst) der Zielgruppen auszurichten sind. Die konkreten Werbeziele sind damit zahlenmäßig belegte Soll-Vorgaben, die nach Ablauf der Werbedauer mit Soll-Ist-Vergleichen kontrolliert werden.

Beispiel

Konkrete Werbeziele können lauten:

„Der Bekanntheitsgrad bei der Zielgruppe ‚Privathaushalte' soll im Landkreis X in einem Jahr von 20 % auf 40 % steigen."

„Nach einem Jahr sollen am Standort 70 % der Zielgruppe ‚Senioren ab 65' die Produkte des Unternehmens als ‚qualitativ hochwertig' einstufen."

Art und Umfang der zielgruppenspezifischen, konkreten Werbeziele bestimmen die Werbebotschaften und Werbearten.

Werbe-botschaften

Werbemittel

• **Werbebotschaften und Werbearten**

Werbebotschaften sind die inhaltlichen Aussagen zu den Hauptwerbezielen „Informieren, Überzeugen und Erinnern" bei den Zielgruppen der Werbemaßnahmen. **Werbebotschaften** (Werbeaussagen) werden über **Werbemittel** (Werbemaßnahmen) kommuniziert. Wegen der Vielfalt der Werbeaktivitäten und Nachrichten bei den Umworbenen einer Zielgruppe (Reizüberflutung) müssen die eigenen Werbebotschaften wie auch die eingesetzten Werbemittel geprägt sein durch:

– **Originalität,**
– **Aktualität,**

- **Verständlichkeit,**
- **Glaubwürdigkeit**
- **Übersichtlichkeit** und
- **Prägnanz.**

Nur so werden sie auch rational und emotional beachtet (Schriftart, Farben, Texte und Bilder) und gehört (Sprache, Dialekte, Ton und Musik). Diese Anforderungen sind ganz besonders bei der Gestaltung von Werbemaßnahmen im Internet, z. B. einer Homepage, eines Banners oder eines Onlineshops, zu beachten.

Wie wirksam solche Anforderungen in der Werbung umgesetzt werden können, zeigt sich (noch immer) bei der alten Werbeweisheit „Sex sells": sowohl bei Konsumartikeln (Werbung für Kosmetika, Luxusartikel, selbst bei Nahrungsmitteln) als auch bei Gebrauchs- und Investitionsgütern (Pkw, Lkw oder Büroausstattung). Die mehr oder weniger bekleideten Models sind durch ihre starken emotionalen Reize ein hochwirksamer Aufmerksamkeitsfaktor und Handlungsauslöser – zumindest bezüglich der Werbeziele „Überzeugen" und „Erinnern". Entsprechend den bekannten Werbezielen lassen sich folgende **Werbearten** unterscheiden:

Werbearten

- **Informierende Werbung:** Schwerpunkte bei Zielen und Werbebotschaften: Unterrichtung über Leistungen des Unternehmens, Interesse an weiteren Informationen wecken, Kaufwahrscheinlichkeiten anregen; ist mehr rational orientierte „Sachwerbung" über Anzeigen, Prospekte, Produktinformationsblätter, E-Mails u. a. m.
- **Überzeugende Werbung:** Schwerpunkte bei Zielen und Werbebotschaften: Aufmerksamkeit auf alte und neue Leistungen des Unternehmens lenken, Kaufimpulse für Neu-, Wieder- oder Zusatzkauf erzeugen; Einsatz von rationalen Aussagen und emotionalen Ansprachen in Plakaten, Anzeigen, Prospekten und Beilagen, E-Mails u. a. m.
- **Erinnernde Werbung:** Schwerpunkte bei Zielen und Aussagen: Erinnerung an Produkte oder Unternehmen bei Alt- und Neukunden wecken, Aufmerksamkeit auf alte oder neue Leistungen lenken, für „alte" Produkte (sog. Cash Cows) bei bisherigen Kunden über Erinnerung neue Kaufimpulse setzen; ist geeignet zur Imagepflege und Festigung von Firmenlogo und Hausfarben als Werbekonstanten mit hohem Wiedererkennungsfaktor; eingesetzt werden u. a. Anzeigen, Plakate oder Flyer, die Lieferscheinen und Rechnungen beigelegt werden.

Diese Werbearten kommen in der Praxis selten in Reinform vor. Sehr oft sind die Werbebotschaften kombiniert, jedoch mit einem Schwerpunkt in der Zielsetzung der Werbemaßnahme versehen. Die Durchführung dieser Werbearten ist in folgenden alternativen Werbeformen möglich:

Werbeformen

- **Werbeformen**
  - **Alleinwerbung** oder **Kollektivwerbung** Alleinwerbung wird vom einzelnen Unternehmen eigenständig durchgeführt. Bei Kollektivwerbung werden Werbemaßnahmen von mehreren Unternehmen getragen; häufig aus Kostengründen, mangelnder Finanzkraft der Einzelnen oder aufgrund gemeinsamer Zielsetzungen. Formen der Kollektivwerbung sind (1) Huckepackwerbung (Vertragswerkstätte wirbt mit Industriemarke [„Bosch-Kaiser"]), (2) Gemeinschaftswerbung (mit oder ohne Nennung der beteiligten Firmen, z. B. gemeinsame Anzeigen oder Messeauftritte/ Messestände im In- und Ausland), (3) Sammelwerbung (keine Nennung der beteiligten Firmen, z. B. Anzeige in der Tageszeitung für den verkaufsoffenen Sonntag), (4) Verbundwerbung (Hersteller und Handwerker werben unter einem gemeinsamen Motto/Verbund, z. B. regionale Handwerkerzentren oder Fliesenhersteller und Handwerksbetriebe „Das schöne Bad").
  - **Leistungswerbung** oder **Firmenwerbung** Bei Leistungswerbung werden die einzelnen Leistungen oder das gesamte Leistungsprogramm beworben. Zur besseren Profilierung bei der Zielgruppe werden häufig Marken oder „Linien" (Premium-, Standard- oder Economy-Linie) herausgestellt. Bei der Firmenwerbung ist das Unternehmen das Werbeobjekt, dabei wird der Firmenname als „Marke" herausgestellt.

> Produktnamen und Firmennamen als „Marke" erleichtern die Marketingkommunikation: „ Wer einen Namen hat, hat ein Gesicht" und ein Gesicht hat Profil mit Erinnerungspotenzial!

Werbemittel

- **Werbemittel und Werbestrategie**
  Bei der Auswahl der **Werbemittel** (Träger der Werbebotschaften), die sehr vielgestaltig sind, ist u. a. darauf zu achten, wie groß die Zahl der mit diesem Werbemittel erreichten Informationsempfänger (Reichweite) ist. Je stärker diese Kontaktzahl von der Größe der Zielgruppe abweicht, desto größer ist der sog. **Streuverlust eines Werbemittels.** Dieser entscheidet über die Wirtschaftlichkeit eines Werbemittels, denn angefallene Gesamtkosten sind auf die Größe der Zielgruppe zu verrechnen (Kosten pro Zielgruppenkontakt). Das kann aus Wirtschaftlichkeitsgründen gegebenenfalls zur Wahl eines anderen Werbemittels oder zu einer anderen Werbemaßnahme führen.

Werbestrategie

In der **Werbestrategie** werden die Werbeaktivitäten nach Inhalt, Umfang, räumlichem und zeitlichem Einsatz der Werbebotschaften und der Werbemittel zusammengeführt und abgestimmt. Es lassen sich folgende **Gestaltungselemente einer Werbestrategie,** die hierarchisch aufgebaut ist, unterscheiden. Diese Strategie muss **konkrete Aussagen** enthalten zu:

- **Werbezielgruppen** und deren Größe (z. B. Privathaushalte, Ärzte, junge Singles etc.)
- **Werbemärkten** (z. B. lokaler, regionaler, nationaler Markt)
- **konkreten, messbaren Werbezielen** (z. B. Bekanntheitsgrad, Zufriedenheitsgrad)
- **Art der Werbung** (z. B. erinnernde und überzeugende Werbung kombiniert)
- **Art und Inhalt der Werbebotschaften** (Schwerpunkte bei rationalen Aussagen oder bei emotionale Ansagen)
- **Form der Werbung** (Alleinwerbung, Gemeinschaftswerbung bei Export)
- **Werbemitteln** (traditionelle wie Plakat, Anzeigen, Prospekte oder elektronische Anzeigen, Gestaltung der Homepage oder des Onlineshops)
- **Werbeträgern** (z. B. Zeitung, Bandenwerbung, Pkw, Lkw oder Straßenbahn)
- **Werbefrequenz/Werbehäufigkeit** in einem Zeitraum (2 Anzeigen pro Woche für ein halbes Jahr, Plakataktion 3 x Frühjahr und 3 x Herbst, Prospekte ganzjährig etc.)
- **Werbekosten** (Ermittlung und Budgetierung der Eigen- und Fremdkosten für Werbemittel, Werbeträger und Werbefrequenz).

Diese Werbemaßnahmen sind formal Gegenstand der **Werbeplanung und -kontrolle,** die Teil der gesamten Marketingkommunikationsplanung sind. Wie diese aufgebaut sein könnte, wird in Abschnitt 2.3.2 „Planung und Budgetierung der Aktivitäten durchführen" dargestellt.

Werbeplanung und -kontrolle

2.2.4.5 Öffentlichkeitsarbeit betreiben

- **Zielsetzung**
  Öffentlichkeitsarbeit oder **Public Relations (PR)** konzentriert sich darauf, gute Beziehungen zu denjenigen Gruppen aufzubauen, die Interesse am Unternehmen haben. Ihre Aufgabe ist das bewusste **Gewinnen von Vertrauen und positiven Meinungen bei den Zielgruppen.** Sie ist wie die Werbung auf **Langfristwirkung** ausgerichtet. Als Zielgruppen lassen sich unterscheiden:

Öffentlichkeitsarbeit (PR)

- **interne Zielgruppen** (Mitarbeiter, deren Familienmitglieder, Freunde und Bekannte),
- **externe Zielgruppen** wie Geschäftspartner (Lieferanten, Banken, Versicherungen, Absatzmittler und Absatzhelfer),
- **Kunden** (gegenwärtige, neue und frühere Kunden, Interessenten und Kunden von Mitbewerbern) sowie
- **Meinungsbildner** (Repräsentanten aus Politik, Wirtschaft [Verbände und Organisationen], Wissenschaft, Kirche und Gesellschaft).

Unter dem Leitsatz **„Tu Gutes und rede darüber!"** soll über die Grundsätze **Offenheit, Wahrhaftigkeit und Informationsbereitschaft** bei den genannten Zielgruppen ein gutes Image erreicht, gepflegt und gesichert werden. Daher sind für die einzelnen Adressatenkreise differenzierte strategische und operative Imageziele festzulegen, mögliche Maßnahmen unter finanziellen Gesichtspunkten zu definieren und letztlich eine klare Aufgabenverteilung für die Imageträger (Marktleistungen, Management, Mitarbeiter) zu finden.

PR-Maßnahmen

- **Maßnahmen**
  Grundsätzlich können alle Werbemittel und Werbeträger als Instrumente für Öffentlichkeitsarbeit eingesetzt werden, deren Ziel eine **leistungs- sowie unternehmensbezogene Imagebildung** bei den angesprochenen Zielgruppen ist. Das kann mit schriftlich oder multimedial aufbereiteten Informationen über Print- und Online-Werbeträger (z. B. Website des Unternehmens) erreicht werden. Folgende **imagebildende Maßnahmen** eignen sich insbesondere zur Öffentlichkeitsarbeit:

Imagebildung

- spezielle Auszeichnungen von Führungskräften und Mitarbeitern (z. B. Bürgermedaille, Ehrenbürgerschaft, Bundesverdienstkreuz)
- Mitarbeit in kulturellen, kirchlichen, sozialen oder politischen Gremien, Vereinen oder Verbänden (z. B. auch Einsätze beim THW, Gemeinderat oder Organisationen des Handwerks)
- finanzielle und praktische Beteiligungen bei gesellschaftlichen Maßnahmen (z. B. Unterhalt/Wartung/Reparatur von Sportstätten, Kindergärten, Altenwohnheimen, Tagesstätten für Behinderte u. a.)
- Sponsoring sportlicher und kultureller Veranstaltungen (finanzielle Unterstützung mit/ohne Namensnennung bei Vereinsfeiern, Musik- oder Sportfesten, Mundarttagen oder ähnlichen Veranstaltungen mit speziell lokaler und regionaler Bedeutung)
- Durchführung von besonderen Events (z. B. Firmenjubiläum, Tag der offenen Tür als Familienfest, Sommerfest im örtlichen Heim für Behinderte, Leistungswettbewerbe oder Klavierkonzert in den Räumen des Unternehmens etc.)
- Info-Tage für potenzielle Auszubildende, deren Lehrer und Eltern (mit Azubi-Gesprächen)
- Betriebsbesichtigungen für Studierende (mit speziellen Workshops)
- gezielte Pressearbeit (z. B. Einladungen und Mitteilungen an die lokale oder regionale Presse, Fachzeitschriften, Wirtschaftsverbände, Kammern und Parteien)

Es sind die bei solchen Anlässen gesammelten unmittelbaren Eindrücke und die im Unternehmen geführten **Gespräche,** mit denen relativ leicht die Imagevorstellungen der verschiedenen Zielgruppen in der Öffentlichkeit verändert oder gefestigt werden können.

Wichtig ist, dass alle diese Aktivitäten inhaltlich, zeitlich und eventuell auch räumlich so abgestimmt werden müssen, dass sie als Kommunikations-Mix „aus einem Guss" wirken.

2.2.4.6 Kommunikationskonzept umsetzen

- **Entwicklungsschritte**

Alle Aktivitäten in der Marketingkommunikation sind inhaltlich, zeitlich und evtl. auch räumlich aufeinander abzustimmen und zu koordinieren, um **„aus einem Guss"** zu wirken. Geschieht das nicht oder nicht umfassend, muss mit Wirkungsverlusten und Nichterreichen der Kommunikationsziele, der Marketingziele und letztlich der Unternehmensziele gerechnet werden. Daher muss ein Kommunikationskonzept so angelegt und aufgebaut sein, dass es situativ an Veränderungen im Markt und im Unternehmen angepasst werden kann.

> Marketingkommunikation will kaufwirksame Impulse setzen!

Ein umfassendes Konzept der Marketingkommunikation entsteht über einen mehrstufigen Entscheidungsprozess, der ein abgestimmtes Vorgehen nach folgenden **Phasen** oder **Entwicklungsstufen** erforderlich macht:

(1) Briefing
Hier geht es um die Zusammenstellung sämtlicher „3-K- + 3-U-Informationen" mit detaillierten Informationen zu SGF und Zielgruppen sowie den strategischen und operativen Marketingzielen, -strategien, -instrumenten und -maßnahmen sowie der Festlegung der Personen und Zielgruppen als Adressaten.

(2) Entwicklung
Auf Basis der eigenen Wettbewerbsstärke und der einzigartigen rationalen und emotionalen Leistungsvorteile sind strategische und operationale, messbare Kommunikations- und Imageziele zu entwickeln. Ebenso sind Kommunikationsstrategien samt den Kommunikationsinstrumenten und -maßnahmen zielgruppenspezifisch festzulegen.

(3) Budgetierung
Ermittlung und Festlegung der Kosten für Eigen- und Fremdleistungen zur Erstellung des Gesamtkonzepts sowie der Kosten für die einzelnen Kommunikationsinstrumente und -maßnahmen; Genehmigung der erforderlichen Ausgaben und

Konzept zur Marketingkommunikation

Werbekonzept

Finanzmittel; bei Finanzknappheit sind die Maßnahmen und/oder die Konzeption anzupassen.

(4) Gestaltung der Werbemittel

Inhaltliche, textliche und grafische Umsetzung des Konzepts in ein CI-gerechtes Layout (einheitliche Erscheinungsform der Werbebotschaften und der Werbemittel), damit die Marketingkommunikation „ein Gesicht" hat und „mit einer Stimme" spricht.

(5) Erstellung des Einsatzplans

Festlegung des zeitlichen und räumlichen Einsatzes der Kommunikationsmittel und der Kommunikationsmaßnahmen bei allen Instrumenten, nicht nur bei Werbung und Öffentlichkeitsarbeit, sondern auch bei den Maßnahmen der Verkaufsförderung.

(6) Kommunikationserfolgskontrolle

Durch den Vergleich der Kommunikationsziele (Soll) und der erreichten Ergebnissen (Ist) sind über Soll-Ist-Vergleiche die Ursachen für den jeweiligen Zielerreichungsgrad (Kennzahlen und verbale Aussage) zu ermitteln. Werden im Kommunikationszeitraum sog. Zwischenziele und Soll-Ist-Vergleiche eingebaut, erhält man Informationen zur Steuerung der Marketingkommunikation.

Die Umsetzung des Kommunikationskonzepts in die Praxis erfolgt mittels operativer Planung und Budgetierung der Kommunikationsaktivitäten.

Budgetierung

*   **Budgetierung**

    Im Rahmen einer umfassenden Planung der Kommunikationsaktivitäten werden nicht nur die Maßnahmen und deren Kosten ermittelt und verbindlich festgelegt. Es gilt, diese **Einzelbudgets** auch organisatorisch einzelnen Verantwortungsbereichen (Abteilungen) zuzuordnen, die für Über-/Unterschreitung der gesteckten Ziele verantwortlich sind und **Steuerungsmaßnahmen** im Rahmen des Marketingcontrollings vorschlagen oder selbst veranlassen.

    Das Marketingmanagement führt die Einzelbudgets zu einem **Marketingkommunikationsbudget** für einen bestimmten Zeitraum (z. B. 1 Jahr) zusammen. Dieses Gesamtbudget ist **das in Zahlen gefasste Marketingkommunikationskonzept** eines Unternehmens und mit seinen Soll-Ist-Kontrollen ein **Teil der Marketingerfolgsrechnung.** Die Grundstruktur eines Gesamtkommunikationsbudgets zeigt folgende Darstellung.

Kommunikationsmaßnahmen (z. B.)						Plankosten		Gesamtkosten		Abweichungen	
Insertion/Anzeigen	Anzahl p. a.	Spalte	m/m Preis	Brutto-Kosten	Rabatt	Fremd-kosten	Eigen-kosten	Soll	Ist	+/- in €	+/- in %
Tageszeitung A											
Tageszeitung B											
Fachzeitschrift X											
Gemeinschafts-werbung/Export											
...											

Direktwerbung	Anzahl	Fremdleistungen/Eigenleistungen							
Werbebriefe		Druck/Papier/Porto							
Kundenzeitung		Druck, Autorenhonorar, Verpackung, Porto							
Prospekte									
Internet/ Onlineshop		Gestaltung/Design, Aktualisierung, Aktionen, Pflege							

Veranstaltungen	Anzahl p. a.								
Einsatz/Demo-Mobil		Fahrzeugkosten, Wartung, Löhne							
Messen/Ausstellun-gen – B2C/B2B									
Kundentage im Hause		Präsentationskosten, Bewirtung, Gastreferenten ...							
Auslandsmessen Gemeinschaftsstand									

Veranstaltungen	Anzahl p. a.								
Kalender		Wandkalender, Folder							
Mobiles CRM		Zentrale digitale Kundendatenbank							
Werbegeschenke									
Prospektständer									

Netto-Umsatz: _____ €	Marktanteil: _____ %	Komm.-Etat: ___ % des Umsatzes		
Verfügbares Kommunikationsbudget			+/- ____ €	+/- ___ %

Beispielhafter Aufbau eines Gesamtbudgets zur Marketingkommunikation

Ein solches Kommunikationsbudget muss unternehmensspezifisch alle Kommunikationsmittel und -maßnahmen erfassen; es muss vollständig sein.

Distributions-politik

2.2.5 Distributionspolitik

2.2.5.1 Standortwahl treffen oder überprüfen

Standortwahl

Die **Wahl des Standorts** eines Unternehmens und seiner Betriebsstätten (Zweigbetriebe, Niederlassungen oder Verkaufsstätten) ist eine Entscheidung mit langfristiger Wirkung, die unter Umständen nur schwer revidiert werden kann. Das gilt sowohl bei der Gründung, der Verlegung wie auch bei der Ausgliederung oder Angliederung von Betriebseinheiten. Der gewählte Standort muss auf lange Sicht gewinnwirksam sein. Kurzfristeffekte durch Steuervorteile, Subventionen oder konkrete Hilfestellung durch die örtliche Wirtschaftsförderung können langfristige Personal- oder Kostennachteile eines Standorts nicht ausgleichen.

Faktoren der Standortwahl

Welche **Faktoren** bei der Standortwahl eine Rolle spielen können, zeigt die folgende Abbildung.

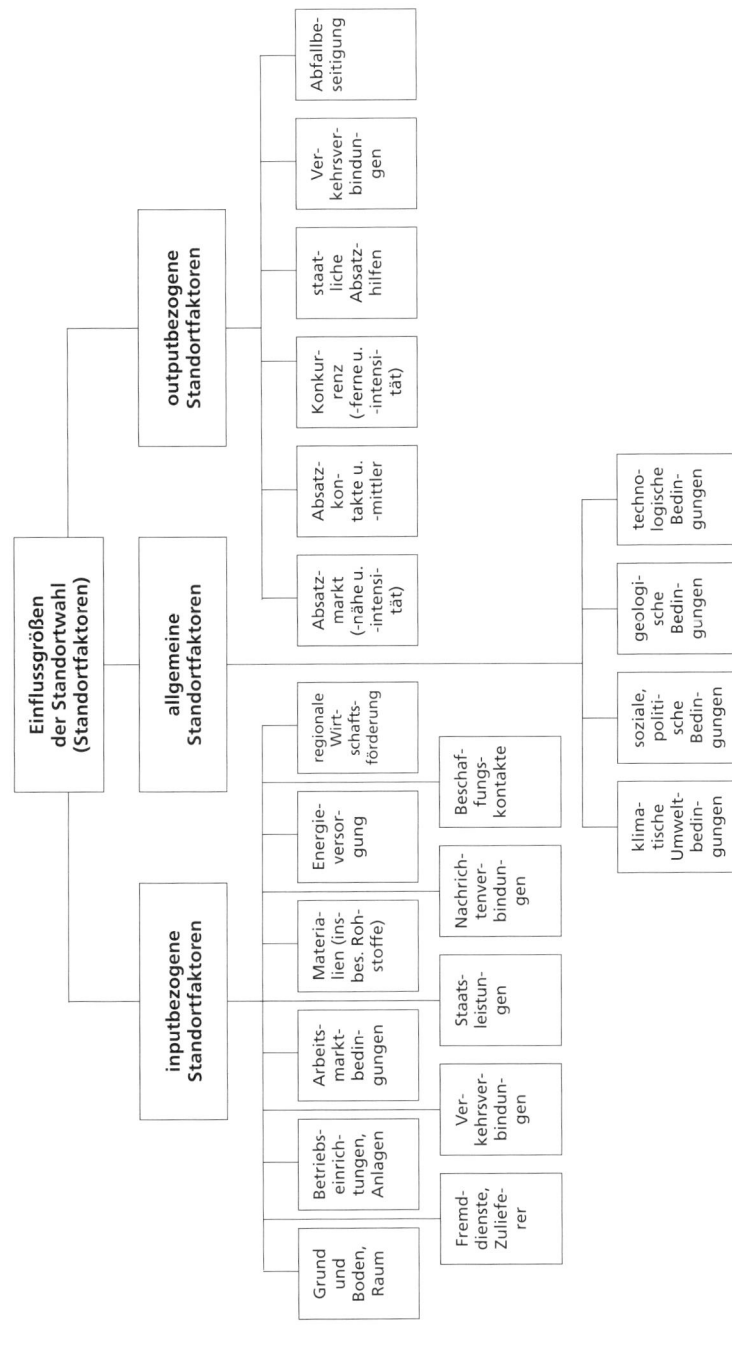

Faktoren der betrieblichen Standortwahl

Bei der Standortentscheidung ist zu beachten, dass bei den Faktoren auch negative Wechselwirkungen auftreten können. So können standortbedingte Lohnkostenvorteile durch Zusammentreffen mit standortbedingter Ferne vom Hauptabsatzgebiet und mit schlechter Verkehrsanbindung (z. B. Standort in infrastrukturschwachen Gebieten) sehr rasch neutralisiert werden. Auch könnte sich z. B. die Situation bei der Existenzgründung anders dargestellt haben als heute, z. B. durch zu stark gestiegene Produktionskosten, Fachkräftemangel oder Wegzug von Kunden.

Standortanalyse

Mithilfe einer **Standortanalyse** kann die Richtigkeit des geplanten oder des derzeitigen Standorts belegt oder die Notwendigkeit einer **Standortverlegung** (komplette Aufgabe des Firmensitzes) aufgezeigt werden. Das könnte beispielsweise auch die Vorteile einer **Standortspaltung** aufzeigen, bei der Betriebsteile in Absatzgebiete im In- und Ausland verlegt werden, um z. B. niedrige Einkaufspreise zu erhalten, Produktionskosten zu senken oder die Marketingstrategien kundennah zu realisieren.

> **Beispiel**
>
> Trennung von Produktionsbetrieb (häufig im Gewerbegebiet) und Verkaufsräumen (Filialen) in Wohngebieten, Einkaufszentren oder Kaufhäusern; auch rollende Filialen (Verkaufsstände) sind hier zu nennen.

2.2.5.2 Vertriebswege wählen

Wahl der Vertriebswege

Bei der Wahl der geeigneten Vertriebswege geht es um Ziel- und Maßnahmenentscheidungen zur Gestaltung des Vertriebs und der Absatzlogistik für Haupt- und Zusatzleistungen des Unternehmens. Die Distributionspolitik ist das Marketinginstrument zur Umsetzung der Strategie der Kundennähe. Absatz und Verkauf können auf verschiedenen Wegen erfolgen.

Vertriebswege

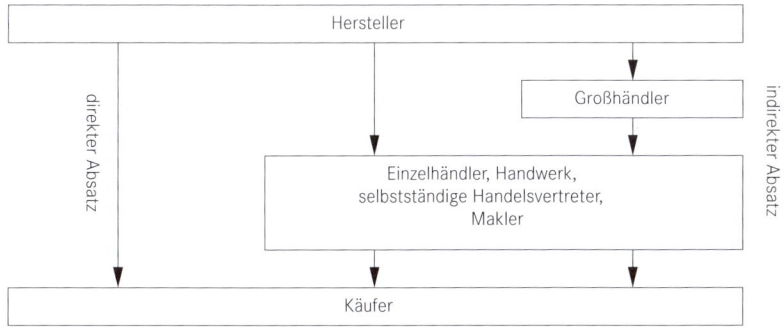

Grundformen der Vertriebswege

Das Unternehmen muss sich – nach Bewertung der Alternativen – zwischen indirektem und direktem Vertrieb/Absatz seiner Leistungen entscheiden.

Beim **indirekten Vertrieb** gibt es keinen direkten Kontakt zu den Endkunden/Kundengruppen. Das gilt für das B2C- wie auch für das B2B-Geschäft. In Ausnahmefällen werden eigene Mitarbeiter (Techniker oder Verkäufer) zur Verkaufsunterstützung oder zur Kundenberatung beim Händler eingesetzt. Gewählt wird der indirekte Vertrieb bei (1) relativ einfachen, problemlosen, wenig beratungsintensiven Produkten (Massenwaren), (2) großen Zielgruppen in vielen Teilmärkten, (3) räumlich entfernten Märkten (z. B. Exportmärkte), (4) zu geringen Finanz- und/oder Personalressourcen des Unternehmens, um eine intensive Marktbearbeitung oder Marktexpansion betreiben zu können, sowie (5) eine hohe **Distributionsdichte** (große Zahl von Verkaufsstellen in einem Markt, um eine „Überall-Erhältlichkeit" des Produkts, z. B. Coca Cola, zu erreichen).

Beim **zweistufigen indirekten Vertrieb** erfolgt der Absatz über die Stufen Groß- und Einzelhandel, der den Kontakt zu den Endkunden hat. Der zwischengeschaltete Großhandel ist mengenorientiert und übernimmt hauptsächlich die Logistikaufgaben (Lagerhaltungs- und Finanzierungsfunktion) für das Unternehmen. Diese Konzentration auf einige große (Zwischen-)Händler senkt die Vertriebs- und Logistikkosten des eigenen Unternehmens nur bedingt, denn es sind hohe Funktionsrabatte in die Preise einzurechnen. Bei diesem Vertriebsweg ist das Unternehmen noch weiter von seinen Endkunden, deren Wünschen und der rationalen und emotionalen Erfüllung entfernt. Die Großhändler bestimmen Art, Häufigkeit und Umfang der Marktbearbeitung. Das Unternehmen ist auf deren konkrete Erfahrungen und Marktinformationen angewiesen.

Strategie der Kundennähe

Beim **einstufigen indirekten Vertrieb** werden in den einzelnen Teilmärkten (im In- und Ausland) Absatzmittler mit guter Reputation und Marktkenntnis eingesetzt. Dieser Vertriebsweg ist ein geeignetes Instrument zur Umsetzung der **Strategie der Kundennähe** (Details siehe Abschnitt 2.1.1.3) **in räumlicher und zeitlicher Sicht.** Eine sachliche und persönliche Kundennähe des eigenen Unternehmens ist nicht unmittelbar gegeben. Die hierfür benötigten Informationen sind nicht immer zu erhalten, was eigene Marktforschung beim Endverbraucher erforderlich macht. Diese Absatzmittler übernehmen wesentliche Distributionsaufgaben (z. B. Sortimentsfunktion, Lager- und Lieferfunktion, Präsentations- und Verkaufsfunktion inkl. Beratungsfunktion), die über Funktionsrabatte (Preisabschläge) zu vergüten sind.

Absatzmittler

Die Absatzmittler benötigen bei der Marktbearbeitung eine **intensive Beratung und Verkaufsunterstützung,** damit die Produkte emotional ansprechend präsentiert und bevorzugt angeboten werden. Je sachlich und emotional anspruchsvoller die Produkte sind, die über den Handel abgesetzt werden sollen (hochwertige Gebrauchs- und Luxusgüter), desto höher sind die Anforderungen an die fachliche **Qualifikation des Absatzmittlers.** Dies bedingt ein hohes Schulungs- und Betreuungsangebot des eigenen Unternehmens an seine Partner.

Die **Zusammenarbeit** beim einstufigen indirekten Absatz kann als Zukauf, Kooperation oder Lizenzvergabe organisiert werden. Außerdem kann pro Absatzgebiet z. B. nur mit einem Partner gearbeitet werden **(exklusiver Vertrieb),** oder es werden einige ausgesuchte Betriebe zum Verkauf oder zur Herstellung und zum Verkauf berechtigt **(selektiver Vertrieb).**

Diese Überlegungen gelten auch für den Export, wo besondere Risiken zu beachten sind. Sie können durch relativ einfache Verhaltensregeln reduziert werden, wie nachfolgende Abbildung zeigt.

Checkliste „Risikominimierung im Export"

Fragen zur Risikominimierung bei Exportaktivitäten von kleinen und mittelgroßen Unternehmen

Information

- Sammeln Sie alle Informationen aus den verschiedensten Quellen: Bereisen Sie Ihr Zielland! Reden Sie mit Wettbewerbern, Händlern und möglichen Kunden!

- Nehmen Sie sich Zeit und Ruhe, die gesammelten Informationen auszuwerten. Achten Sie darauf, ob sie ein vollständiges Bild ergeben: Lokalisieren Sie die Lücken, um sie sofort zu schließen!

Strategie

- Sie haben mehr Erfolg, wenn Sie Ihr Auslandsgeschäft systematisch aufbauen: nach einer Strategie aufgrund von Marktanalysen, woraus Sie jeden Ihrer Schritte herleiten.

- Nehmen Sie sich für Ihren Einstieg einen Berater aus dem Zielland! Das ist umso wichtiger, je mehr sich das Zielland von Deutschland unterscheidet.

Marketing

- Beobachten Sie den Markt: Welcher Bedarf besteht wo und wann? Dann wissen Sie, wo und wann Sie mit Ihrem Marketing ansetzen müssen.

- Prüfen Sie Ihr Produkt, ehe Sie damit nach draußen gehen: zum Beispiel durch Messebesuche und Gespräche mit potenziellen Kunden; vereinbaren Sie eine Probelieferung, installieren Sie es bei einem Testkunden.

Personal

- Bereiten Sie motivierte, qualifizierte und flexible Mitarbeiter frühzeitig auf Auslandsaufgaben vor. Wenn sie auch eine Fremdsprache lernen müssen, kann das über ein Jahr dauern.

- Investieren Sie viel Zeit in die Mitarbeitersuche; lassen Sie sich von Ortskundigen (vielleicht von befreundeten Unternehmern) beraten.

Finanzierung

- Stellen Sie einen präzisen Exportfinanzplan auf, aber lassen Sie Spielraum für Unvorhergesehenes; dann bekommen Sie eine realistische Kostenschätzung. Stellen Sie sicher, dass unerwartete Zusatzkosten Ihre Liquidität nicht gefährden.

- Regeln Sie die Finanzierung mit der Bank, bevor Sie das Projekt verabschieden – und vergessen Sie die Sicherheitsreserve nicht (Zahlungsverzögerungen).

Kooperationen

- Informieren Sie sich über potenzielle Partner genau: Fragen Sie einen Berater oder Geschäftsfreunde.

- Überlegen Sie vorher, welche Meinungsverschiedenheiten es geben könnte: Dann können Sie den Vertrag entsprechend formulieren.

Checkliste zur Risikominimierung im Export

Direktvertrieb

Der **Direktvertrieb** (direkter Absatz an die Kunden/Kundengruppen im B2C- wie auch im B2B-Geschäft) ist arbeits-, zeit- und kostenintensiver als der indirekte Vertrieb. Er bringt aber wesentliche **Kundenvorteile** bei technisch oder emotional hochwertigen Produkten und komplexen Problemlösungen (z. B. im Systemgeschäft). Hier kann die **Strategie der sachlichen, persönlichen, zeitlichen und räumlichen Kundennähe** (Details siehe Abschnitt 2.1 „Wettbewerbsstrategien") voll umgesetzt werden. Die **Organisation des Direktvertriebs** und deren Erfolgsfaktor „Verkaufsgespräche" (siehe Abschnitt 2.2.4.2) kann **zentral** (vom Stammhaus aus) oder **dezentral** (von Niederlassungen, Filialen oder Zweigbetrieben aus) erfolgen. Für die Vertriebspraxis sind **Kombinationen** sinnvoll. Das steigert die Effizienz der Marktbearbeitung enorm.

Faktoren zur Wahl der Vertriebswege

Die Wahl der Vertriebswege und die Wahl der Vertriebspartner in einem Absatzgebiet (z. B. Inland oder Ausland; Region „Nord" oder „Süd") kann nicht durch einen reinen Kosten/Ertrags-Vergleich ermittelt werden. Die Entscheidung wird wesentlich bestimmt durch:

- die Art der Leistung (einfache, selbsterklärende oder beratungsintensive, komplexe Sach- oder Dienstleistungen),
- die angestrebte Marktpräsenz (Vertriebsdichte in regionalen, nationalen oder internationalen Absatzgebieten),
- reale und potenzielle Zielgruppen (Grad der Marktsättigung in alten und neuen Märkten),
- unternehmerische Zielsetzungen (Gewinnziele, Marktanteilsziele),
- Anforderungen an Partner (Standort, Qualifikation, Größe),
- die Wettbewerbssituation (Preis- oder Leistungswettbewerb),
- Image-Gesichtspunkte (Produkt-Image und Image des Partners) u. a. m.

Der Einsatz und die Auswirkungen der **elektronischen Medien** zur Gestaltung der Distributionspolitik wird in Kapitel 3 „Marketingkonzepte unter besonderer Berücksichtigung von digitalem Marketing und E-Business" behandelt.

2.2.5.3 Vertriebslogistik gestalten

Vertriebslogistik

Bei der Vertriebslogistik geht es um Gestaltungsentscheidungen zur Verbesserung des Warenflusses hinsichtlich kostengünstiger und schneller Lieferung der Leistungen an die Abnehmer. Die strategischen **Logistikziele** sind z. B. Lagerumfang und Lagerreichweite:

Logistikziele

- umfassende Lagerhaltung (komplettes Programm oder nur teilweise, z. B. Hauptumsatzträger und Ersatzteile) oder
- keine Lagerhaltung: Fertigung und Lieferung x Tage nach Auftragseingang (Soll-Servicegrad).

Die daraus abzuleitenden **operativen Logistikziele** sind hinsichtlich folgender Punkte zu planen und zu kontrollieren:

(1) **Zeit:** „Wie lange sollen die Lieferzeiten und wie hoch soll die Lieferpünktlichkeit sein?"

(2) **Raum:** „Von wo aus soll geleifert werden?"

(3) **Kosten:** „Welche Kostenhöhe soll eingehalten werden?"

Das alles trägt wesentlich zur Kundenzufriedenheit bei.

Strategische Überlegungen betreffen in aller Regel die langfristige **Logistikstruktur.** Hier führen Kostenüberlegungen zu Make-or-buy-Entscheidungen z. B. über Eigen- oder Fremdlager und Eigen- oder Fremdlogistik. Mit Kapazitäts- und Kostenvergleichen, präziser mit Break-even-Analysen oder Nutzwertanalysen, können optimale Entscheidungen über Lagerorte, Lagergebäude oder Fahrzeuge getroffen werden. Nachstehende Grafik einer Break-even-Analyse veranschaulicht den „kritischen Punkt K", ab dem eine Eigenleistung kostengünstiger wird.

Eigen- oder Fremdlager

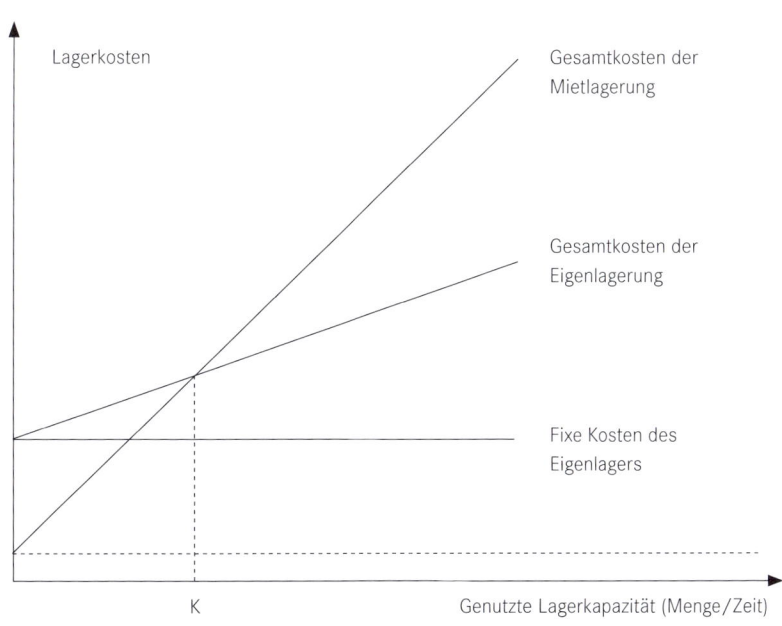

Entscheidung über Eigen- oder Fremdlager

2.2.6 Marketinginstrumente-Mix festlegen

Marketinginstru-mente-Mix

Die Marketinginstrumente werden nicht isoliert, sondern kombiniert eingesetzt. Für die Marketingentscheidungen entscheidend sind (1) die **generelle Ausrichtung des Unternehmens (Qualitätsorientierung oder Preisorientierung)** und (2) die strategischen Marketingziele. Außerdem sind (3) die operativen Zielsetzungen beim Einsatz der einzelnen Instrumente und (4) deren Maßnahmen so aufeinander abzustimmen, dass Zielkonflikte und gegenseitig störende Wirkungen nicht auftreten. Nachstehende Darstellung von Becker zeigt, wie eine solch inhaltliche Handlungsorientierung bei den Marketinginstrumenten aussehen kann.

Marketing-instrumente	Strategie-schwerpunkt	Preisorientierung	Qualitätsorientierung
Produkt- und Sortimentspolitik	**Sortiment**	Produktrationalisierung durch Wertanalyse; Programmbereinigung durch Produkteliminierung	Produktdifferenzierung und Sortimentsabrundung (Zukauf); hohe Innovationskraft
	Kundendienst	Minimierung von Kundendienstleistungen durch Entwicklung von Produkten mit geringem/keinem Servicebedarf (z. B. Wegwerfprodukte)	Verstärkung der kundendienstpolitischen Aktivitäten vor, während und nach dem Kauf, vermehrte Services (z. B. Hotlines, Podcasts)
	Markierung	Konzentration auf eine oder wenige starke Einzelmarken	Verwendung von Dachmarkenstrategien
Preispolitik		Preisreduzierungen entsprechen den mengen- und rationalisierungsbedingten Kostensenkungen	Ausnutzung der Preisbereitschaft der Konsumenten durch eine Hochpreispolitik sowie durch Preisdifferenzierung
Kommunikationspolitik		Umsetzung der Strategie durch standardisierte Zielgruppenansprache über Massenmedien (z. B. digitale Medien, TV, Internet, Videospots)	Umsetzung der Strategie durch differenzierte Zielgruppenansprache (personenbezogen und direkt), z. B. aktive Verkaufsförderung, Direktwerbung (klassisch und digital)
Mobiles CRM		geringe Kundenbindungsaktivitäten	intensives CRM, hohe Kundenbindung
Distributionspolitik	**Distributionskonzept**	intensive oder selektive Distribution (Selektionskriterium: Abnahmemengen)	exklusive oder selektive Distribution (Selektionskriterium: Einkaufsstättenimage)
	Kooperation mit dem Handel	in erster Linie zur Reduzierung von Distributionskosten	enge, umfassende Kooperation auf der Basis vertraglicher Vertriebssysteme; insbesondere über Franchisesysteme
	Direktvertrieb	Wegen der Notwendigkeit einer breiten Distribution sind eigene Verkaufsstellen der Hersteller kaum finanzierbar. Direktvertrieb über E-Business (Onlineshops)	bei exklusiven und erklärungsbedürftigen Produkten durch eigene Verkaufs- und Beratungsstellen, digitale Anzeigen mit Responsemöglichkeit, elektronischer Direktverkauf, E-Mail-Kontakte

Ausrichtung des Marketing-Mix nach der Unternehmensorientierung

Der **operative Marketinginstrumente-Mix** lässt sich über eine detaillierte Angabe der erforderlichen Maßnahmen bei den einzelnen Marketinginstrumenten ermitteln (siehe dazu Abschnitt 2.2.1.1 „Die 7 ‚W-Fragen' zum Marketing-Mix" mittels Check-liste). Die Koordination und zahlenmäßige Zielvorgabe erfolgt durch eine entsprechend detaillierte Marketingplanung und -kontrolle.

2.3 Eine ganzheitliche Marketingkonzeption entwickeln

2.3.1 Marketing-Gesamtkonzept erarbeiten

In einem Marketingkonzept werden alle getroffenen Marketingentscheidungen zusammengeführt und abgestimmt. Die **Gestaltungselemente/Teilbereiche** sind in folgender Abbildung dargestellt.

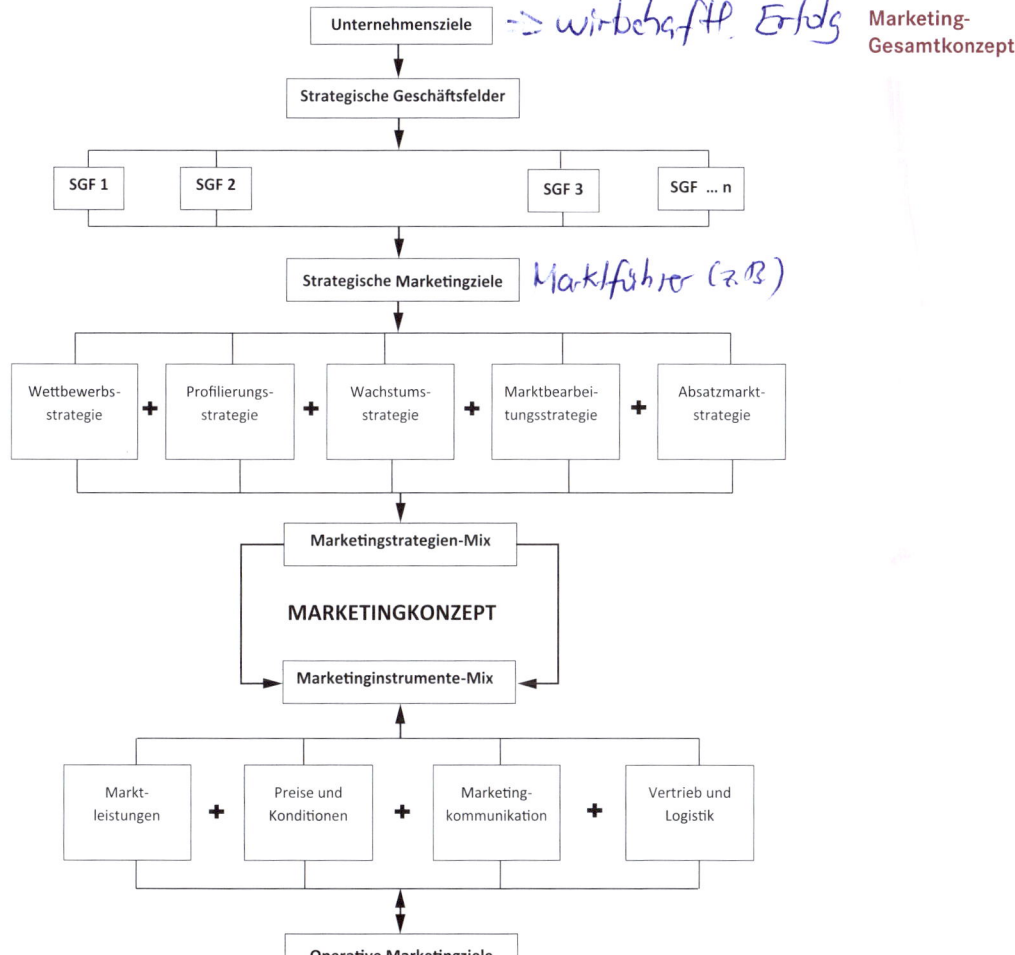

Gestaltungselemente eines Marketingkonzepts

Marketing-Gesamtkonzept

Ein **Marketing-Gesamtkonzept** kann in der Praxis aus zwei Teilen entwickelt werden:

- **Teil 1:** Strategische Marketingziele und Marketingstrategien
  (siehe Abschnitt 2.1.6)
- **Teil 2:** Marketinginstrumente und vorgesehene Maßnahmen.
  (siehe Abschnitt 2.2.1 - 2.2.6)

Am folgenden Beispiel **„Marketingkonzeption für zwei SGF"** wird deutlich, welche konzeptionellen Marketingentscheidungen zu treffen und zu koordinieren sind.

Marketing-Gesamtkonzept (Teil 1)

SGF	SGF I			SGF II	
Strategien	KG 1	KG 2	KG 3	M 1	M 2

Strategische Ziele	Markterschließung	Marktausweitung	Marktsicherung	Marktverzicht
Wettbewerbsstrategie	Qualitätswettbewerb		Preiswettbewerb
Profilierungsstrategie (a)	Spezialist		Generalist
(b)	fortschrittliches Image		konservatives Image
Wachstumsstrategie	Marktdurchdringung	Marktentwicklung	Produktentwicklung	Diversifikation
Marktbearbeitung (a)	undifferenzierte Marktbearbeitung		differenzierte Marktbearbeitung
(b)	Push-Strategie		Pull-Strategie
Absatzmarktstrategie (a)	Inland		Ausland
(b)	konzentrisch		selektiv	inselförmig
Absatzgebiete	lokal	regional	national

Marketinginstrumente-Mix für zwei strategische Geschäftsfelder (SGF)

Marketing-Gesamtkonzept (Teil 2)

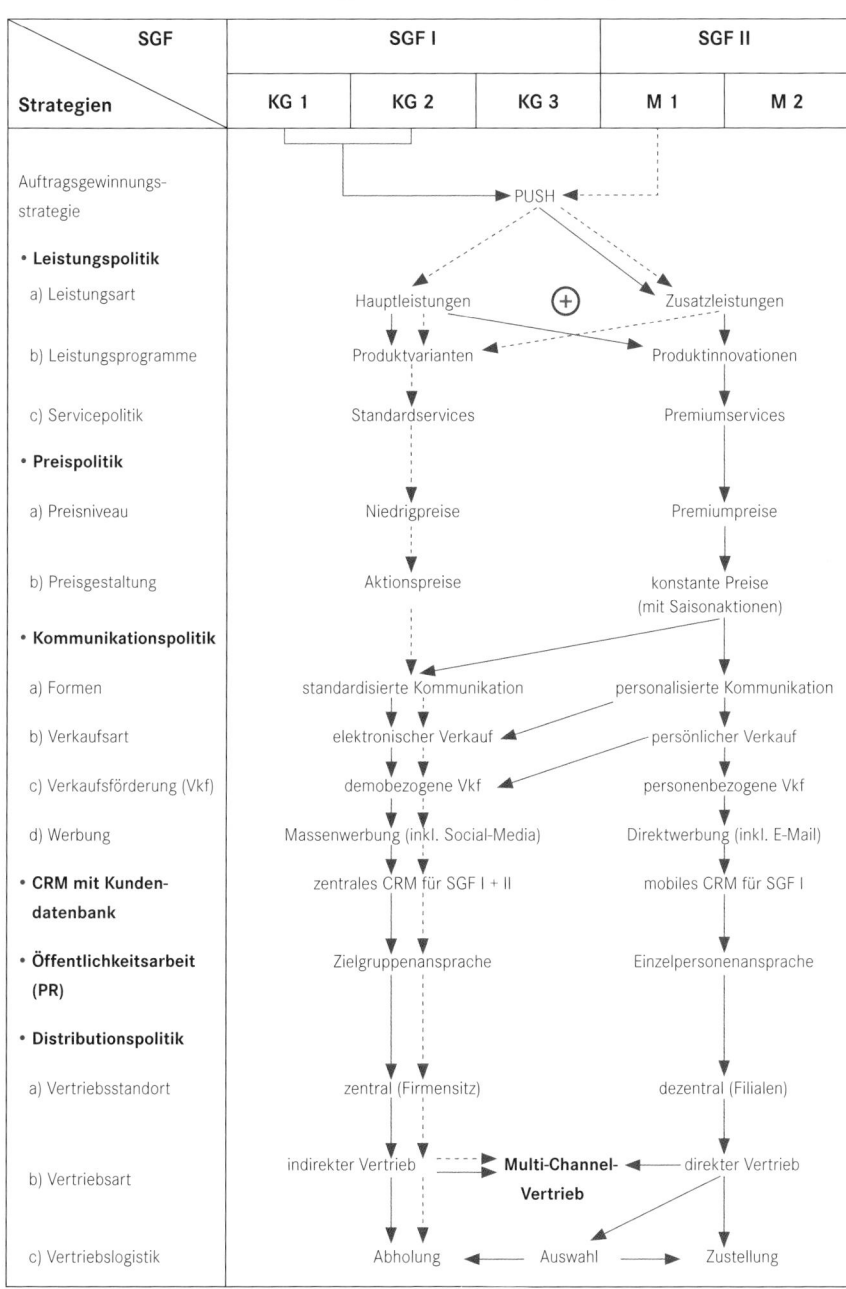

Marketinginstrumente-Mix für zwei strategische Geschäftsfelder (SGF)

Dieses Beispiel geht von zwei SGF aus. Im SGF I wird bei den Zielgruppen (KG 1 + KG 2) eine Markterschließung mit differenzierter Marktbearbeitung angestrebt. KG 3 wird nicht bearbeitet. Der Einsatz des Marketinginstrumenten-Mix (durchgezogene Pfeile) muss auf die Besonderheiten von KG 1 und KG 2 ausgerichtet werden.

Im SGF II soll – beispielhaft – ein neuer Auslandsmarkt M 1 erschlossen werden (Strategie der Markterweiterung). Dieser Markt soll zunächst undifferenziert, ohne Berücksichtigung von unterschiedlichen Kundengruppen, bearbeitet werden. Dies führt zu anderen Marketingmaßnahmen als im SGF I, wie die vorangehende Darstellung zeigt (siehe gestrichelte Pfeile).

Wichtig ist es, ein Multi-Channel-Vertriebssystem zu entwickeln, mit dem die Kunden aus beiden SGF traditionell und elektronisch angesprochen und bedient werden können.

Planung und Budgetierung

2.3.2 Planung und Budgetierung durchführen

Die Marketingkonzeption ist inhaltlich und zeitlich ein hierarchisch gegliedertes Ziel-Maßnahmen-System. Die Ziele werden von „oben" (Unternehmensziele) nach „unten" (bis hin zu den Maßnahmenzielen bei den einzelnen Marketinginstrumenten) vorgegeben. Diese **Marketingteilplanungen** und die erforderlichen Koordination zwischen Zielen und Maßnahmen sind sehr arbeitsintensiv. Das Unternehmen muss auf diese Aufgaben vorbereitet sein und eine Positionsbestimmung an Hand folgender Checkliste überprüfen.

Jährliche Überprüfung „Umsetzung des Marketingkonzepts"

	erledigt		
	ja	nein	wer bis wann
Überprüfung der strategischen Geschäftsfelder (SGF)	☐	☐	------------
Festlegung der strategischen Marketingziele	☐	☐	------------
Bestimmung des Marketingstrategien-Mix	☐	☐	------------
Festlegung der operativen Marketingziele	☐	☐	------------
Bestimmung des Marketinginstrumente-Mix	☐	☐	------------
Festlegung der Maßnahmen bei den Marketinginstrumenten			
• Marktleistungen	☐	☐	------------
• Preise und Konditionen	☐	☐	------------
• Marketingkommunikation	☐	☐	------------
• Vertrieb und Logistik	☐	☐	------------
Inhaltliche Abstimmung der Marketingmaßnahmen			
• pro Instrument	☐	☐	------------
• im Instrumenten-Mix	☐	☐	------------
Zeitliche Koordination der Marketingmaßnahmen			
• pro Instrument	☐	☐	------------
• im Instrumenten-Mix	☐	☐	------------
Status bei der operativen Zielerreichung mit den gewählten Marketingmaßnahmen			
• pro Monat	☐	☐	------------
• pro Quartal	☐	☐	------------
• pro Halbjahr	☐	☐	------------
Status beim Erreichen der strategischen Ziele mit dem ausgewählten Marketingstrategie-Mix			
• pro Halbjahr	☐	☐	------------
• pro Jahr	☐	☐	------------

Checkliste „Umsetzung des Marketingkonzepts"

Diese formale Kontrolle muss jedoch durch eine zahlenmäßige **Kontrolle der Zieler-reichung** ergänzt werden. Hierzu ist das Marketingkonzept umzusetzen in ein nach Realisierungszeiträumen (z. B. Woche, Monat, Jahr, 2 und mehr Jahre) aufgebautes **Marketingplanungs- und -kontrollsystem.** Wie dies inhaltlich zu gestalten ist, wird detailliert im Abschnitt 4.1 „Marketingplanungs- und Kontrollsystem installieren" dargestellt.

Zur besseren **Steuerung des Gesamtmarketings** ist es vorteilhaft, die Planung und Kontrolle der Marketinginstrumente organisatorisch in Verantwortungsbereiche (z. B. Abteilungen) zu geben. Dort liegt hohe Fachkompetenz für Steuerungsentscheidungen bei festgestellten Soll-/Ist-Abweichungen.

Beispiel für eine Handlungssituation

Malermeister Fritz Klaus ist mit dem Werbeslogan „Klaus bringt Farbe in dein Leben" mit einem Malerbetrieb in einer Kreisstadt – mit zahlreichen mittelständischen Industriebetrieben (einige davon sind in ihrer Branche Weltmarktführer) und guter Beschäftigungslage – seit 15 Jahren selbstständig tätig.

Vor fünf Jahren hat er seinen Betrieb von der Innenstadt in einen Gewerbepark am Rande der Kleinstadt umgesiedelt. In seinem Unternehmen sind außer ihm zurzeit zehn Mitarbeiter, davon zwei Auszubildende, beschäftigt.

Den kaufmännischen Teil der Aufgaben erledigt seine Ehefrau. Herr Klaus selbst ist überwiegend mit Auftragsgewinnung, Disposition, Arbeitsüberwachung und Personalführung ausgelastet. In letzter Zeit wird es für ihn immer schwieriger, zu Aufträgen mit interessantem Arbeitsvolumen und gutem Preis-Kosten-Verhältnis zu kommen. Schuld daran ist der sich verschärfende Wettbewerb. Zu sechs „alten" und im Marktverhalten bekannten Mitbewerbern sind in den letzten zwei Jahren noch zwei „junge" Malerbetriebe (mit zwei bzw. vier Gesellen) hinzugekommen. Diese sind sehr aktiv und preisaggressiv am Markt tätig.

Das Unternehmen von Malermeister Klaus ist für Zuverlässigkeit und Sauberkeit bei der Ausführung bekannt. Seine Gesellen sind bei Kunden sehr beliebt, alle gut qualifiziert und beherrschen die neuesten Techniken bei der Verarbeitung neuer Materialien. Diese kommen immer mehr als Tapetenersatz bei der zeitgemäßen Wohnraumgestaltung zum Einsatz. Außerdem ist das Unternehmen von Fritz Klaus auch im Bereich Wärmedämmung – innen und außen – bei alten und neuen Privathäusern tätig. Erforderliche Verputzarbeiten werden in Kooperation mit einem kleinen Stuckateurbetrieb (Subunternehmer) erledigt.

In der durch zunehmenden Preisdruck geprägten Wettbewerbsentwicklung stellt sich für Malermeister Klaus die Frage, ob sein bisheriges Vorgehen und Verhalten am Markt für langfristigen wirtschaftlichen Erfolg geeignet ist. So hat er festgestellt, dass sowohl preis- als auch qualitätsbewusste Nachfrager zu seinen Kunden gehören. Auffällig ist, dass in letzter Zeit verstärkt zusätzliche Serviceleistungen (z. B. Verschieben der Wohnmöbel, Abnehmen, Waschen und Aufhängen von Gardinen und Vorhängen oder umfassende Reinigung) nachgefragt und bezahlt werden.

Fitz Klaus überlegt sich, den „jungen", preisaggressiven Kollegen „den Wind aus den Segeln zu nehmen". Er denkt, es könnte sinnvoll sein, die Nachfrage nach den neuen Serviceleistungen mit einer preisgeprägten Push-Strategie anzuregen. Das würde er seinen Kunden mit gezielten Werbemaßnahmen bekannt machen.

Situationsbezogene Fragen

- Was könnte ein Ansatzpunkt zur Neupositionierung im Wettbewerb und zur Profilierung sein?
- Welche generellen, alternativen Profilierungsstrategien sollte Malermeister Fritz Klaus prüfen?
- Welcher Marketingstrategien-Mix wäre für Fritz Klaus geeignet, langfristig erfolgreich zu sein?
- Würden Sie Fritz Klaus zu einem preisorientierten Vorgehen raten (Begründung)?
- Wie könnte eine PUSH-Strategie aussehen, wenn Fritz Klaus sich für ein Angebot von neuen Serviceleistungen entschließen sollte?

3. Marketingkonzept unter besonderer Berücksichtigung von digitalem Marketing und E-Business umsetzen

Kompetenzen

Das folgende Kapitel ist so gestaltet, dass Sie die Kompetenz und das Wissen erwerben,

- Konsequenzen der Unternehmensstrategie für die Ausgestaltung der Marketinginstrumente abzuleiten,

- die Umsetzung der Marketinginstrumente unter Berücksichtigung digitaler Vertriebswege zu planen, zu kalkulieren und zu organisieren sowie

- Vorschläge zur Optimierung von Prozessen abzuleiten.

3.1 Besonderheiten des digitalen Marketings kennen

Grundsätzlich lassen sich für digitale Marketingaktivitäten folgende Anwendungsbereiche unterscheiden:

Digitales Marketing

INTERNET
(elektronische Marketingaktivitäten)

E-Marktforschung	E-Marketing	E-Business
(Online-Datengewinnung)	(Online-Information an Interessenten)	(Online-Vertrieb)
– Nutzung von Datenbanken – Suchmaschinen – www-Kataloge – Befragungen – Beobachtungen	einzelne oder mehrere Online-Marketingaktivitäten wie z. B. – Homepage – Leistungsübersicht – Online-Marketing-Mix	Marketing und Vertrieb im Internet als – eigenständiges Geschäftsfeld – ergänzend zum traditionellen Vertrieb

Der Einsatz von digitalem Marketing

3.1.1 Formen des E-Business analysieren

(1) Digital unterstützter Verkauf

Digitale Verkaufsunter-stützung

Hierunter ist die ergänzende Unterstützung des traditionellen Direktvertriebs durch den Einsatz **elektronischer Medien** zu verstehen. Darunter fallen z. B. der Verkauf über E-Mails, digitale Werbemittel und Maßnahmen der Verkaufsförderung (z. B. elektronische Prospekte, Kataloge, Downloads u. a.). Hierzu gehört auch die Einrichtung einer eigenen **Homepage, Facebook Accounts, Newsletters, Blogs o. Ä.** Darüber hinaus kann Kunden und Interessenten z. B. auch die Möglichkeit geboten werden, über sog. **„Whitepapers"** Testversionen von Softwareprogrammen, technische Produktinformationen, Checklisten, Reparaturhinweise etc. kostenlos herunterzuladen. Allerdings müssen sich dabei Interessenten meist erst mithilfe ihrer E-Mail-Adresse registrieren, um anschließend die gewünschten Informationen zu erhalten. Diese Kundendaten werden dann für die weitere verkaufsfördernde Kommunikation genutzt (im B2C- und B2B-Geschäft z. B. für E-Mail-Marketing oder für telefonische Nachfassaktionen mit dem Angebot für weiterführende Informationen oder Beratungsgespräche – falls der Kunde bei der Registrierung seine Telefonnummer angegeben hat).

Auch der **Einsatz von Werbebannern, Textlinks, QR-Codes etc.** ist hier zu nennen, bei denen die Interessenten durch Hinweise auf sog. **„Incentives"** (z. B. Gewinnspiele, Newsletter, Produktproben oder Einladungen zu Produktpräsentationen u. a.) aktiviert werden sollen. Beim Klick auf den entsprechenden „Handlungsauslöser" wird der Interessent auf eine sog. **„Landing Page"** weitergeleitet, um dort seine Kontaktdaten sowie seine Einverständniserklärung zum Erhalt weiterer (Produkt-) Informationen abzufragen. Diese Einverständniserklärung wird auch „Permission" genannt („Ich bin damit einverstanden, von Ihnen per E-Mail und/oder telefonisch über interessante Produkte und Veranstaltungen informiert zu werden") und kann vom Kunden jederzeit widerrufen werden.

Der Einsatz von Werbebannern, Links, QR-Codes etc. wird von Unternehmen jedoch auch sehr häufig dazu genutzt, auf den entsprechenden Landingpages direkte Onlinekäufe zu generieren.

E-Business als SGF

(2) E-Business als eigenes SGF

Hier geht es um den Aufbau eines eigenständigen, direkten elektronischen Vertriebswegs ohne Einschaltung von Verkaufspersonal. E-Business wird im B2C- und B2B-Bereich als **elektronisches Kataloggeschäft** eingesetzt. Im E-Business unterbreitet der Verkäufer ein Angebot, der Kunde entscheidet („go oder no go"), meist sind Rückfragen nicht vorgesehen. Organisiert wird dieser Vertrieb häufig als **Profit**

Center „Onlineshop". Das erleichtert die Planung, Steuerung sowie die Kosten- und Umsatzkontrolle wesentlich.

Im **B2C-Geschäft** nutzen Unternehmen zusätzlich zum eigenen Onlineshop auch weitere verkaufsfördernde Internetplattformen, wie

Internet-
plattformen

- Online-Auktionshäuser (z. B. ebay.de oder my-Hammer.de),
- Online-Marktplätze (z. B. mobile.de oder autoscout24.de),
- Online-Versandhändler (z. B. amazon.de/Amazon Business),
- Online-Preisvergleichsportale (z. b. idealo.de oder kelkoo.de) und
- Online-Produktsuchmaschinen (z. B. google.de oder webtrados.de).

Im **B2B-Geschäft** spielen **„elektronische Marktplätze"** mit freiem oder geschütz- tem Zugang zwischenzeitlich eine große Rolle. Geschützt durch Passwörter als Zu- griffssperre für Nichtbefugte können auf geschlossenen Marktplätzen spezifische, für Mitbewerber nicht zugängliche Leistungsangebote abgegeben oder Leistungs- nachfragen von Kunden oder Lieferanten gezielt platziert werden. Dazu gehören z. B. auch Ausschreibungen mit ihren technischen Spezifikationen, Leistungsbeschrei- bung und Preisangaben. Auch lassen sich durch direkte Datenverknüpfung mit eige- nen, bereits im Unternehmen vorhandenen CAD-/CAM-/CAQ-Systemen in relativ kurzer Zeit und ohne den Einsatz von Verkaufspersonal maßgeschneiderte Angebote erstellen. Das bedeutet meist große Zeit- und Kostenvorteile für alle Beteiligten.

elektronische
Marktplätze

3.1.2 Bestimmungsfaktoren berücksichtigen

Bestimmungs-
faktoren

Eine bestmögliche Gestaltung der eigenen Internetaktivität (Homepage und insbe- sondere der eigene Onlineshop) ist abhängig von folgenden Informationen:

- **Zielgruppen:** Welche Größen-, Struktur- und Bedarfsinformationen liegen vor? Wo und wie können diese beschafft werden?
- **Kundennutzen:** Welchen „Mehrwert" in Form von Preis-, Kosten- oder Leis- tungsvorteilen möchten wir durch E-Business bieten?
- **Benutzerfreundlichkeit („Usability"):** Wie einfach lässt sich der Kaufprozess im Onlineshop gestalten und handhaben? Hier gilt „Keep it simple and stupid".
- **Benutzersicherheit:** Wie garantieren wir unseren Kunden Sicherheit und Käu- ferschutz? Setzen wir ein Gütesiegel (Zertifikat) ein, z. B. „Trusted Shops" oder „TÜV Süd-Safer Shopping"?
- **Zahlungssicherheit:** Welche Zahlungsmodalitäten werden eingeräumt? Geld- zurück-Garantie? Sichere Zahlungssysteme wie PayPal o. Ä.?
- **Zukunftssicherheit:** Wie konjunkturabhängig sind die Investitionen in E-Busi- ness?

- **Integrationsfähigkeit:** Wie und in welchem Umfang kann E-Business in die bisherigen Geschäftsprozesse eingebunden werden, ohne dass es zu gravierenden Störungen bei Betriebsablauf, in logistischen Prozessen usw. kommt?
- **Rentabilität:** Welcher Gewinnbeitrag wird vom E-Business erwartet? Mit welcher Kosten-Ertrag-Relation ist nach der Anlaufphase (wie lange?) zu rechnen?

Daran sollten **die konkreten, kontrollierbaren operativen Ziele des E-Business** (E-Commerce) ausgerichtet werden.

> Aus Kundensicht gilt: Je höher die Benutzerfreundlichkeit (Usability) eines Onlineshops ist, desto geringer sind negative Folgen wie Kaufabbrüche zu erwarten und desto höher ist die Rentabilität!

Online ein „Muss"

Durch die generell zunehmende Nutzung elektronischer Medien zur Informationsgewinnung, Kommunikation und zum Abschluss von Käufen ergibt sich ein „Muss" für jedes Unternehmen (und für jede andere Organisation), im Internet präsent zu sein (Stichwort „mobile shopping", also der Einkauf im Web mithilfe mobiler Endgeräte wie Tablet und Smartphone). Fortschrittlich denkende und handelnde Handwerksunternehmen haben dies längst erkannt und umgesetzt. Dass dies allerdings nicht immer kundenfreundlich gelingt, belegen folgende Befragungsergebnisse.

Websites im Handwerk

Umfrage zeigt Nachholbedarf bei Websites im Handwerk

Aus fünf Kriterien bemängeln Nutzer:

1 41% Qualität der Informationen **2** 31% Website nicht vorhanden **3** 25% Design der Website **4** 25% Website schwer auffindbar **5** 15% Persönliche Ansprache

Zwei Drittel der Internetnutzer sehen laut Umfrage der YouGov-Marktforscher großen Nachholbedarf bei der Website-Gestaltung von Handwerksbetrieben. 41 % der Befragten bemängeln vor allem die Qualität der auf den Websites bereitgestellten Informationen. Ein knappes Drittel (31 %) kritisiert, dass es oftmals noch gar keine Website gibt. Ein Viertel der Befragten beanstandet, das viele Handwerksbetriebe online nur schwer auffindbar sind, genauso viele stören sich am jeweiligen Design der Website (25 %). „Handwerker sollten auch online persönliche Note zeigen, um bei der Vielzahl an Betrieben besonders für Neukunden attraktiv zu sein", rät Stephan Wolfram, Geschäftsführer von DomainFactory, der die Umfrage in Auftrag gab. Als kleinste Stellschraube nennt der Experte Inhalte, die die Persönlichkeit des Unternehmens widerspiegeln: Das kann ein Porträt genauso sein wie ein Dankeschreiben von Kunden oder eine News-Rubrik mit Situationen und Fotos aus dem Handwerksalltag.

Für die technische Personalisierung, also die automatisiert individuelle Ansprache des Kunden, empfiehlt DomainFactory die Geo-IP des Seitenbesuchers, die eine individuelle Ansprache nach geografischen Merkmalen auf Städtebasis ermöglicht, um beispielsweise ein besonderes Angebot vor Ort zu bewerben.

Quelle: handwerk magazin, Ausgabe 10/2016

Als weitere Einflussgrößen für oder gegen den Einsatz von E-Business sind **rechtliche Rahmenbedingungen und Restriktionen** zu nennen. Diese werden im Folgenden erläutert.

3.1.3 Allgemeine Regelungen zum Onlinerecht sowie zur Haftung beachten

Das **Onlinerecht** (auch **Internetrecht**) befasst sich mit den rechtlichen Problemen, die sich bei der Verwendung des Internets und beispielsweise auch beim Betreiben eines Onlineshops ergeben können. Das Onlinerecht ist kein eigenes Rechtsgebiet, es gibt also kein eigenes „E-Business-Gesetz" o. Ä. Die betreffenden Regelungen sind vielmehr über eine Vielzahl von gesetzlichen Vorschriften verstreut. Es setzt sich daher aus einer Vielzahl unterschiedlicher Rechtsgebiete zusammen.

Onlinerecht

Die nachfolgende Tabelle gibt einen auszugsweisen **Überblick:**

Onlinerecht im Überblick

Rechtsgebiet	Anzuwendendes Gesetz	Auswirkung z. B. auf
Allgemeines und besonderes Zivilrecht	• Bürgerliches Gesetzbuch (BGB) • Telemediengesetz (TMG)	• Vertragsschluss • Handel und E-Business • Gewährleistung • allgemeine Haftungsgrundsätze • Informationspflichten bei geschäftsmäßigen Telemedien
Datenschutzrecht	• Telemediengesetz (TMG) • Bundesdatenschutzgesetz (BDSG)	• E-Commerce • Datenschutz • Informations- und Belehrungspflichten • Vorratsdatenspeicherung
Urheberrecht	• Urhebergesetz (UrhG) • Gesetz betreffend das Urheberrecht an Werken der bildenden Künste und der Fotografie (KUG)	• Schutz des Urhebers • Verwertungsrechte • Rechteübertragung • Privatkopien
Wettbewerbsrecht	• Gesetz gegen den unlauteren Wettbewerb (UWG)	• wettbewerbsrechtliche Abmahnungen • Werbung
Strafrecht	• Strafgesetzbuch (StGB)	• Hacker • Datendiebstahl • Ausspähen von Daten • Datenveränderung • Computersabotage
Namens- und Markenrecht	• Markengesetz (MarkenG) • Bürgerliches Gesetzbuch (BGB)	• Domainregistrierung • Domainnutzung • Domainhandel
Medienrecht	• Rundfunkstaatsvertrag (RStV) • Telemediengesetz (TMG) • Jugendmedienschutz-Staatsvertrag (JMStV)	• Sorgfaltspflichten bei Telemedien mit journalistisch-redaktionellen Angeboten • Schutz von Kindern und Jugendlichen

Unternehmen, die eine eigene Homepage und/oder einen eigenen Onlineshop betreiben, müssen daher eine Vielzahl von **rechtlichen Anforderungen** beachten.
Darunter fallen z. B.

- Pflichtangaben im Impressum,
- weitreichende Informationspflichten,
- Verwendung allgemeiner Geschäftsbedingungen in Onlineshops,
- Regelungen über den Fernabsatz von Waren- und Dienstleistungen,
- datenschutzrechtliche Bestimmungen beim Erheben, Verarbeiten und Nutzen von Kundendaten,
- Möglichkeiten und rechtliche Grenzen von Kundenbindungsmaßnahmen,
- Zulässigkeit des Anlegens von Nutzerprofilen mit Bestands- und Abrechnungsdaten,
- Zulässigkeit des Anlegens von Nutzerprofilen mit Inhaltsdaten,
- Beurteilung elektronischer Newsletter u. v. m.

Bei Verstößen bzw. unterbliebener Umsetzung der gesetzlichen Vorgaben drohen
Abmahnungen und empfindliche Geldstrafen. Zur rechtssicheren Gestaltung des Internetauftritts bzw. Onlineshops sollte deshalb immer auch ein erfahrener Rechtsanwalt hinzugezogen werden.

3.1.4 Vor- und Nachteile durch den Einsatz von E-Business bewerten

Der Einsatz jedes Marketinginstruments soll dem Unternehmen Chancen für neue
Kunden, neue oder Folgeaufträge und bessere Gewinnentwicklung erschließen. Dies
gilt auch für den Einsatz von E-Businessaktivitäten. Allerdings können hierbei – häufig infolge mangelnder Erfahrung im Umgang mit E-Business – spezielle Risiken auftreten, die durch geeignetes Vorgehen (z. B. mit Experten abgestimmte Konzeption und Gestaltung sowie zeitlich gestaffelte Einführung nach der Step-by-step-Methode) begrenzt werden können.

Welches Chancen- und Risikopotenzial beim E-Business im Allgemeinen zu sehen ist, zeigt beispielhaft die nachstehende Abbildung.

Vorteile/ Chancen	**Vorteile/Chancen:** • erhebliche Ausweitung der geografischen Reichweite (größere räumliche und zeitliche Kunden- nähe) • permanente Erreichbarkeit und Verfügbarkeit des Angebots • größere Schnelligkeit bei der Kommunikation mit Interessenten, Kunden und Lieferanten, bei der Produktspezifikation, der Auftragserfassung und Auftragsbearbeitung/Auslieferung • Individualisierung des Angebots und der Angebotskalkulation ohne Einsatz von persönlichem Ver- kauf und den entsprechenden Kosten • Chance einer stärkeren, kauffördernden Motivation des Kunden durch Farb-, Schrift-, Wort- und Ton-unterlegte Kommunikation mit bewegten Bildern (z. T. dreidimensional), was fachliche Kompe- tenz signalisiert und Technik-Faszination beim Kunden fördert • Verbesserung des Unternehmensimage in Richtung kundennah, fortschrittlich, modern, effektiv und innovativ • Angebot maximalen Informations- und Bestellkomforts durch die direkte Kommunikation zu Hause oder am Arbeitsplatz zu der vom Kunden gewünschten Zeit • schnellere und bessere, detaillierte Kenntnis der Kundenwünsche durch Auswertung der doku- mentierten Kundenanfragen und Aufträge, der per Internet angebotenen neuen Leistungen oder Leistungskombinationen und deren Resonanz bei den Zielgruppen • vielfältige Kostenvorteile durch Wegfall von personell bedingten Auftragsgewinnungskosten (z. B. Kosten für Personal, Reisen und mehrfach angepasste Angebote) • Vermeidung von Streuverlusten infolge „Gießkannenwerbung" • u.a.
Nachteile/ Risiken	**Nachteile/Risiken:** • Schwellenängste bei der Nutzung des Mediums Internet und den dortigen Angeboten (vor allem bei älteren Privatkunden; aber Tendenz rückläufig!!) • Sicherheitsbedenken vieler Privatkunden hinsichtlich Datenschutz, Rechtssicherheit, elektroni- schem Zahlungsverkehr • generelles Problem der Information und „Aktivierung" potenzieller Kunden für das Internetangebot (welche Botschaft hat die größte handlungsauslösende Motivationskraft?) • Risiken der „Überfrachtung" mit geballter Information und „Überforderung" der Kunden beim Um- gang mit der Präsentation und Handhabung des E-Business-Angebots (Gestaltungsempfehlung : KISS -„Keep it simple and stupid!") • Verunsicherung oder Verärgerung eventueller Vertriebspartner mit der Gefahr des Verlusts erfolg- reicher Vertriebspartner, ohne dass E-Business als erfolgreicher Vertriebsweg bereits etabliert ist • Personalprobleme infolge Umstrukturierungen in den Betriebsprozessen und bei den Arbeitsplät- zen (Verlagerung, Wegfall oder Anreicherung durch zusätzliche Aufgaben) und den damit zusam- menhängenden Entlohnungsfragen • u.a.

Vor- und Nachteile durch den Einsatz von E-Business

Die Eignung der einzelnen Erscheinungsformen des E-Business für das Unternehmen ist durch **Bewertung der unternehmensspezifischen Vor- und Nachteile** zu er-mitteln. Hierzu eignet sich am besten eine **Nutzwertanalyse.** Dieses Verfahren ist entsprechend dem Beispiel „Bewertung von Produktvarianten" in **Abschnitt 2.2.1** anzuwenden. Die E-Business-Ausprägung mit der höchsten Punktzahl ist die vorteil-hafteste für das Unternehmen.

Nachfolgend werden nun noch die beiden Vorteile/Nutzen „Möglichkeiten papierloser Auftragsabwicklung" und „Digitaler Zahlungsverkehr" etwas näher erläutert.

3.1.5 Papierlose Auftragsabwicklung einsetzen

Der digitale Verkauf eröffnet Unternehmen die Möglichkeit, Geschäftsabläufe wie Auftragserfassung, Auftragsabwicklung und Faktura vollumfänglich elektronisch und papierlos abzuwickeln.

Kunden erwarten heute im Onlinehandel eine professionelle, zielgerichtete und schnelle Kommunikation, Angebotserstellung und Abrechnung. Sie entscheiden sich sehr häufig für den schnellen und professionellsten (meist nicht nur für den günstigsten) Anbieter.

Für das **Unternehmen** bietet die papierlose Auftragsabwicklung zahlreiche **Vorteile:**

- Durch die Umstellung auf weitestgehend papierlose Geschäftsprozesse – auch außerhalb der Auftragsabwicklung – wird die Umwelt geschont.
- Das Arbeiten mit papierlosen Alternativen optimiert Arbeitsabläufe und erhöht zugleich den Kundenservice und die Produktivität.
- Zeitraubende Arbeiten wie das manuelle Erfassen von Kunden- und Rechnungsdaten, anschließende Ablage etc., entfallen. Damit werden gleichzeitig optimierte und deutlich beschleunigte Abläufe mit neuen Freiräumen und Konzentration auf Kundengewinnung/-entwicklung geschafften.
- Elektronische Rechnungsabwicklung: einfach, effizient und sicher. Auch wenn die meisten Rechnungen nach wie vor per Post versandt werden, entscheiden sich immer mehr Unternehmen für eine Umstellung auf eine elektronische Rechnungsabwicklung. Die Gründe sind einerseits die Anforderungen der Kunden, die immer häufiger von ihren Lieferanten Rechnungen in elektronischer Form erwarten. Eine elektronische Rechnungsabwicklung verspricht aber auch hohe Einsparpotenziale. Naheliegend ist, dass durch elektronische Rechnungen Papier- und Portokosten eingespart werden. Die viel höheren Einsparpotenziale liegen jedoch in der durchgängigen elektronischen Weiterverarbeitung der Rechnungsdaten. Denn Rechnungen werden aufseiten des Rechnungsstellers erstellt, versendet und archiviert. Aufseiten des Rechnungsempfängers werden sie geprüft, die Daten werden erfasst und die Rechnungen archiviert. Durch eine Digitalisierung der Rechnungsabwicklung entfallen die vielen manuellen Prozessschritte, die zu Verzögerungen, Fehlern und Kosten führen.

Papierlose Auftragsabwicklung

Vorteile

Nutzen für den Kunden

Kundenseitig schafft der Kauf über Onlineshops bzw. die Möglichkeit der papierlosen Auftragsabwicklung folgenden **Nutzen:**

- Bestellung/Auftragsbestätigung: Kunden erhalten umgehend eine elektronische Bestell-/Auftragsbestätigung direkt an die E-Mail-Adresse des Bestellers oder eine andere hinterlegte E-Mail-Adresse.
- Sendungsverfolgung/Tracking: Werden Auslieferungen über Paketdienste abgewickelt, so können schnell und bequem entsprechende Versandinformationen (z. B. „Ihre Lieferung hat soeben unser Lager verlassen" oder „Ihre Lieferung ist bereits unterwegs zu Ihnen") per E-Mail an Kunden verschickt werden. Durch entsprechendes Tracking sind damit alle Lieferinformationen (bei einigen Paketdiensten mittlerweile sogar in Echtzeit) beim Kunden vor Ort verfügbar.

3.2 Digitale Marketinginstrumente im Überblick

Digitale Marketinginstrumente

Immer mehr multimediale Angebote, ein immer schnellerer Internetzugang für immer mehr Menschen in immer weiteren Teilen der Welt verändern die Struktur der Wirtschaft. Wer in Zukunft wettbewerbsfähig bleiben will, muss auch die Spielregeln des digitalen Marketings beherrschen.

Viele Unternehmen stellen sich (leider immer noch) die Frage, ob sie überhaupt im Internet präsent sein müssen. Diese Frage lässt sich relativ einfach beantworten.

- Sind meine Kunden heute oder in Zukunft online?
- Sind meine Produkte, Dienstleistungen und Marken geeignet für digitales Marketing?

Internetpräsenz

Homepage

Mit hoher Wahrscheinlichkeit können die meisten Unternehmen beide Fragen mit einem Ja beantworten. Denn fast jede Art von Produkten und Dienstleistungen wird bereits heute aktiv und erfolgreich im Internet vermarktet. Die Präsenz im Internet verlangt eine firmeneigene Internetseite (Homepage). Sie ist das wichtigste Element im digitalen Marketing. Über die eigene Website wird das Interesse potenzieller Kunden geweckt. Über die eigene Website werden aus virtuellen Besuchern reale Kunden. In der Regel funktioniert das über ganz ähnliche Mechanismen wie beim klassischen Marketing: Die Kunst besteht darin, den potenziellen Kunden zum Verweilen auf Ihrer Seite zu überzeugen, neugierig zu machen und zum Kauf anzuregen (siehe AIDA-Formel, Abschnitt 2.2.4). Wie das gelingt, zeigt die nachfolgende Übersicht der **Instrumente des digitalen Marketings.**

- **Suchmaschinenoptimierung (Search Engine Optimization, SEO)**

  Der Begriff Suchmaschinenoptimierung bezeichnet Maßnahmen, die es ermöglichen, dass Websites in den unbezahlten Suchergebnissen der Suchmaschinen auf höheren Plätzen erscheinen und dadurch häufiger von Internetbenutzern angeklickt werden.

  Suchmaschi-
  nenoptimierung

- **Pay per Click-Werbung (PPC)**

  Zum erfolgreichen Suchmaschinenmarketing gehört neben der optimalen Platzierung innerhalb von Trefferlisten auch der Einsatz von bezahlten Einträgen für ausgewählte Stichworte (Keywords). PPC kann ein sehr effizientes Instrument sein, um potenzielle Kunden auf die eigene Website zu lenken. Bei beliebten Suchbegriffen, wie „Ferienhaus Ostsee", kann ein Klick jedoch sehr teuer sein.

  Pay per Click-
  Werbung

- **Affiliate Marketing**

  Beim Affiliate Marketing werden die Produkte des Unternehmens von einem Partner (Affiliate) auf dessen Webseiten beworben. Interessiert sich der Kunde für das Produkt und klickt er auf die Werbeanzeige, wird er auf die Internetseite des eigenen Unternehmens weitergeleitet. Dafür erhält der Partner eine zuvor vereinbarte Vergütung.

  Affiliate Marke-
  ting

- **Social Media**

  Social Media bezeichnet ganz allgemein digitale Medien und Technologien, die es Nutzern ermöglichen, sich untereinander auszutauschen und mediale Inhalte einzeln oder in Gemeinschaft zu erstellen. Durch vorhandene Profilinformationen der Nutzer in Netzwerken wie Facebook oder Twitter können Zielgruppen identifiziert und mit interessanten Links oder Videos angesprochen werden (mehr dazu siehe Abschnitt 3.3 „Marketingwirkung von Social-Media-Aktivitäten beurteilen").

  Social Media

- **Online-PR**

  Pressemitteilungen oder Blogs stellen eine Möglichkeit dar, über Online-Kanäle ein positives Image zu erzeugen und das Unternehmen als Experten in einem spezifischen Feld zu etablieren.

  Online-PR

- **E-Mail-Marketing**

  E-Mail-Marketing ist ein Instrument, um bestehende Kundenkontakte weiter auszubauen und neue Kunden anzusprechen. Wegen der geringen Versandkosten, der hohen Versandgeschwindigkeit, der Individualisierbarkeit und der Gestaltungsmöglichkeiten nimmt E-Mail-Marketing eine wichtige Rolle innerhalb des digitalen Marketings ein.

  E-Mail-Marketing

Mobile Marketing

- **Mobile Marketing**

  Mobile Marketing macht sich den Trend der ständigen Erreichbarkeit der Zielgruppe durch mobile Endgeräte zunutze. Leistungen und Marketingaktionen eines Unternehmens werden direkt für den Empfang auf mobilen Endgeräten zugeschnitten. Die Werbebotschaft muss dabei die Kunden schneller und gezielter erreichen, weil Kunden unterwegs ein anderes Nutzerverhalten aufweisen als am PC.

Kundenbeziehungsmanagement (CRM)

- **Kundenbeziehungsmanagement (Customer Relationship Management, CRM)**

  Neukunden zu gewinnen ist wesentlich schwieriger und teurer, als Bestandskunden zu halten. Doch auch deren Loyalität sinkt. Digitale Technologien optimieren CRM-Maßnahmen zur Bindung von existierenden Kunden und bei der systematischen Gestaltung der Kundenbeziehung. Die CRM-Maßnahmen unterstützen die Verwaltung aller kundenbezogenen Daten und tragen etwa durch personalisierte Marketingmaßnahmen zur weiteren Kundenbindung bei (mehr dazu siehe Kapitel 5 „Ein Customer-Relationship-Management [CRM] aufbauen, umsetzen und pflegen").

Content Marketing

- **Content Marketing**

  Im Gegensatz zu Werbetechniken wie Anzeigen oder Werbespots steht im Content Marketing nicht die Darstellung des eigenen Unternehmens im Fokus, sondern die Vermittlung von nützlichen Informationen, Wissen oder Unterhaltung. Gute Inhalte in Form von Texten, Bildern, Videos oder Podcasts unterstreichen die Glaubwürdigkeit und demonstrieren Kompetenz und Know-how.

E-Commerce

- **E-Commerce**

  Ein Onlineshop erfüllt die Funktion eines virtuellen Schaufensters und ermöglicht es, die eigenen Kompetenzen und das Sortiment online zu präsentieren und zu verkaufen.

3.3 Marketingwirkung von Social-Media-Aktivitäten beurteilen

Social Media

3.3.1 Besonderheiten von Social Media kennen

Als Social Media (Soziale Medien) bezeichnet man Online-Dienste, deren Inhalte im Wesentlichen von den Usern bestimmt werden. Sie basieren auf Kommunikation und interaktivem Informationsaustausch zwischen Usern sowie der Möglichkeit zum Teilen von Inhalten (Content) oder auch zur produktiven Zusammenarbeit.

Zu den bedeutendsten gehören soziale Netzwerke wie Facebook und Twitter sowie Plattformen für nutzergenerierte Multimediainhalte wie Youtube, Pinterest oder Instagram. Blogs, Foren und auch Wikis sind ebenso Teil von Social Media.

Zu den **Besonderheiten von Social Media** gegenüber klassischen Kommunikationsmedien (Zeitung, Zeitschriften, Telefon) gehören:

Besonderheiten

- geringe Eintrittsbarrieren (geringe Kosten, unkomplizierte Produktionsprozesse)
- einfache Zugänglichkeit der Informationskanäle (für alle User, privat wie geschäftlich)
- globale Präsenz „im Netz "(keine Reichweitenbegrenzung, für jeden verfügbar)
- beliebige, individuelle Gestaltung des Inhalts (freie Kombination von Text, Bild und Ton)
- aktuelle Kommunikation (Informationsweitergabe „just in time", keine inhaltliche Korrektur möglich)
- spezifische Eigendynamik durch unmittelbare Reaktionen der Nutzer (Meinungsbildung durch Informationsbewertung und Weitergabe, Empfehlungen an andere User; mitunter machen sog. „Shitstorms" werbetreibenden Unternehmen zu schaffen).

In diesen Gegebenheiten liegen die **Stärken und Schwächen** beim Einsatz von Social Media.

3.3.2 Einsatzmöglichkeiten prüfen

Durch die hohe Nutzungs- und Kommunikationsfrequenz eignen sich soziale Medien für Unternehmen besonders für einen schnellen und aktuellen Informationsaustausch mit Social-Media-Nutzern (Zielpersonen im B2C- und B2B-Marketing). Damit eignet sich die Nutzung von Social-Media-Kommunikation insbesondere für

Einsatzmöglichkeiten von Social Media

- **Marktforschung** (frühzeitiges Erkennen von Trends),
- **Öffentlichkeitsarbeit** (Einflussnahme auf die Imagebildung) sowie
- **Werbung und Verkaufsförderung** (Präsentation von [neuen] Produkten, Meinungen und Bewertungen, Kontaktaufbau, verbesserte Kundenzufriedenheit und Kundenbindung).

Weitere konkrete **Einsatzmöglichkeiten** und damit verbundene Zielsetzungen lassen sich aus nachstehenden Marktforschungsergebnissen ableiten.

Social-Media-Plattformen: Nutzung

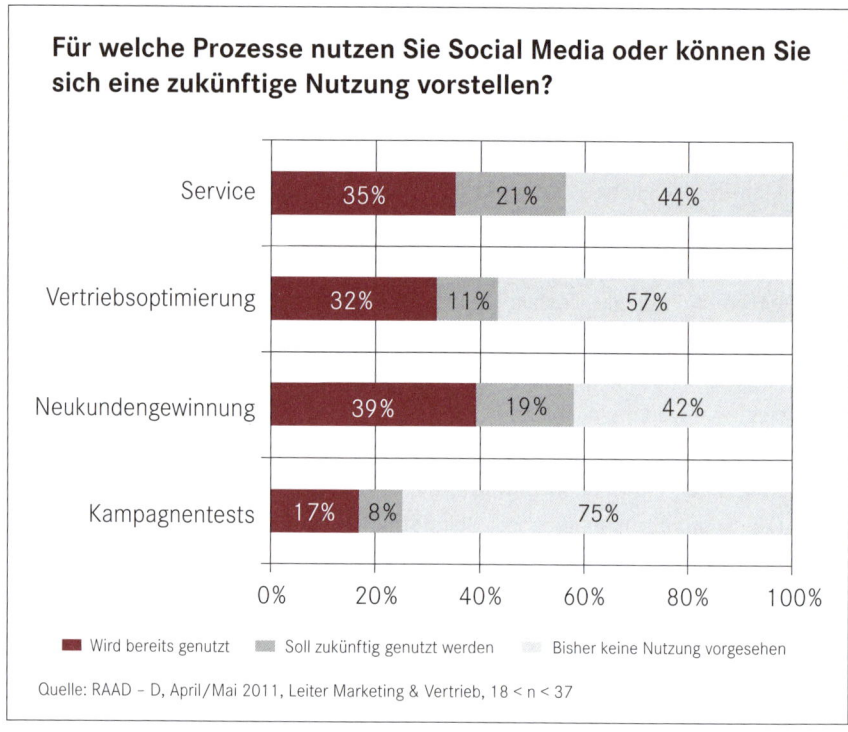

Für welche Prozesse nutzen Sie Social Media oder können Sie sich eine zukünftige Nutzung vorstellen?

	Wird bereits genutzt	Soll zukünftig genutzt werden	Bisher keine Nutzung vorgesehen
Service	35%	21%	44%
Vertriebsoptimierung	32%	11%	57%
Neukundengewinnung	39%	19%	42%
Kampagnentests	17%	8%	75%

Quelle: RAAD – D, April/Mai 2011, Leiter Marketing & Vertrieb, 18 < n < 37

Nutzung von Social Media-Plattformen (Quelle:www.legodo.com)

Lead-Generie-rung

Die Kontaktanbahnung für **Neukunden (Lead-Generierung)** und Service-Informationen werden für das Unternehmen als besonders geeignete Einsatzgebiete empfunden. Das bestätigen die **Erkenntnisse zum Nutzerverhalten** von Social-Media-Expertin C. Hilker:

Nutzerverhalten

- 26 % der privaten Konsumenten nutzen soziale Netzwerke, um sich über Neuigkeiten aus dem Unternehmen zu informieren oder mit den Unternehmen in Kontakt zu treten.
- 68 % der Social-Media-Nutzer vertrauen den Empfehlungen ihrer Kontakte aus dem Netzwerk bis hin zum Kauf (15 %).
- 65 % der Konsumenten würden keine Leistungen von Unternehmen mehr erwerben, wenn sie deren Verhalten in den sozialen Netzwerken stören oder verärgern würde.

Empfehlungs-marketing

Gerade die letzten Befragungsergebnisse verdeutlichen, dass sich in sozialen Netzen sehr rasch ein von den Teilnehmern getragenes **Empfehlungsmarketing**, aber auch ein **Nichtempfehlungstrend** (s. o. „Shitstorm") ergeben kann. Nicht das

Unternehmen sollte sich und seine Produkte lobend hervorheben; die Teilnehmer des sozialen Netzwerks müssen sich vorteilhaft äußern und die Überzeugungsarbeit leisten.

Entscheidet sich ein Unternehmen also dafür, sich in sozialen Medien zu betätigen, sollte es klare Ziele formulieren und kompetente Mitarbeiter für das Social-Media-Marketing einstellen. Soziale Medien können ein Vertriebskanal sein. Genau so sollten Unternehmen soziale Medien auch behandeln.

3.3.3   Eine Social-Media-Strategie entwickeln

Aktivitäten in sozialen Netzwerken müssen aufgrund der Vergessens- und Erinnerungsquoten des „normalen" Konsumenten (siehe Verkaufsförderung, Abschnitt 2.2.4.) sehr zeitnah (aktuell) und dynamisch (hohe Informationsfrequenz) sein sowie über einen langen Zeitraum erfolgen. Andernfalls verlieren sie ihre gewünschte Wirkung.

Soziale Netzwerke

> „Social Media ist kein Sprint, sondern ein Marathon!"

Damit sich für das Unternehmen aus den Aktivitäten in den sozialen Netzwerken eine lohnende Investition ergibt, ist eine **unternehmensspezifische Social-Media-Strategie** zu entwickeln.

Social-Media-Strategie

Die Social-Media-Expertin C. Hilker („Erfolgreich mit Social Media", Beschaffung aktuell 2013/05) gibt folgende zehn Tipps für eine Erfolg versprechende Strategie:

10 Tipps für eine Erfolg versprechende Strategie zur Nutzung von sozialen Netzwerken

1. Beobachten und analysieren Sie Ihren Onlineauftritt und die Reaktionen darauf regelmäßig und werten Sie die Ergebnisse aus.

2. Beobachten Sie Ihre Mitbewerber, analysieren Sie den Markt und Zukunftstrends in Bezug auf derzeitige und künftige Entwicklungen zur Nutzung von Social Media.

3. Analysieren Sie Ihr Unternehmen, Ihre Kultur und Ihre Produkte und leiten Sie unter Mitwirkung externer Fachkompetenz konkrete Handlungsempfehlungen für Ihre Social-Media-Kommunikationsstrategie ab.

4. Richten Sie die Botschaften in Ihrem Kommunikationskonzept exakt auf die Kundenbedürfnisse aus und formulieren Sie die Botschaften einfach und verständlich. Möglichst so, dass Ihre Position einzigartig ist; sich also wesentlich von den Mitwerbern unterscheidet und von deren Aussagen abhebt.

5. Richten Sie Ihren Marketingkommunikations-Mix unter Einbeziehung von Social Media neu aus. Erstellen Sie zur bestmöglichen Integration ein schriftliches Social-Media-Konzept (mit Zielen und Aktivitäten) sowie einen schriftlichen Social-Media-Projektplan mit Zuständigkeiten, Zeiten und Meilensteinen.

6. In diesem Projektplan terminieren Sie, wann, wie und über welchen Kanal Sie welche Zielgruppen auf Ihr Unternehmen und Ihre Leistungen aufmerksam machen wollen.

7. In Abstimmung mit den Werbekampagnen sollten Sie Social-Media-Kampagnen entwickeln, in denen Inhalte und Vorgehensweisen festgelegt sind, damit in den verschiedenen Plattformen regelmäßig über Ihr Unternehmen und Ihre Leistungen positiv berichtet wird.

8. Entwickeln Sie in Abstimmung mit Werbe-, Öffentlichkeits- und Verkaufsförderungsplanung eine langfristig ausgerichtete Strategie, wie Ihr Unternehmen online über diese Plattformen Empfehlungen durch die Nutzer generieren kann.

9. Richten Sie Ihre Vertriebsstrategie (Auftragsgewinnung und Kundenmanagement) neu aus und entwickeln Sie ein Konzept, um systematisch und automatisch online Leads (Anfragen) zu gewinnen.

10. Kommunizieren Sie Ihr Social-Media-Konzept und Vorgehen intern so, dass alle Mitarbeiter darüber Bescheid wissen. Erklären Sie Ihren Mitarbeitern die Rechte und Pflichten, wenn sie auf die Social-Media-Aktivitäten des Unternehmens angesprochen werden oder gar selbst daran mitwirken. Erstellen Sie Leitlinien als „Do and don' t-Liste" im Umgang mit Social Media (sog. Social Media Guidelines), die für alle Beteiligten gelten, um Schaden zu vermeiden. Denn: Negative Meinungen pflanzen sich hier zeitnah fort, werden im Dialog mit anderen Nutzern oft noch verstärkt, ohne dass man sich mit Erfolg dagegen wehren kann. Daher: Nur Gutes gehört ins Netz. Anderes will gut überlegt sein!

Beispiel

Wie Social Media im Handwerk bereits erfolgreich genutzt wird, zeigt das Beispiel „Social-Media-Metzgermeister":

Die neue Fleischer-Szene ist digital vernetzt und kommuniziert über Social Media. Untereinander und mit Kunden. Und so bekommen alle die Ambitionen dieser neuen Generation von Handwerkern mit.

Facebook brachte Carsten S. „eine ganze Ecke weiter". Man sehe dort, sagt der Metzgermeister aus Hannover, wie es andere machen, und bekommt Inspiration für die eigene Firma. Gerade bei seinem seit 1938 existierenden,

stets „supertraditionell" geführten Betrieb (807 Facebook-Fans) fehlte irgend-
wann der Blick über den Tellerrand. Auch die Innungen glichen das nicht aus.
„Die Leute, die das Metzgerhandwerk im Augenblick voranbringen, sind online
stark aktiv", sagt er. „Also rückt man virtuell enger zusammen."

Carsten S. ist kein Einzelfall: Die neuen Metzger, die ihre handwerkliche Tra-
dition wieder zu neuem Leben erwecken, kommunizieren überwiegend digital
und über soziale Medien. Untereinander und auch immer stärker mit ihren
Kunden.

Über 27 Millionen aktive Nutzer verzeichnet Facebook in Deutschland
mittlerweile – rund ein Drittel der hiesigen Gesamtbevölkerung. Knapp
16 Millionen davon sind täglich auf Facebook aktiv, mehr als die meisten
Fußball-Länderspiele an Zuschauern verzeichnen. Der Kurznachrichtendienst
Twitter kommt auf 10 Millionen Nutzer hierzulande, wovon etwa 1,7 Millionen
täglich aktiv sind.

(Quelle: www.handwerk-magazin.de/innovation-social-media-metzgermeister/150/4/319112/
letzter Aufruf vom 01.02.2017)

3.4   Multi-Channel-Marketing aufbauen

3.4.1   Informationsverhalten der Kunden nutzen

Kunden – auch im B2B-Geschäft – wollen heute nicht mehr warten, bis eine Information sie fremdbestimmt (z. B. durch einen Prospekt oder als Beihefter in einer
Zeitschrift) zu einem bestimmten Zeitpunkt x erreicht. Interessenten und Kunden
von heute – und besonders die zukünftigen – möchten **selbstbestimmt entscheiden, wann, wie und wo** sie sich **informieren.** Durch die **hohe Mobilität** und die
zunehmende digitale Vernetzung im Privat- und Berufsleben erwarten Kunden
eine permanente Informationspräsenz und Überallerhältlichkeit.

*Multi-Channel-
Marketing*

Dieses geänderte Informationsverhalten wirkt sich auch auf das Kaufverhalten nahezu aller Kundengruppen aus. Das zwingt zu einem Umdenken im Kommunikations-
und Angebotsverhalten der Unternehmen. **Produkte und Dienstleistungen müssen genau dann verfügbar sein, wenn der Kunde darüber verfügen möchte.**
In Zeiten der Digitalisierung richtet sich der Kunde in seinem Kauf- und Konsumwün-
schen immer weniger nach traditionellen Einschränkungen wie Büro-, Arbeits- und
Ladenschlusszeiten. Durch Änderungen im Kommunikations- und Angebotsverhalten
können vom Unternehmen sehr kaufwirksame Mehr-Wert-Vorteile für Kunden geschaffen werden.

> Traditioneller One-Channel-Vertrieb muss deshalb zu einem Multi-Channel-Vertrieb ausgebaut werden.

3.4.2 Multi-Channel-Marketing entwickeln

Die traditionellen Vertriebswege und Kommunikationsmaßnahmen sind mit digitalen Möglichkeiten zu kombinieren. Das erwarten heute B2B- wie auch B2C-Kunden. Welche Kombinationsmöglichkeiten sich hier ergeben können, zeigt die nachstehende Abbildung.

Gestaltungs-elemente online/offline

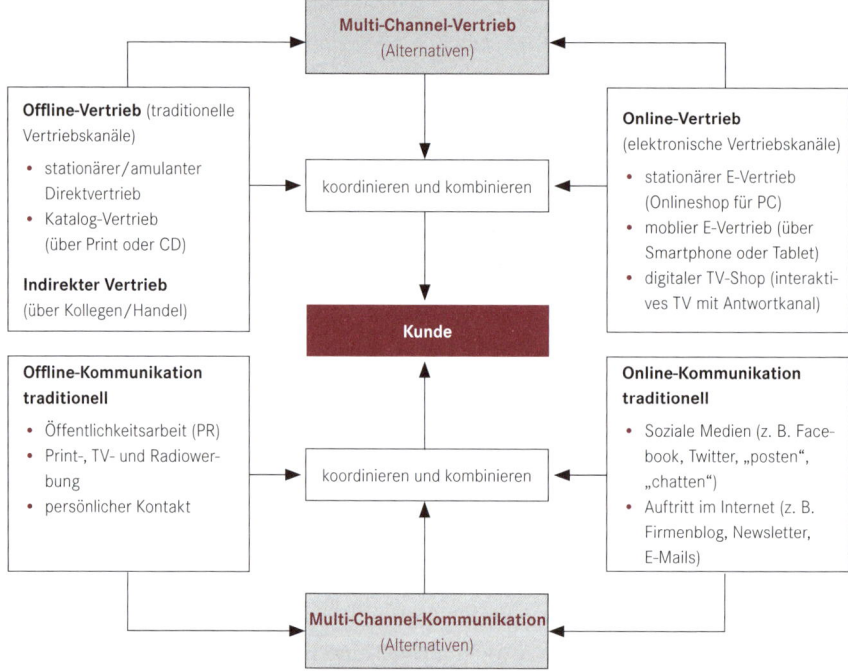

Gestaltungsalternativen für Multi-Channel-Marketing

Beispiel

Beispiel für eine Handlungssituation

Schreinermeister Reiner Steiner ist seit sechs Jahren selbstständig und beschäftigt derzeit acht Gesellen, zwei Auszubildende und einen jungen Innenarchitekten. Reiner Steiner ist für die Gesamtunternehmensführung sowie Personalführung, Marketing und Verkauf zuständig. Sein Werbeslogan „Reiner Steiner – Dein Schreiner" und sein langjähriges Engagement als Gemeinderat und Sponsor des örtlichen Sportvereins haben ihn lokal sehr bekannt gemacht. Überregionale Bekanntheit hat Reiner Steiner durch langjährige enge Zusammenarbeit mit national und international anerkannten, z. T. führenden Architekten und Architekturbüros. Bei ihnen und auch bei den anderen Kunden hat er sich einen guten Ruf erarbeitet. Dass hierzu viele 1. Preise seiner Mitarbeiter bei der Teilnahme an nationalen und internationalen Leistungswettbewerben beigetragen haben, glaubt Reiner Steiner nicht. Dies seien persönliche Auszeichnungen, die die persönliche Leistungsmotivation steigern würden, aber keine Marktwirkung hätten. Wesentlich wirkungsvoller für das Marketing des Unternehmens Reiner Steiner sei es, wenn Architekturbüros für Hotels und Bürogebäude, an deren Ausstattung das Steiner-Team beteiligt war, nationale oder internationale Spitzenauszeichnungen erhalten.

Der Handwerksbetrieb von Reiner Steiner gilt als äußerst kreativer Anbieter von anspruchsvollen, in Gestaltung und Qualität hochwertigen, kundenindividuellen Problemlösungen in Holz. Dabei führen teils innovative Kombinationen von Hölzern und hochwertig veredelten Metallen, Kunststoffen, Glas, Licht und Unterhaltungselektronik häufig zu wahren „Wohlfühlwelten" – wie dies Reiner Steiner bezeichnet. Diese übersteigen das Angebotsniveau der Mitbewerber wesentlich. Der Einfluss des Innenarchitekten ist klar erkennbar und wird kundenseitig geschätzt.

Die Antwort der Mitbewerber bei gewerblichen als auch privaten Kunden liegt im Anbieten von – aus ihrer Sicht – kundenoptimalen Preis-Leistungs-Verhältnissen. Sie versuchen über weniger kreative Leistungen zu „günstigen" Preisen zu Aufträgen zu kommen. Viele der bisherigen und der potenziellen Kunden werden über Onlinerecherchen auf solche Angebote aufmerksam und konfrontieren Reiner Steiner mit diesen Preisen in seinen Beratungs- und Akquisitionsgesprächen.

Noch vor ein bis zwei Jahren war generell eine größere Preisbereitschaft (Akzeptanz ohne größere Verhandlungen) gegeben. Heute erwarten auch vermehrt Privatkunden mehr preisliche Flexibilität vom Anbieter und solche Lösungsvorschläge, die im Rahmen ihrer subjektiven Budgets liegen. Im Laufe der Gespräche wird jedoch klar, dass die meisten Kunden keine Abstriche von den von Reiner Steiner angebotenen kundenspezifischen Bestlösungen wollen, da diese sich durch hohes persönliches und soziales Profilierungspotenzial für den Kunden auszeichnen.

„Reiner Steiner – Dein Schreiner" hat sich vor diesen geänderten Wettbewerbsbedingungen entschlossen, die Erfolgsaussichten seines bisheriges Marketingkonzepts – speziell seine Marketingstrategien – zu überprüfen. Eine Analyse der derzeitigen Kunden-, Umsatz- und Gewinnstruktur im Inland zeigt folgendes Bild:

Kundengruppe	Umsatzanteil	Gewinnanteil
• Privatkunden – Neubau	30 %	35 %
• Privatkunden – Renovierung	10 %	15 %
• Laden- und Filialausbau	25 %	22 %
• Hotels und Bürogebäude	30 %	20 %
• Serviceleistungen	5 %	8 %
Gesamt	100 %	100 %

Herr Steiner hat Sie mit der Aufgabe der Analyse und Bewertung betraut. Er liefert Ihnen auch noch folgende „Ideen" für eine Anpassung oder Änderung der bisherigen Marketingstrategien:

- Die Präsenz im Internet sollte ausgebaut werden.

- Ausbau der Sparte „Hotels und Bürogebäude" in der Schweiz, da sein Unternehmen in diesem Bereich auch bei guten ausländischen Architekten als hoch kreativ bekannt ist und Reiner Steiner schon einige Aufträge realisieren konnte.

- Beim Laden- und Filialausbau könnte eine Zusammenarbeit mit einem qualifizierten Kollegen in Norddeutschland weiterhelfen (kreative Entwürfe von Reiner Steiner, Durchführung durch Kollegen?).

- Privatkundengeschäft „Renovierung" muss aktiviert oder gestrichen werden.

Situationsbezogene Fragen

- Prüfen, bewerten und begründen Sie die Stärken und Schwächen der Firma Reiner Steiner.
- Erstellen Sie ein strategisches Profil der Firma Reiner Steiner und zeigen Sie dessen Nutzen für das Marketing.
- Untersuchen Sie das Verhältnis der SGF „Privatkunden" und „gewerbliche Kunden" und zeigen Sie Marketingstrategien für diese SGF auf.
- Was würden Sie Herrn Steiner zur Verbesserung des Internetauftritts empfehlen?
- Wie beurteilen Sie die Idee einer selektiven Bearbeitung des Auslandsmarktes Schweiz?
- Bewerten Sie die Idee der Kooperation mit einem Kollegen aus der Sicht des Marketings der Schreinerei Reiner Steiner.
- Mit welchem Marketingstrategien-Mix könnte das strategische Marketingziel „Marktwachstum" beim SGF „Privatkunden – Renovierung" im Inland erfolgreich nach vorne gebracht werden?

4. Mitwirken beim Vertriebscontrolling

Kompetenzen

Nach Durcharbeiten dieses Kapitels sollten Sie umfassende Grundkenntnisse besitzen,

- den Erfolg der eingesetzten Marketinginstrumente zu messen und zu bewerten,
- Instrumente zur Ermittlung von Kundenwünschen und Kundenzufriedenheit auszuwählen und zu bewerten,
- Kundenbefragungen vorzubereiten, durchzuführen und auszuwerten,
- Systeme zur Überwachung von Marktpreisen zu entwickeln und Preise kontinuierlich zu erfassen sowie Entwicklungen zu bewerten,
- Vorschläge für die Operationalisierung von Vertriebszielen zu erarbeiten und zu bewerten sowie
- Vorschläge zur Verbesserung des Marketingkonzepts zu entwickeln und zu bewerten.

4.1 Marketingplanungs- und -kontrollsystem installieren

4.1.1 Planungssystem gestalten

Die Marketingplanung ist das „Zahlenwerk" der Marketingkonzeption. Sie ist ein hierarchisch aufgebautes, zeitlich nach Planungsperioden gestaffeltes Entscheidungssystem zur Festlegung von Soll-Größen für Ziele, Strategien und Maßnahmen. Hier wird in Soll-Vorgaben festgelegt,

- **was** erreicht werden soll (Ertrags- und Kostenziele) und
- **wie** etwas erreicht werden soll (Maßnahmenentscheidungen).

Marketingplanung

Werden diese Soll-Vorgaben nach Verantwortungsbereichen (z. B. Werbeabteilung, technischer Kundendienst) aufgeteilt, spricht man von **Marketingbudgetierung.** Werden solche Vorgaben bis auf Mitarbeiterebene aufgeschlüsselt, spricht man von **personenbezogener Zielvereinbarung.** Zusammen mit festgelegten Führungs- oder Beurteilungsgesprächen werden solche Zielvereinbarungen zu einem wirksamen Motivations- und Führungsinstrument des **Marketingcontrollings.**

Marketing-planungssystem

Ein Marketingplanungssystem setzt sich „von oben nach unten" aus folgenden Teil-planungen zusammen:

Fristen

(1) Langfristige strategische Marketingplanung: Festlegung von strategischen Zielen und Strategien in Abstimmung mit anderen Bereichsplanungen, z. B. Fertigung, Finanzen und Personal; Planungshorizont ca. 2 bis 5 Jahre. Diese Vorgaben haben mehr Richtliniencharakter und müssen regelmäßig überprüft und evtl. an die Entwicklungen im Markt und Umwelt angepasst werden.

(2) Mittelfristige Marketingplanung: Diese Soll-Vorgaben werden aus der strate-gischen Marketingplanung abgeleitet; Planungshorizont ca. 2 Jahre. Ihre Einhal-tung soll das Erreichen der strategischen Marketingziele sicherstellen.

(3) Kurzfristig operative Marketingplanung: Hier ist der Planungshorizont ein Jahr und weniger, z. B. Halbjahresplanung, Quartals-, Monats- und teilweise so-gar Tagesplanung. Die Soll-Vorgaben sind verbindliche Handlungsziele als Men-gen-, Umsatz-, Kosten-, Ertrags- oder Imageziele.

> Ohne systematische Marketingplanung gibt es keine zielbewusste Kunden-orientierung der Beschäftigten und der Geschäftsprozesse.

Für die Tagespraxis haben die Marketing-Jahresplanung und ihre unterjährigen Teil-planungen eine zentrale Bedeutung. Wie diese aussehen könnte, zeigt folgende Ab-bildung.

Planung Marketing und Kosten

Marketingmaßnahmen- und Kostenplanung									
Planungs-abschnitte Marketing-Instrumente	1. Quartal		2. Quartal		3. Quartal		4. Quartal		Marke-tingkosten insgesamt
SOLL / IST	Maß-nahmen	Kosten	Maß-nahmen	Kosten	Maß-nahmen	Kosten	Maß-nahmen	Kosten	€
Informa-tions-gewin-nung SOLL	1. 2. 3.								
IST									
Änderungen									
Markt-leistungen SOLL									
IST									
Änderungen									
Service-leistungen SOLL									
IST									
Änderungen									
Preise und Kon-ditionen SOLL									
IST									
Änderungen									
Werbung, Verkauf und PR SOLL									
IST									
Änderungen									
Distri-bution SOLL									
IST									
Änderungen									
Marke-ting-aufwand insgesamt SOLL									
IST									
Änderungen									

Aufbau einer Marketing-Jahresplanung mit Kostenbudgetierung und Kontrollen

Das Marketingplanungssystem soll Kontinuität und Flexibilität im marktorientierten Handeln aller Beschäftigten über mehrere Zeitabschnitte sicherstellen. Dazu kann es als Alternativplanung oder als rollierende Planung gestaltet werden.

Alternative
Marketing-
planung

Bei einer **Alternativplanung** wird zunächst eine gewöhnliche Marketingplanung durchgeführt. In einem zweiten Schritt oder bereits parallel dazu werden für bestimmte, zu erwartende oder prognostizierte Ereignisse innerhalb oder außerhalb des Unternehmens alternative Marketingpläne erstellt und „in Reserve" gehalten. Solche Ereignisse sind z. B. das Auftreten eines neuen Wettbewerbers, der Wegfall eines Teilmarktes (siehe BREXIT-Entscheidung in England) oder Ressourcenknappheit im Unternehmen. Bei Eintritt eines solchen Ereignisses kann sofort nach dem Alternativplan gehandelt werden. Dies verdeutlicht auch folgendes Zahlenbeispiel.

Absatzmenge am 1. 6. 20 ..	Maßnahmen
10 000	wie geplant
9 000	zusätzlicher Einsatz von 5000,– € für persönliche Werbebriefe an die Kunden.
8 000	Preissenkung um 10 % und zusätzlich 5000,– € für persönliche Werbebriefe.
7 000	Preissenkung um 25 % und Einsatz eines Reisenden für die Steigerung des Absatzes.

Alternativplanung bei rückläufigen Umsätzen

Vorteile

Nachteile

Der **Vorteil** solcher Alternativplanungen ist, dass sich das Marketingmanagement intensiv mit möglichen strategischen oder operativen Veränderungen planerisch befassen muss. Als **Nachteil** lässt sich der hohe Zeit- und Arbeitsaufwand anführen, wenn mehrere Alternativpläne zu entwickeln sind. Werden solche Pläne zu verschiedenen Zeitpunkten erstellt, führt dies zum Konzept der rollierenden Planung.

Rollierende Planung

Beim System der **rollierenden Planung** wird die Marketing-Gesamtplanung (Lang-, Mittel- und Kurzfristplanung) **jährlich** gegen Ende eines Jahres überprüft, die Planungsgrundlagen (interne und externe Gegebenheiten und Entwicklungen) neu bewertet und ein neuer Planungszyklus erstellt. Dies soll am Beispiel einer 3-Jahres-Marketingplanung verdeutlicht werden.

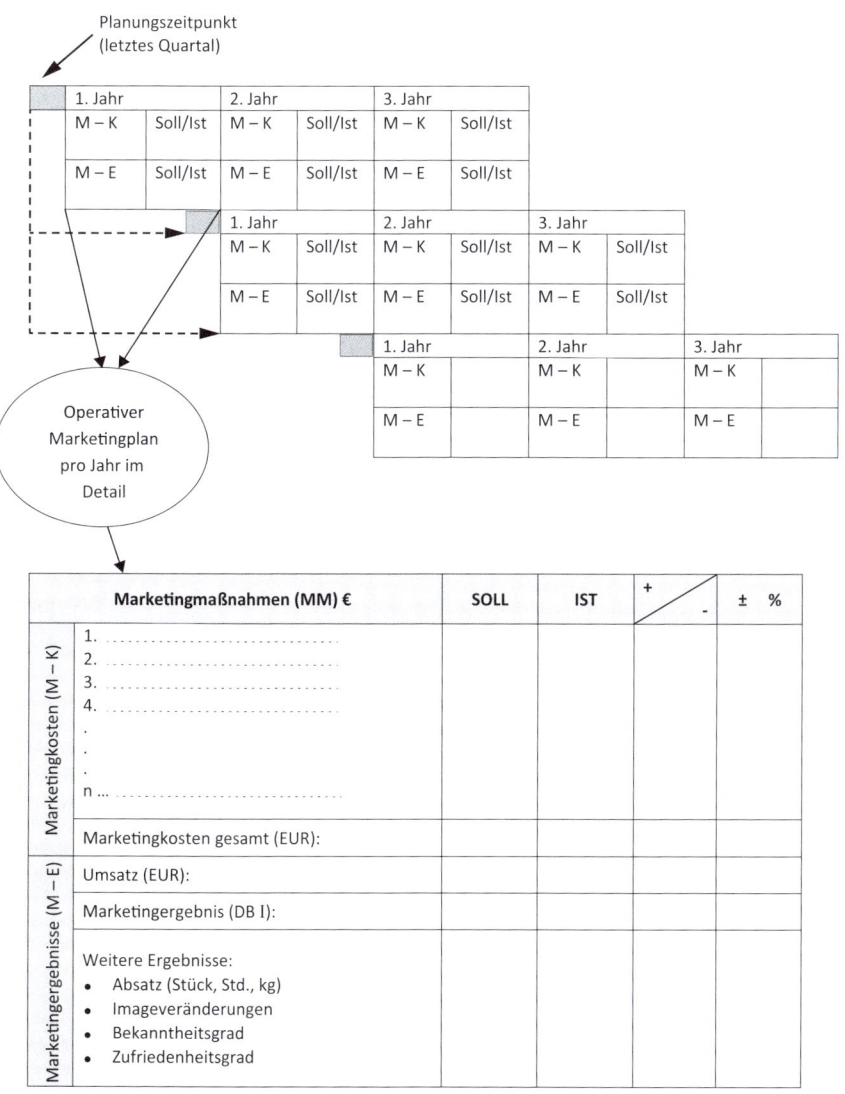

Prinzip der rollierenden Marketingplanung

Dieses Planungssystem hat einen sehr großen **Vorteil:** Hier werden kurzfristige Soll-Vorgaben und ergebnisbezogene Zwischen- und Endkontrollen mit einer (min-destens einmal) jährlichen Überprüfung der strategischen Annahmen und Vorgaben verknüpft. Der **Nachteil** der stärkeren Mehrarbeit kann durch Einsatz von elektro-nischen Planungsprogrammen wesentlich gemildert werden. Dafür ist diese Mar-ketingplanung, wenn sie sorgfältig erstellt und überwacht wird, stets marktgerecht aktuell.

Vorteile

Nachteile

4.1.2 Kontrollen einbauen

Marketing-kontrolle

Planung ohne Kontrolle ist nicht sinnvoll. Das Unternehmen hat ohne Vergleich von geplantem Soll und realisiertem Ist keine Bestätigung für die Richtigkeit seines Vergehens bzw. die Fehlerhaftigkeit seiner Planung.

Aufgaben

Aufgaben der Marketingkontrolle sind

- Ermittlung von Ergebnissen,
- Bestimmung von Maßstäben zur Beurteilung der Ergebnisse,
- Analyse der Abweichungsursachen und
- Auslösen von Korrekturmaßnahmen.

Vergleiche

Solche Kontrollen sind in das Marketingplanungssystem einzubauen, was zu einem Subsystem von Zwischen- und Endkontrollen zur Ermittlung und Bewertung von erzielten Ist-Ergebnissen führt. Über Vergleiche ist der Zielerreichungsgrad in einem Planungszeitraum festzustellen. Dann ist darüber zu entscheiden, ob und wenn ja, welche Korrekturen an den Zielen oder bei den Marketingmaßnahmen in der nächsten Planperiode vorzunehmen sind. Die hierzu erforderlichen Informationen werden über **Vergleiche** gewonnen, wie z. B.:

- **Soll-Ist-Vergleiche** (die Vergleichswerte sind aus der gleichen Periode)
- **Zeitvergleiche** (Ist-Ist-Vergleiche mit Werten aus verschiedenen Perioden)
- **Betriebsvergleiche** (Ist-Ist-Vergleiche zwischen ähnlich gelagerten Unternehmen einer Branche)
- **Branchenvergleiche** (Ist-Ist-Vergleiche mit Durchschnittswerten dieser und anderer Branchen)
- **Benchmarking** (Vergleich mit den Werten der Branchenbesten).

Der Informationswert solcher Vergleiche und deren Kennzahlen wird erhöht, wenn sie kombiniert eingesetzt werden. Im Marketingcontrolling sind folgende Kennzahlen von großer Bedeutung:

Kennzahlen

- **Strukturkennzahlen** Sie geben Auskunft über die Zusammensetzung von Ergebnissen und Gegebenheiten, z. B. Auftrags-, Umsatz- oder Kundenstruktur.

- **Beziehungskennzahlen** Aus Beziehungskennzahlen werden Informationen durch den Vergleich von zwei verschiedenen Größen gewonnen, z. B. Umsatz-Gewinn-Rate, Umsatz pro Kunde, pro Auftrag oder pro Mitarbeiter; Umsatzplus von ... € durch ... € mehr an Verkaufsförderung; Mehrumsatz von ... € durch ... % Preissenkung etc.

- **Kennzahlen im Zeitvergleich.** Vergleich der Kennzahlen (Ergebnisse oder Strukturen) in Periode A mit den Werten in Periode B, Umsatz pro Mitarbeiter in Periode A und B: Steigerung oder Rückgang um ... % (Auslösen einer Marketing-Steuerungsmaßnahme? Welche?).

Folgende zwei **Zahlenbeispiele** sollen Anwendung und Aussage von Strukturkennzahlen im Marketing verdeutlichen.

Beispiele

Beispiele

Strukturanalyse

Größen-klasse	Jahresumsatz in € (Klassen)		Umsatz €	%	Kunden Anzahl	%	Rechnungen Anzahl	%
I	0,- bis	15,-	2 224,-	0,1	280	13,6	322	3,8
II	16,- bis	30,-	5 021,-	0,3	221	10,7	268	3,1
III	31,- bis	50,-	7 020,-	0,4	177	8,6	262	3,1
IV	51,- bis	75,-	11 230,-	0,7	182	8,8	347	4,0
V	76,- bis	100,-	8 960,-	0,5	103	5,0	242	2,8
Zwischensumme			34 455,-	2,0	963	46,7	1441	16,8
VI	101,- bis	200,-	40 141,-	2,3	278	13,5	725	8,5
VII	201,- bis	500,-	108 376,-	6,4	331	16,0	1 449	16,8
VIII	501,- bis	1 000,-	157 242,-	9,3	221	10,7	1 437	16,7
IX	1 001,- bis	2 000,-	229 288,-	13,5	160	7,7	1 290	15,0
X	2 001,- bis	5 000,-	218 262,-	12,8	73	3,5	909	10,5
XI	5 001,- bis	10 000,-	133 379,-	7,9	20	1,0	562	6,5
XII	über	10 000,-	778 857,-	45,8	15	0,9	778	9,2
Summe			1 700 000,-	100,0	2 061	100,0	8 591	100,0

Struktur des Jahresumsatzes

Kundengruppe	Jahresumsatz		Deckungsbeitrag I		DB I % vom Umsatz	Zahl der Kunden		Umsatz je Kunde	Zahl der Rechnungen		Umsatz je Rechnung
SGF	€	%	€	%	%		%	€		%	€
1. Industrie (HWK)	800.500,-	47,1	405.000,-	40,5	50,6	180	8,7	4.447,-	530	6,2	1.510,-
2. Gewerbe (HWK)	490.100,-	28,8	290.000,-	29,0	59,2	270	18,0	1.325,-	820	9,5	598,-
Summe SGF/HWK											
3. Gewerbe (Handel)	210.000,-	12,4	155.000,-	15,5	73,8	60	2,3	3.500,-	2.450	28,5	86,-
4. Privat (Handel)	199.400,-	11,7	150.000,-	15,0	75,2	1.451	70,4	137,-	4.791	55,8	42,-
Summe SGF/Handel											
5. Insgesamt	1.700.000,-	100,0	1.000.000,-	100,0	58,8	2061	100,0	825,-	8.591	100,0	198,-

Umsatz- und Ertragsstruktur nach Kundengruppen

4.1.3 Controlling durchführen

Sämtliche Marketingkontrollen sind nur dann sinnvoll, wenn Controllingaktivitäten erfolgen. **Controlling durchführen** heißt: (1) Abweichungen feststellen, (2) Ursachenanalysen durchführen, (3) Bewertung der Abweichungen vornehmen und (4)

Controlling

Entscheidungen zur Korrektur/Nichtkorrektur der Ziele treffen und/oder (5) zusätzliche oder andere Maßnahmen zur Zielerreichung anregen oder veranlassen.

Für das **operative Controlling** als Steuerungsinstrument zum Erreichen der Periodenziele haben **Zwischenkontrollen** größere Aussagekraft als **Endkontrollen**, denn bei vorliegendem Ist kann in dieser Periode nichts mehr korrigiert werden. Eine **Ursachenanalyse bei Ist-Abweichungen** (Über- oder Unterschreitung) vom Soll-Wert zeigt sehr schnell, welche Art und welchen Umfang die Korrekturmaßnahmen für die Restlaufzeit der Periode haben sollten, um das Periodenziel noch zu realisieren. Hilfreich sind dabei zusätzliche Informationen von Kennzahlen aus Zeit- und Branchenvergleichen. Sind gravierende, weitreichende Ursachen für die Abweichungen festzustellen, kann dies auch zu einer Anpassung der mittelfristigen und der strategischen Marketingplanung führen.

Instumente des Marketing-Controllings

Die nachfolgende Darstellung zeigt, welche **Instrumente des Marketingcontrollings** (Berichte oder Kennzahlen) zum aktiven Steuern im Marketing verfügbar sind.

Controlling-instrumente

Management-Funktionen / Produkt-Markt-Beziehungen	Marketingplanung	Marketingorganisation	Mitarbeiterführung im Marketingbereich	Marketingkontrollen und -audits (Überwachung)
Produkte	• Geschäftsfeldportfolios • Positionierungsstudien • Produktlebenszyklusplanung • Break-even- und Investitionsrechnung	• Deckungsbeitragsrechnungen für das Produktmanagement (PM) • PM-Budgetierung • Markenwertschätzungen f. d. Brand Management	• Außendienst-Provisionssysteme auf Basis von Produktumsätzen oder -deckungsbeiträgen • Target Costing	• produktbezogene Deckungsbeitragsrechnungen • produktbezogene Prozesskostenrechnungen
Marketingmix-Maßnahmen	• Responseschätzungen • Kostenplanung für den Maßnahmeneinsatz • Entscheidungskalküle	• Budgetierung für funktionale Organisationseinheiten (z. B. Werbeabteilung, Abt. Verkaufsförderung)	• Vorgabe von Deckungsbudgets für Preisverhandlungen • Besuchsnormenmodelle für Reisende	• Werbeerfolgskontrollen • Ermittlung von Logistik-Kennzahlen • Marketingmixaudit
Marktareale	• Indikatorenmodelle zur Bestimmung verkaufsgebietsspezifischer Soll-Absatzmengen • Modelle für die Planung von Lagerstandorten	• Deckungsbeitragsrechnungen für das Verkaufsgebietsmanagement • Budgetierung für regionale Verkaufsbüros	• Ableitung von Zielen für Verkaufsgebietsleiter im Rahmen der Balanced Scorecard	• verkaufsbezogene Deckungsbeitragsrechnungen • Strategieaudit für internationale Niederlassungen
Nachfrager	• prospektive Schätzungen des Customer Lifetime Value • Kundenportfolios • Marktsegmentierung	• Deckungsbeitragsrechnungen für das Kundenmanagement (KM) • KM-Budgetierung	• Beurteilung anhand von Kundenzufriedenheitsmessungen	• kundenbezogene Deckungsbeitragsrechnungen • kundenbezogene Prozesskostenrechnungen
Wettbewerber	• Früherkennung mithilfe von Stärken/Schwächen- und SWOT-Analyse	• konkurrenzbezogene Gain-and-Loss-Analysen für das Produktmanagement	• Benchmarking als Anreiz z. B. für Kundendienstmitarbeiter	• Kennzahlenvergleiche mit Wettbewerbern (z. B. zum Lieferservice) • Audit der verwendeten Verfahren zur Konkurrentenanalyse

Beispiele für Instrumente des Marketingcontrollings (Quelle: www.daswirtschaftslexikon.com)

Im **B2B-Geschäft** kann operatives Controlling als kundenbezogenes Kennzahlensystem mit unterstützenden Berichten organisiert werden; unterschiedlich umfangreich nach A, B oder C-Kunden. Dazu gehören insbesondere Umsatz-, Auftrags- und Deckungsbeitragsstruktur in der Geschäftsbeziehung. Ergänzt um Berichte aus dem

Marketingreporting (z. B. Besuchsberichte u. Ä.) sind dies aussagekräftige Unterlagen für Quartals- oder Halbjahresgespräche mit den größeren Kunden oder Problemkunden des Unternehmens.

(Marginalie: Marketing-reporting)

Im **B2C-Geschäft** kann operatives Controlling über kundengruppenbezogene Kennzahlen zu Umsatz, Absatz und Ertragskraft (Gewinnbeitrag) der einzelnen Aufträge oder insgesamt pro Kundengruppe organisiert werden.

In beiden Geschäftsarten lassen sich auch über Umfragen zur differenzierten Kundenzufriedenheit und zu Kundenerwartungen zusätzliche Steuerungsinformationen für das Marketing gewinnen.

4.2 Kundenzufriedenheit ermitteln und überwachen

4.2.1 Zufriedenheitsbefragungen konzipieren

(Marginalie: Kunden-zufriedenheit)

Befragungen sind ein wichtiges Instrument zur Gewinnung von Controllinginformationen. Bei indirektem Vertrieb geht es um Befragungen von Händlern und Absatzhelfern. Beim Direktvertrieb sind geschäftliche und private Endverbraucher anzusprechen. Welche Inhalte erfragt werden, hängt vom strategischen und operativen Informationsbedarf des befragenden Entscheidungsträgers ab (siehe Abschnitt „Marktforschung"). Solche Befragungen dienen dazu, Kundenzufriedenheit sowie Veränderungen in den Kundenwünschen und Kundenerwartungen im Zeitablauf festzustellen. Dies kann mithilfe **einmaliger oder mehrmaliger Befragung** erfolgen.

(Marginalie: Kunden-befragung)

Zur Sicherstellung der Vergleichbarkeit der gewonnenen Erkenntnisse sollten **Wiederholungsbefragungen,** die auch strategische Informationen betreffen, grundsätzlich auf einem Befragungskonzept basieren. Analog zur Entwicklung einer Werbekonzeption (siehe Abschnitt 2.2.4.6) sind bei allen **Kundenbefragungen stets**

(Marginalie: Arbeitsschritte)

folgende **Arbeitsschritte** zu erledigen:

Briefing – Entwicklung der Fragen – Budgetierung – Gestaltung der Befragung – Erstellung eines Befragungsplans – Art und Umfang der Erfolgskontrolle.

4.2.2 Befragungsmethodik festlegen

(Marginalie: Befragungs-methoden)

Als Methoden zur Ermittlung der Kundenzufriedenheit und der Kundenwünsche bieten sich

- persönliche,
- telefonische (Festnetz oder Handy),
- elektronische (per E-Mail) und
- schriftliche (Brief)

Befragungen an. Als Alternativen dienen offene Fragen (freie Antwortmöglichkeiten) oder geschlossene Fragen (Ankreuzen von Antwortalternativen).

Fragevarianten

Bei einfachen, wenig komplexen Sachverhalten eignet sich eine schriftliche, telefonische oder elektronische Kundenbefragung mit geschlossenen Fragen und Antwortvorgaben. Letzteres erleichtert die EDV-gestützte Auswertung.

Bei komplexen Inhalten, die häufig auf B2B-Kundenbefragungen zutreffen, handelt es sich meist um umfangreichere **Mehrthemenbefragungen.** Diese sollten am besten persönlich und mithilfe offener Fragen durchgeführt werden. Das verbessert den Informationsgehalt wesentlich. Aber auch schriftliche oder elektronische Befragungen sind denkbar. Diese sollten dann aber weniger umfangreich sein, da der Kunde sonst leicht „abbricht" – weil es ihm lästig ist.

Komplexe Inhalte

Kundenbefragungen sollten so weit wie möglich standardisiert aufgebaut und angelegt sein, damit die Antworten und späteren Auswertungen weitestgehend EDV-gestützt durchgeführt und tabellarisch oder grafisch als **„Fieberkurve"** dargestellt werden können.

Standardisierung

Darüber hinaus sind bei Kundenbefragungen folgende Punkte zu beachten:

- Jede Befragung und ihre Auswertung ist zu dokumentieren.
- Alle Befragungsergebnisse werden erst im Vergleich aussagekräftig.
- Alle Vergleichsergebnisse unterliegen einer Abweichungsanalyse.
- Alle Abweichungsursachen sind zu interpretieren und zu dokumentieren.

> Keine Befragung ohne Vergleich und Ursachenanalyse der Abweichung.

4.2.3   Kundenzufriedenheit ermitteln und bewerten

Dies ist eine zentrale Aufgabe des Marketingcontrollings. Hier werden Steuerungsinformationen aus erster Hand von B2B- und B2C-Kunden gewonnen. Diese Informationen lassen sich – speziell im B2B-Geschäft – durch **wiederkehrende Befragungen** (mit Soll-Ist-Vergleich) **kombiniert mit Zeitvergleichen** (Ist-Ist-Vergleich) gewinnen. Bei einfacheren, meist standardisierten Zufriedenheitsbefragungen, z. B. im B2C-Geschäft, werden meist nur Zeitvergleiche eingesetzt.

Wiederkerende Befragungen

Elemente der Kundenzufriedenheit

Kundenzufriedenheit setzt sich aus zwei Komponenten zusammen:

(1) dem **Erfüllungsgrad der sachlichen Anforderungen** (fachliche, qualitative und termingerechte Ausführung der geforderten Leistungen) und

(2) dem **persönlichen Engagement und Auftreten** der Führungskräfte und Mitarbeiter (psychologische, imagebildende Komponente).

Wie eine **einfachere Kundenzufriedenheitsermittlung** im B2C-Marketing aussehen könnte, zeigt folgendes Beispiel:

Checkliste „Kundenzufriedenheitsermittlung bei Privatkunden"

7 Fragen zur Kundenzufriedenheit				
Dies interessiert uns: (bitte ankreuzen!)	☺ Sehr zufrieden	☺ zufrieden	☺ weniger zufrieden	☹ Gar nicht zufrieden
– Sie waren mit der Beratung vor der Auftragsvergabe …				
– Sie waren mit der Zeitdauer bis zum Angebotserhalt …				
– Sie waren mit der Qualität (Ergebnis) der erbrachten Leistung …				
– Sie waren mit der Sauberkeit und Pünktlichkeit bei der Leistungserbringung …				
– Sie waren mit der Betreuung (z.B. Information bei Terminproblemen) …				
– Sie sind mit unseren Leistungen insgesamt …				
– Was sollten wir verbessern? Vielen Dank für Ihre Unterstützung! ☺				

Ermittlung von Kundenzufriedenheit bei Privatkunden

Wesentlich differenzierter und in regelmäßiger Abständen sollten sog. **Mehr-Themen-Zufriedenheitsbefragungen** im B2B-Marketing durchgeführt werden, insbesondere bei komplexen Leistungen und Teamentscheidungen auf der Einkaufs- und der Verkaufsseite. Ein Beispiel hierzu zeigt nachstehende Auflistung.

Fragebogen Kundenzufriedenheit

Kunde: _____ Name der/s Befragten _____ Produkt/Dienstleistung: _____

	Wichtigkeit				Zufriedenheit			
	--	-	+	++	--	-	+	++
1. Preis/Leistung								
1.1 Preisgefüge								
1.2 Komplett-Angebot								
2. Qualität								
2.1 Produkt frei von Beanstandungen								
2.2 Funktionsfähigkeit								
2.3 Nutzen des Produkts								
2.4. Qualität								
3. Qualität des Service								
3.1 Erreichbarkeit der Mitarbeiter								
3.2 Regelmäßige Information über neue Produkte								
3.3 Zufriedenheit mit der Serviceleistung								
4. Beratung/Betreuung								
4.1 Fachwissen der Mitarbeiter								
4.2 Aufzeigen der Chancen								
4.3 Bestmögliche Betreuung								
5. Innovationsfähigkeit								
5.1 Innovationen beim Produktionsprogramm								
5.2 Innovationen bei Gerätefamilien								
5.3 Innovationen bei Multimedia								
6. Zusatznutzen								
6.1 Wettbewerbsvorteile gegenüber Konkurrenzfabrikaten								
6.2 Bessere Kundenbindung								
6.3 Unterstützung bei der Verbesserung des Betriebsergebnisses des Kunden								
7. Kompetente, motivierte Mitarbeiter								
7.1 Engagement der Mitarbeiter								
7.2 Flexibilität der Mitarbeiter								
7.3 Reaktionszeit bei Kundenanforderungen								

**Kunden-
zufriedenheit**

7.4 Verhalten bei Konflikten/Beschwerden								
7.5 Zusammenarbeit Kunden/Mitarbeiter								
8. Infrastruktur								
8.1 Wir erleben insgesamt eine gute Partnerschaft								
8.2 Wir erleben insgesamt eine gute Kundenorientierung								
Kritik/Anregungen/Empfehlungen:								

Ermittlung von Kundenzufriedenheit im B2B-Geschäft

**Darstellungs-
formen**

Die **Befragungsergebnisse** werden meist verdichtet dargestellt als

- Zufriedenheitskennziffern,
- Zufriedenheitsindex, -indices,
- Zufriedenheitsprofile.

Diese liefern zusammen mit Zeitvergleichen entsprechende Controlling- und Steuerungsinformationen.

4.3 Entwicklungen im Verkauf messen und informativ darstellen

4.3.1 ABC-Analyse anwenden

ABC-Analysen Mit einer ABC-Analyse lässt sich Wichtiges von Unwichtigem trennen. Im Verkauf werden damit Strukturen bei Kunden, Aufträgen, Umsätzen, Kosten und Erträgen (z. B. Deckungsbeiträge) – evtl. gegliedert nach Absatzmärkten – aufgezeigt.

Bei der ABC-Analyse werden Mengenstrukturen mit Wertstrukturen in Beziehung gesetzt, um zu ermitteln, mit welchen Produkten welche Umsätze erzielt wurden. Das **Rechenverfahren für eine ABC-Klassifikation** wird detailliert im Abschnitt 6.2.2 „Einkaufsgerechte Bedarfsklassifikation festlegen" erläutert.

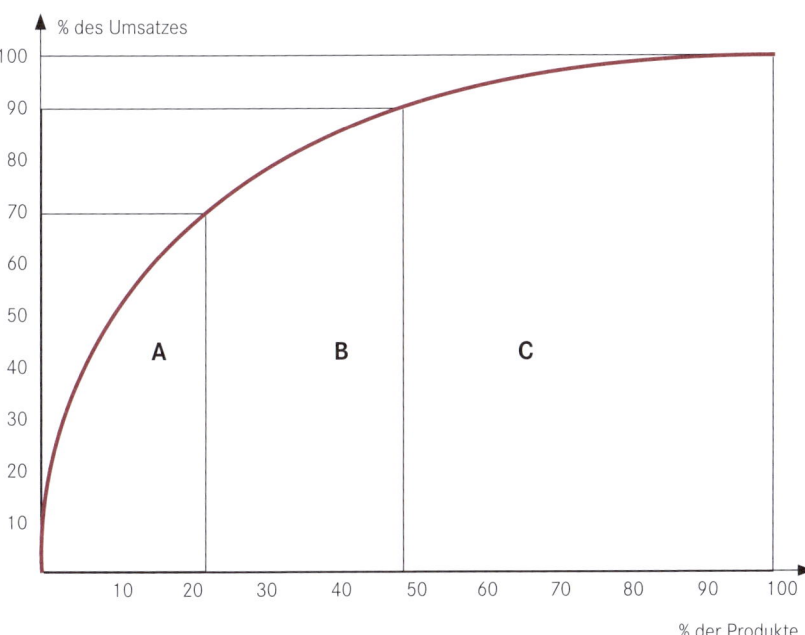

ABC-Analyse - Umsatzstruktur

Ergebnis einer ABC-Analyse

Das Beispiel der Umsatzanalyse zeigt als kumulierte Ergebnisse:

- **Klasse A:** 22 % der Marktleistungen erbringen 70 % des Umsatzes
- **Klasse B:** 26 % der Marktleistungen erbringen 20 % des Umsatzes
- **Klasse C:** 52 % der Marktleistungen erbringen 10 % des Umsatzes.

Die Marktleistungen der Gruppen **A** und **B** (48 % der Gesamtzahl an Leistungen) erwirtschaften 90 % des Umsatzes. Während die Marktleistungen **C** (52 % der Gesamtzahl) nur 10 % des Gesamtumsatzes bringen, sind die Marktleistungen **A** (22 % der Gesamtzahl) mit einem Anteil von 70 % am Gesamtumsatz wirtschaftlich wesentlich bedeutsamer. Bei begrenzten Ressourcen ist es sinnvoll, sich auf die Marktleistungen **A** und deren Kunden zu konzentrieren. Weniger sinnvoll ist es, bei der hohen Zahl von Marktleistungen der Klasse **C** große Aktivitäten zu entfalten. Schließlich erwirtschaften diese nur 10 % des Gesamtumsatzes.

Die Verkaufs- und Marketingbemühungen sind bei den Kunden der Marktleistungen **A** zu verstärken, um eine Abwanderung von Aufträgen oder Kunden zu verhindern; insbesondere dann, wenn hier gute Gewinnbeiträge erwirtschaftet werden. Das andere Extrem sind die Marktleistungen **C**. Das sind meist Kleinaufträge und Kleinkunden, die über die Vielzahl an Aufträgen und Kunden ihren Gewinnbeitrag liefern. Aber jede Kundenbearbeitung ist kostenintensiv (Fixkosten der Auftragsgewinnung und Auftragsbearbeitung) und sollte daher bei **C**-Kunden weitestgehend standardisiert und automatisiert (elektronische oder traditionelle Kataloge o. Ä.) abgewickelt werden (Näheres dazu siehe Abschnitt 3.1.1 „Formen des E-Business").

4.3.2 Verkaufserfolge messen

Verkaufserfolge messen

Ein Erfolg liegt bereits beim Erreichen der gesetzten Periodenziele (Soll-Vorgaben) vor. In der Praxis ist mit „Erfolg" häufig jedoch eine Übererfüllung des Ziels gemeint. Das würde aber bedeuten, dass die Zielbestimmung nicht sorgfältig vorgenommen wurde. Allerdings können im Einzelfall auch nicht vorhersehbare positive Marktentwicklungen eintreten, die bislang noch nicht in der Marketingplanung und Zielvorgabe berücksichtigt werden konnten.

Leistungen	Umsätze I. Quartal	Zahl der Aufträge	Durch-schnitts-umsatz pro Auftrag	erwirt-schafteter Deckungs-beitrag (DB)	DB in % vom Umsatz	Deckungsbeitrag pro Auftrag		
						lfd. Jahr	Vorjahr	± % geg. Vorjahr
Leistungsteil-programm „A"	150.000,-	30	5.000,-	90.000,-	60 %	3.000,-	2.880,-	+ 4 %
Leistungsteil-programm „B"	150.000,-	50	3.000,-	100.000,-	66,66 %	2.000,-	2.000,-	± 0 %
Leistungsteil-programm „C"	100.000,-	20	5.000,-	50.000,-	50 %	2.500,-	2.250,-	+11 %
insgesamt	400.000,-	100	4.000,-	240.000,-	60 %	2.400,-	2.300,-	+ 4 %

Ergebnisanalyse 1. Quartal

Um Ergebnisse und Erfolge in einer Periode beurteilen bzw. bewerten zu können, wird ein Vergleichsmaßstab benötigt. Erfolge sind nur über **Soll-Ist-Vergleiche** zu ermitteln, gleichgültig, ob es sich z. B. um Mengen-, Umsatz- oder Gewinnbeiträge handelt. **Erfolgsentwicklungen** lassen sich über Vergleiche mit Erfolgen in früheren Perioden ermitteln. Das hat jedoch geringen Informationsgehalt, wenn sich die Planungsgrundlagen (z. B. Marktsituation, Wettbewerbslage) wesentlich geändert haben.

Ergebnisse (Ist-Werte) benötigen Zeitvergleiche (Ist-Ist-Vergleiche), um bewertet werden zu können. Aber auch hier sind Veränderungen in den Planungsbedingungen zu berücksichtigen und besondere Marketingaktivitäten zur Erläuterung heranzuziehen. Zur Beurteilung erreichter Ergebnisse und Erfolge werden häufig Kennzahlen (komprimierte Information, siehe Abschnitt 4.1.2 „Kontrollen einbauen") eingesetzt und einem **Zeitvergleich** unterworfen. Berücksichtigt man hierbei einen längeren Zeitraum, dann können **Durchschnittswerte** (Ø) gebildet und ebenfalls als Beurteilungsmaßstab herangezogen werden. Durchschnittswerte werden nicht nur zur Kontrolle, sondern auch zur Prognose eingesetzt. Hierbei lassen sich verschiedene Methoden der Durchschnittsberechnung unterscheiden, die kurz angesprochen werden sollen.

Durchschnittswerte

(1) **Einfacher Durchschnitt:** Aus mindestens zwei Ausgangswerten wird ein Mittelwert berechnet (z. B. Jahresumsatz : 12 Monate = durchschnittlicher Monatsumsatz).

Einfacher Durchschnitt

(2) **Gleitender Durchschnitt:** Es wird z. B. aus 5 Periodenwerten ein Durchschnittswert ermittelt; nach Ablauf von 4 Perioden wird der erste der 5 Werte gestrichen und durch einen neuen aktuellen Wert für Periode 5 ersetzt, sodass der neue Durschnitt wieder aus 5 Werten ermittelt werden kann.

Gleitender Durchschnitt

> **Zahlenbeispiel** für einen gleitenden Ø-Monatsumsatz aus 5 Monatsumsätzen. Hier wird jeweils der erste Wert weggelassen und wieder auf 5 Monatswerte (Periode) ergänzt.
>
> **Periode 1:**
> **250,– €** + 240,– € + 220,– € + 230,– € + 250,– € =
> 238,– €/Monat (im Ø)
>
> **Periode 2:**
> —— + 240,– € + 220,– € + 230,– € + 250,– € + **240,– €** =
> 236,– €/Monat (im Ø)

(3) **Gewichteter gleitender Durchschnitt:** Zur Trendermittlung sollen zeitlich naheliegende Werte mit stärkerem Gewicht berücksichtigt werden als ältere Daten. Dazu werden die zeitnahen Werte mit einer hohen Periodenzahl gewichtet; der älteste Wert wird mit der kleinsten Periodenzahl gewichtet; anschließend sind diese Werte zu addieren und durch die Summe der Gewichte zu teilen. Dies ergibt den neuen Ø-Wert von x Perioden.

Gewichteter gleitender Durchschnitt

Zahlenbeispiel für einen Ø-Monatsumsatz (gewichtet) aus 5 Monatsumsätzen.

Hier werden die Monatswerte addiert und durch die Summe der Gewichte geteilt. Je weiter der Monatswert vom letzten Monat entfernt ist, desto geringer ist sein „Gewicht" als Einfluss auf den neuen Ø-Wert; im Beispiel sind die Gewichte 1, 2, 3, 4, und 5; in der Summe also 15.

Periode 1:

(1 x 250,– € + 2 x 240,– € + 3 x 220,– € + 4 x 230,– € + 5 x 250,– €) : 15 = 254,– €/Monat (im Ø)

Periode 2:

(——— + 1 x 240,– € + 2 x 220,– € + 3 x 230,– € + 4 x 250,– € + **5 x 240,– €**) : 15 = 238,– €/Monat (im Ø)

Werden solche Werte über einen längeren Zeitraum ermittelt und ihre Entwicklung als Kurve dargestellt, zeigt eine Gegenüberstellung mit den in einer Periode tatsächlich realisierten Werten (Ergebnisse oder Erfolge), wie diese im Vergleich mit den bisherigen Durchschnittswerten zu bewerten sind.

4.3.3   Darstellungsalternativen auswählen

Methoden zur Darstellung

Zur Darstellung von Strukturen und Entwicklungen im Rahmen des **Marketingreportings** (Marketingberichtswesen) eignen sich **Tabellen** und **grafische Darstellungen.** Grafische Darstellungen erschließen sich dem Betrachter schneller als textliche Ausführungen („Ein Bild sagt mehr als tausend Worte"). Textliche Ausführungen zur Erläuterung der Ursachen und Planungsannahmen gehören jedoch ebenfalls zum Berichtswesen (Controllinginformation) dazu.

Als **Darstellungsalternativen** seien beispielhaft genannt:

* **Tabellen:** Dokumentation von Fakten (zahlenmäßigen Entwicklungen).
* **Kennzahlen:** Komprimierte Information von Vergleichen; Kontroll- und Steuerungsinformation.
* **Diagramme:** Grafische Darstellung von Fakten (siehe nachfolgende Beispiele).

- **Kurvendiagramm:** Darstellung von Entwicklungen als „Fieberkurve". Beispielhafte Darstellung:

Beispiel Kurvendiagramm

- **Stabdiagramm:** z. B. Monats- oder Jahresumsätze bei Haupt-und Zusatzleistungen im laufenden und Vorjahr. Beispielhafte Darstellung:

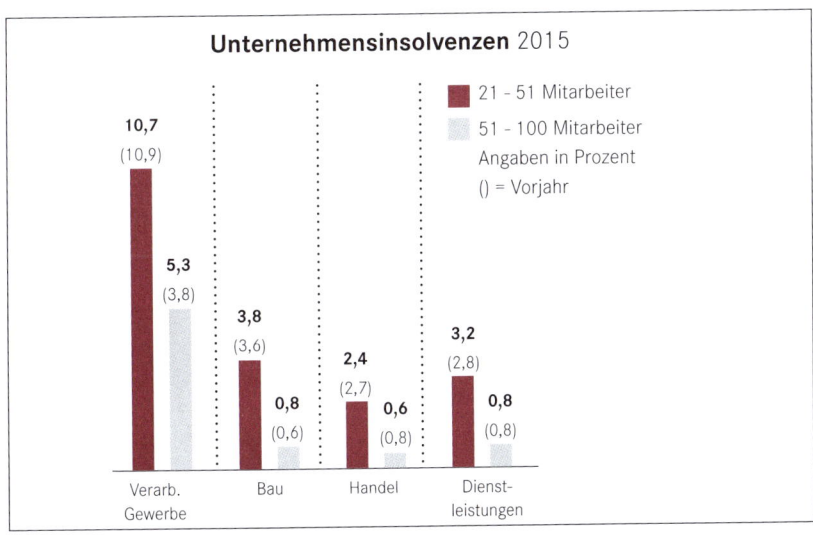

Beispiel Stabdiagramm

- **Balkendiagramm:** Verdeutlicht Strukturen, z. B. Gesamtumsatz nach ABC gegliedert oder einzelne Produktumsätze als Teil einer Produktfamilie (100 %). Beispielhafte Darstellung:

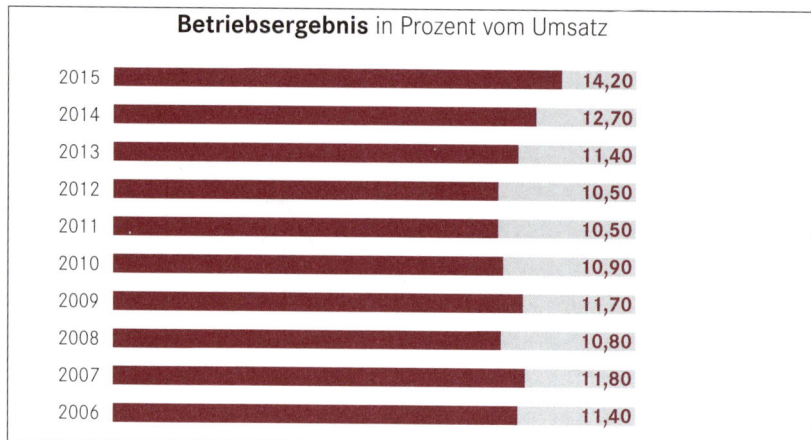

Beispiel Balkendiagramm

- **Kreisdiagramm:** z. B. Darstellung der Umsatzstruktur nach Auftragsgrößen oder Kundengruppen, wobei der Kreisumfang = 100 % darstellt. Beispielhafte Darstellung:

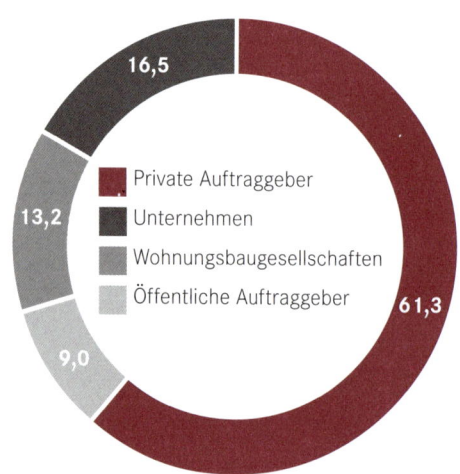

Beispiel Kreisdiagramm

- **Flächen-/Kuchendiagramm:** Darstellung von z. B. Umsätze von Kundengruppen oder in Teilmärkten als Kreissegment; Kreisfläche = 100 %. Beispielhafte Darstellung:

Flächen-/
Kuchen-
diagramm

Erfolgsfaktor Verständlichkeit

„Wir ergänzen unsere Angebote mit Bildern und Skizzen, um die Leistung dem Kunden anschaulich und verständlich zu vermitteln".

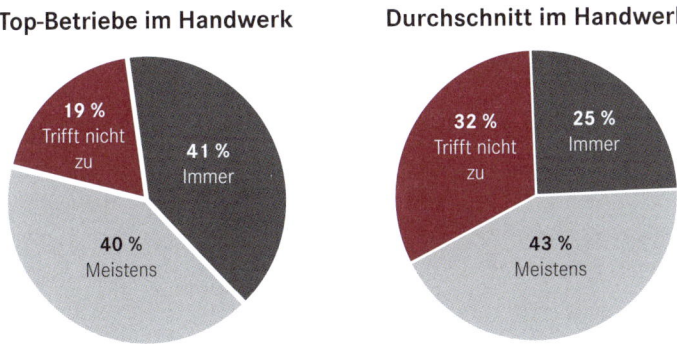

Beispiel Flächen-/Kuchendiagramm (Quelle: Würth Handwerksstudie Manufactum 2015)

Ergebnis: Die meisten Handwerksbetriebe haben die Wirksamkeit von Bildern, Skizzen oder Modellen – real oder digital – als aktive Verkaufsförderung (noch) nicht erkannt.

Diese Darstellungsformen sind in Verbindung mit Kennzahlen ein sehr geeignetes Instrument für das operative Controlling/Reporting. In den Monats-, Quartals- und Halbjahresberichten lassen sich damit alle Ergebnisse und Erfolge oder Nichterfolge in der Berichtsperiode komprimiert darstellen und weitere Marketingaktivitäten ableiten. Diese Darstellungsformen und Berichte sind leistungsstarke Steuerungsinstrumente für das Marketingmanagement und Motivationsinstrumente für die Mitarbeiterführung gemäß der Führungstechnik „Management by objectives".

Beispiel für eine Handlungssituation

Teil 1

Der Elektrofachbetrieb Fritz Volt hat neben seiner Handwerksabteilung mit Elektroinstallationen und Reparaturen noch ein Ladengeschäft, in dem er ein schmales Sortiment an Elektrogeräten, Leuchten, Lampen und sonstigen Elektroartikeln anbietet. In letzter Zeit ist Fritz Volt mit der Geschäftsentwicklung nicht mehr zufrieden und führt daher einige Marketinganalysen und Kontrollen durch.

Umsatzstruktur nach Kundengruppen:

Kundengruppe	Jahresumsatz		Deckungsbeitrag I		DB I % vom Umsatz	Zahl der Kunden		Umsatz je Kunde	Zahl der Rechnungen		Umsatz je Rechnung
SGF	€	%	€	%	%		%	€		%	€
1. Industrie (HWK)	800.500,-	47,1	405.000,-	40,5	50,6	180	8,7	4.447,-	530	6,2	1.510,-
2. Gewerbe (HWK)	490.100,-	28,8	290.000,-	29,0	59,2	270	18,0	1.325,-	820	9,5	598,-
Summe SGF/HWK											
3. Gewerbe (Handel)	210.000,-	12,4	155.000,-	15,5	73,8	60	2,3	3.500,-	2.450	28,5	86,-
4. Privat (Handel)	199.400,-	11,7	150.000,-	15,0	75,2	1.451	70,4	137,-	4.791	55,8	42,-
Summe SGF/Handel											
5. Insgesamt	1.700.000,-	100,0	1.000.000,-	100,0	58,8	2061	100,0	825,-	8.591	100,0	198,-

Struktur des Umsatzes nach Kundengruppen/SGF

Es ist das SGF „Handel" mit den Kundengruppen „Gewerbe" und „Privat", das Kleinaufträge mit hohen Deckungsbeiträgen – bezogen auf den Umsatz – bringt. Bei dieser relativen Betrachtung wäre es vorteilhaft, diesen Bereich auszubauen. Schaut Fritz Volt sich die absoluten Zahlen an, dann sieht dies jedoch anders aus.

Situationsbezogene Fragen Teil 1

• Welchen Bereich/SGF/Kundengruppe soll Fritz Volt mit seinen begrenzten Ressourcen ausbauen? Diskutieren Sie anhand der vorliegenden Zahlen pro und contra, ob sich Fritz Volt im nächsten Jahr stärker um die Kundengruppe „Gewerbebetriebe" bemühen soll.

• Wenn ja, in welchem SGF sollte er seine Kundenbearbeitung und Kundengewinnungsaktivitäten verstärken?

Beispiel für eine Handlungssituation

Teil 2

Elektromeister Fritz Volt hat sich entschlossen, das Handelsgeschäft langfristig auslaufen zu lassen. Er will dafür im SGF „Handwerk" die Zielgruppe „Gewerbebetriebe" intensiver bearbeiten und seine Marktstellung (Marktanteile) strategisch ausbauen. Er denkt dabei weniger an Elektroinstallationen im Neubaugeschäft (schlechte Preise, da über Ausschreibungen vergeben wird) als vielmehr an Sanierung von Altbauten und Reparaturen.

Situationsbezogene Fragen Teil 2

- Wie könnte eine rollierende Planung von Fritz Volt aussehen, wenn er seinen heutigen Umsatz von ca. 500.000,– € auf 650.000,– € (1. Jahr), dann 900.000,– € (2. Jahr) und 1.200.000,– € (3. Jahr) ausdehnen möchte?
- Wie entwickelt sich die Ertragslage über die Jahre, wenn künftig nur noch mit einem Deckungsbeitrag I von 55 % zu rechnen ist? Erstellen Sie einen Jahresumsatz- und Ertragsplan auf Quartalsbasis für das 1. Jahr (geplanter Umsatz 650.000,– €), wobei von folgender Auftragsverteilung in den Quartalen auszugehen ist: 1. Quartal 25 %, 2. Quartal 30 %, 3. Quartal 20 %, 4. Quartal 25 %. Würden Sie Monatskontrollen einbauen? Mit welcher Begründung?
- Wie könnte ein operatives Marketingreporting (mit welchen Informationen) bei Fritz Volt aussehen?

5. Ein Customer-Relationship-Management (CRM) aufbauen, umsetzen und pflegen

Kompetenzen

Die folgenden Ausführungen sind so angelegt, dass Sie am Ende dieses Kapitels in der Lage sein sollten,

- Systeme zur einzelkundenbezogenen Dokumentation von Kundenwünschen, Anforderungen, Erfahrungen und Transaktionen zu entwickeln und zu pflegen,

- Kunden- und Transaktionsdaten für die Kundensegmentierung und Maßnahmenentwicklung auszuwerten,

- Maßnahmen zur regelmäßigen Kundenansprache und -bindung zu erarbeiten und zu bewerten,

- Prozesse des Umgangs mit Beschwerden unter Berücksichtigung des Ziels der Kundenbindung zu entwickeln,

- Leitlinien zum Verhalten gegenüber dem Kunden zu entwickeln und

- Vorschläge zur Optimierung des bestehenden CRM-Systems zu erarbeiten.

5.1 CRM-Konzept entwickeln und umsetzen

5.1.1 CRM-Ziele und Aufgaben kennen

Unter Customer-Relationship-Management (CRM) werden alle Maßnahmen eines Unternehmens zur Gestaltung und Pflege seiner Kundenbeziehungen verstanden. Diese Kundenbeziehungen beginnen mit den Bemühungen um einen Auftrag **(Akquisebemühungen)** und enden (erst) nach erfolglosen **Reaktivierungsbemühungen,** wenn der Kunde keinen Bedarf mehr an Haupt- und Zusatzleistungen (Bedarfswechsel) hat oder mit dem Unternehmen nicht mehr zusammenarbeiten möchte (z. B. wegen Kundenunzufriedenheit).

CRM ist der organisatorische Teil des Marketingkonzepts und darauf ausgerichtet, bei den Kunden bestimmte Handlungen und Verhaltensweisen auszulösen. Das setzt allerdings eine genaue Kenntnis des Kauf-, Informations- und Kommunikationsverhaltens der Kunden und Interessenten voraus.CRM sieht bei Einzelentscheidungen aufseiten von Käufern und Verkäufern ganz anders aus als bei Vorliegen von Teamentscheidungen, wo unterschiedliche Rollenträger mitwirken und die Entscheidungsfindung wesentlich mitbestimmen. Diese Kenntnisse vorausgesetzt, können die konkreten **Aufgaben für ein unternehmensspezifisches (imagebildendes) CRM** festgelegt werden.

Customer-Relationship-Management (CRM)

Hierzu gehören u. a.:

Aufgaben des CRM

- Stärken-Schwächen-Analysen in der Kommunikation mit dem Kunden und dessen Betreuung während des gesamten Kaufprozesses
- Neukunden zu Bestandkunden mit hoher Lieferantentreue machen (z. B. durch verbessertes Qualitätsmanagement oder den Einsatz von Kundenbindungssystemen und -programmen)
- zufriedene Kunden zu möglichst begeisterten Kunden machen (z. B. durch „Rund-um-sorglos-Pakete" inkl. Services in Notfällen)
- Interessenten betreuen und den Verkauf unterstützen, damit neue Kunden gewonnen werden (z. B. durch AIDA-gesteuertes Multi-Channel-Marketing)
- ehemalige Kunden wieder zurückgewinnen (CRM-Unterstützung der sog. Reaktivierungsprogramme im Verkauf)
- Steigerung der Kauffrequenz bei Bestandskunden (z. B. Aktionen aus dem Kundenbindungsprogramm als Kaufanreize für zusätzliches Up- und Cross-Selling) u. v. m.

Neukunden-gewinnung

Von den genannten Aufgaben hat die Kundenbindung im B2B-Geschäft – speziell bei A-Kunden und wichtigen B-Kunden – eine besondere Bedeutung, da hier die **Neukundengewinnung das Fünffache an Zeit- und Arbeitsaufwand** verursachen kann, als Bestandskunden zu Wieder- oder Zusatzkäufen zu veranlassen. Außerdem haben Kunden, die sich geschätzt und gut betreut fühlen, eine hohe Kundenzufriedenheit mit relativ geringer Wechselneigung. In der Praxis trifft daher der Slogan „Zufriedene Kunden danken es Ihnen – mit weiteren Aufträgen" sehr häufig zu.

Da sich CRM in der Praxis mit neuen, derzeitigen und ehemaligen Kunden, deren organisatorischen und personellen Besonderheiten, Interessen und Wünschen befassen und **generelle wie auch persönliche Mehrwertvorteile** für den/die Kunden erkennen muss, entsteht daraus sehr rasch ein großes (Kunden-)Datenvolumen, das es wirtschaftlich zu managen gilt. Dieses Datenvolumen der vielfältigen und vielschichtigen Kundenbeziehungen verlangt nach einer aussagekräftigen und dennoch leicht zu bedienenden **CRM-orientierten Kundendatenbank.**

5.1.2 Softwaregestützte Kundendatenbank aufbauen

Softwaregestützte Kundendatenbanken

Die Größe des Unternehmens, die Vielfalt seines Angebots an Haupt- und Zusatzleistungen, seine Kundenstruktur nach Privat- und/oder nur Geschäftskunden sowie die Intensität seiner Marketingaktivitäten bestimmen letztlich Art und Umfang der Datenbankstruktur, die für ein wirksames und erfolgreiches CRM erforderlich ist. Sie bestimmt letztlich auch, welche Informationen für CRM-Aktivitäten gewonnen und bereitgestellt werden können.

Direkt personenbezogene CRM-Maßnahmen zu planen, durchzuführen, zu überwachen, zu steuern, zu kontrollieren und den Erfolg / Nichterfolg zu bewerten, all das erfordert ein immens hohes Datenvolumen und viele / zahlreiche Kundeninformationen. Dieses Datenvolumen erfolgversprechend zu verarbeiten ist ohne **elektronische Kundendatenbank** nicht sehr zielführend. Mittlerweile gibt es am Markt ein umfangreiches **Angebot an CRM-Softwareprogrammen,** wie die folgende Übersicht zeigt.

CRM-Software-programme

Welche CRM-Lösungen infrage kommen

● Funktion ist Produktbestandteil
◐ Funktion ist fest integriertes Partnerprodukt
○ Funktion als Partnerprodukt realisiert

Anbieter	Produkt	Mitarbeiter	Erstinstallation	Firmenkunden in Deutschland	Branchenspezialist	Cloud / SaaS	Vertriebsplanung und Steuerung	Kampagnen-Management	Social CRM	Mobile CRM	E-Commerce- bzw. Shop-System	Kaufmännische Auftragsabwicklung	Reporting	Telefonintegration (CTI)
ADITO Software	ADITO4	60	2004	800		●	●	●	●	●			○	●
AMTANGEE	AMTANGEE CRM	k. A.	2002	3400			●	●	●	●				●
BECAUSE SOFTWARE	easyJOB 4	14	2002	500			●					●	●	●
bpi solutions	Sales Performer	50	1996	220	●		●	●	●	●			●	
Candor Technologies	SalesInformationSystem SIS	25	2003	k. A.		●	●	●	●	●	●		●	●
CAS Software	CAS genesisWorld	300	1998	10,3			●	●	●	●		○	●	
CAS Software	CAS PIA	300	2008	k. A.		●	●	●					●	
cobra	cobra CRM PLUS / Pro	60	1987	1600			●	●	●	●		○	●	
combit	combit Relationship Manager	42	2004	1250				●	●			○	◐	●
CompAS	CompAS Consumer	14	1993	500			●						●	
CURSOR Software	CURSOR-CRM express	80	2013	4			●		●	●			●	○
Delta Access	[argo®web]	25	2005	60	●		●						●	●
Dimmel-Software	KORAKTOR®	22	1998	1000			●	●		●		○		
enerpy	quisa Browser CRM	18	2005	900		●	●	●	●	●	●		●	
FlowFact	FlowFact	113	1985	5000			●			●			●	
GEDYS IntraWare	GEDYS IntraWare CRM	73	2010	390			●	●	●	●			●	●
GSD Software	DOCUframe®	90	2001	700			●		●	●	●		◐	●
Haus Weilgut	Weilgut CRM Suite	25	1989	470			●		●	●			●	●
HQLabs	HQ Simplified Business	22	2012	35	●		●		●				●	
julitec	julitecCRM	20	2002	1000			●			●			●	●
Karg-EDV	emis serie VI+ SMB-Edition	16	1994	250			●	●		●	○		●	●
Konnexio	HamiltonSFA	k. A.	2000	600	●	●	●		●				●	●

Quelle: www.it-matchmaker.com/Trovarit, Angaben der Anbieter, Stand 04.03.2015

Funktionen

Die Funktionen und was sie bedeuten

Zu den Basis-Funktionalitäten, über die alle Lösungen verfügen, zählen zentrale Adressverwaltung, Dokumentation der Kundenkontakte, Kontakthistorie sowie Unterstützung von Marketing-Kampagnen.

Cloud/SaaS. Software über das Internet bereitgestellt und genutzt (SaaS = Software as a Service).

Vertriebsplanung & -steuerung. Planung und Überwachung von Vertriebsaktivitäten sowie die Einsatzplanung der Vertriebsmitarbeiter.

Kampagnen-Management. Adressiert alle Aufgaben zur gezielten und effizienten Kommunikation mit Interessenten und Kunden über Werbe-Kampagnen oder Maßnahmen zur Kundenbindung (z. B. Newsletter).

Social CRM. Nutzt die Möglichkeiten sozialer Netzwerke wie Facebook, XING etc. zur gezielten Kommunikation mit Interessenten und Kunden.

Mobile CRM. Software „von unterwegs" nutzbar, z. B. über Laptop, Tablet und Smartphone. Ziel ist, den Mitarbeitern mit Kundenkontakt alle notwendigen Informationen über Interessenten bzw. Kunden jederzeit zur Verfügung zu stellen.

E-Commerce- bzw. Onlineshop-System. Ist Bestandteil der Lösung.

Kaufmännische Auftragsabwicklung. Management aller Aufgaben von der Erfassung von Angeboten bzw. Aufträgen bis zu deren Abrechnung. Bindeglied zur Finanzbuchhaltung.

Reporting. Erstellung von regelmäßigen automatischen oder auch fallweise erstellten Analysen, Auswertungen und Berichten.

Telefonintegration (CTI). Unterstützt das CRM durch die automatische Anzeige von Informationen zu Interessenten bzw. Kunden, die bei Anruf identifiziert werden. Anruf von Gesprächsteilnehmern direkt aus dem CRM heraus.

Softwaregeführte CRM-Standardprogramme (Übersicht) (Quelle: handwerk magazin 05/2015)

Auswahl von CRM-Software

Die fachliche und wirtschaftliche Eignung der einzelnen CRM-Programme kann erst durch **Vergleich** mit einem **marketingspezifischen Anforderungsprofil** und dem daraus abgeleiteten **Lastenheft für ein CRM-Softwareprogramm** herausgefunden werden. Dabei sind weitere Auswahlkriterien zu beachten wie z. B.:

- Sind die Geschäftsabläufe bereits kundenorientiert organisiert und für den Softwareeinsatz geeignet? Welche organisatorischen Anpassungen sind im Unternehmen vor einer Anwendung noch vorzunehmen, oder kann das Standardprogramm relativ leicht an die bestehenden Strukturen und Prozesse im Marketing angepasst werden?
- Ist eine einfache Bedienung gegeben?
- Kann das CRM-Softwareprogramm relativ leicht an Veränderungen angepasst und mit anderen Programmen verknüpft werden?
- Wie komplex, arbeits- und kostenaufwendig sind die erforderlichen Mitarbeiterschulungen?

Wie eine **Kundendatenbank im B2C-Geschäft** aufgebaut sein sollte, zeigt folgende Darstellung von der Deutschen Post AG:

Aufbau und Nutzung einer Kundendatenbank

Planung der Datenbank				Datenbankmanagement		
Analyse der vorhandenen Kundendaten	Konzeption der Kundendatenbank	Realisation	Datenerfassung, -bereinigung und -pflege	Datenanreicherung	Auswertung	Selektion für Kundenbindungsprogramme
❶	❷	❸	❹	❺	❻	❼

Aufbau einer softwaregestützten CRM-Kundendatenbank (Quelle: www.deutschepost.de)

In den dargestellten Aufbauphasen sind u. a. folgende Aufgaben zu erledigen:

- **Phase 1:**
  Welche Quellen (Dateien) im Unternehmen liefern derzeit kundenbezogene Informationen? Es ist ein inhaltlicher und formaler Abgleich erforderlich, um Doppelinformationen zu vermeiden.

- **Phase 2:**
  Festlegen der strategischen und operativen Ziele der „neuen" Kundendatenbank (z. B.: die bisherigen CRM-Aktivitäten, auch die Kundenbindung, als strategische Aufgabe definieren; ein operatives CRM-Ziel wäre z. B. die Kundenzufriedenheit innerhalb eines Jahres durch CRM-Maßnahmen auf 80 % zu steigern oder die Cross-Selling-Umsätze durch CRM-Maßnahmen im nächsten Jahr um 30 % zu steigern); Definition der Schnittstellen zu anderen internen und externen Unternehmensbereichen und -programmen (z. B. Vernetzung mit Buchhaltung, Verkauf, Außendienst, Marketingberichtswesen, technischem Kundendienst und Brancheninformationsdiensten von Verbänden und Kammern); Flexibilität definieren für spätere, geänderte Anforderungen; einen leichten Zugriff zur Datenpflege sicherstellen.

- **Phase 3:**
  Eignungsbewertung und Kosten-Nutzen-Analyse zur Auswahl eines geeigneten CRM-Softwareprogramms zum „Aufbau einer Kundendatenbank"; personelle und finanzielle Ressourcen bereitstellen; Implementierung, Testläufe und Mitarbeiterschulungen durchführen.

- **Phase 4:** Datenbankgerechte Erfassung der Kundendaten im B2C-Geschäft, z. B.
  - Adresse und Kontakt (Name, Anschrift, Telefonnummern [Festnetz und mobil], E-Mail-Adressen ...)

Kundendatenbanken

Aufbauphasen

Arbeitsschritte

- Kundenprofil (Geburtsdatum, Beruf, Hobbys, Sport, kulturelle Interessen ...)
- Kundenhistorie (zeitlicher Verlauf von Kundenkontakten und -gesprächen ...)
- Bestelldaten (Bestelldatum, -menge und -wert, Kundenklasse [ABC-Kunden], Kaufhäufigkeit, Zahlungsart, Bonität ...)
- Reklamationsdaten (welche Reklamationsart, -ursache, -wert, getroffene Regelung, Zufriedenheit erfragt ...)
- Beschwerdedaten (Beschwerdeträger, -ursache, -heftigkeit, Gesprächspartner, getroffene Konfliktlösung ...)
- Sicherstellung der Bestandpflege; Korrektur und Aktualisierung der Kundendaten
- Bestimmung der Verantwortlichen und Zugriffsberechtigten; Datenschutzvorschriften beachten.

- **Phase 5:**
  Ergänzung der internen Daten durch externe Informationen und Datenbanken (wichtig für Branchen- und Zeitvergleiche).

- **Phase 6:**
  Verbesserung der Informationsqualität für CRM-Maßnahmen durch Analysen und „neue" Verknüpfungen der gespeicherten Kundendaten (z. B. genauere Informationen über differenzierte Bedürfnisstrukturen und unterschiedliches Kaufverhalten bei soziologischen Käufergruppen).

- **Phase 7:**
  Anwendungsbeispiel: Selektion der gespeicherten Kundendaten nach Art und Umfang der bis heute getätigten Umsätze und Dauer der bisherigen Geschäftsbeziehung in ausgewählten Teilmärkten, um „verdichtete" Informationen für Kundenbindungsaktivitäten zu erhalten.

Welche Daten eine **Kundendatenbank im B2B-Geschäft** enthalten sollte, zeigt folgende Übersicht.

- **Kundenstatus**
  - potenzieller Neukunde
  - Neukunde
  - laufender Kunde
  - ehemaliger Kunde

- **Entscheidungsgremium**
  - Größe
  - Zusammensetzung
  - Rollenverteilung

- **Kundenadresse**
  - Name/Anschrift des Kunden
  - Branche
  - Betriebsgröße

- **Kontaktperson(en)**
  - Motivation
  - Einstellungen
  - Informationsverhalten
  - Hierarchiestellung
  - Stellung im Entscheidungsgremium

- **Geschäftslage**
  - Marktwachstum
  - Marktstellung
  - Kapazitätsauslastung
  - technologischer Wandel
  - rechtlicher Rahmen
  - Rendite (absolut/relativ)

- **Kommunikationskanal**
  - Demonstration
  - Außendienstbesuch
  - Messekontakt
  - Direct-Mail
  - Dialog-Anzeige

- **Marktpotenzial**
  - Technologie
  - Ausstattung
  - Beschaffungsvolumen
  - Anschaffungspläne
  - neue Applikationen

- **Kommunikationsgegenstand**
  - Produkt
  - Produktinformation
  - Angebot
  - Vertragsverhandlung

- **Bedarfsstruktur**
  - Produktanforderungen
  - Serviceanforderungen

- **Kommunikationsinhalt**
  - Produktnutzen
  - Wettbewerbsvorteil
  - Kundenproblem
  - Konditionen

- **Kaufverhalten**
  - Preissensibilität
  - Lieferantentreue
  - Innovationsfreudigkeit

- **Kundenreaktion**
  - Spontananfrage
  - Empfehlungsanfrage
  - Informationsanforderung
  - Besuchswunsch
  - Auftrag

- **Wettbewerbsposition**
  - Angebote
  - Angebotserfolg
  - Ablehnungsgründe
  - Aufträge
  - Deckungsbeitrag
  - Reklamationen
  - Hauptwettbewerber

- **Konditionen**
  - Preise
  - Lieferbedingungen
  - Zahlungsbedingungen

Inhalt einer Kundendatenbank im B2B-Geschäft (Quelle: www.wirtschaftslexikon24.com)

Eine solche Kundendatenbank muss **viel komplexer** aufgebaut sein als beim B2C-Geschäft. Insbesondere dann, wenn eine Vielzahl von Beteiligten (sog. Rollenträger) in einem Einkaufprozess mitwirken. So können sowohl beim Kunden als auch beim Anbieter bei technisch komplexen Problemlösungen (z. B. bei Handwerksbetrieben im industriellen Zuliefergeschäft) zweiseitige Teamentscheidungen (mit jeweils zu koordinierenden Rollenträgern) erforderlich sein, die dann oft noch von einem anderen Team zu realisieren sind (vgl. etwa Großprojekte am Bau oder Systemgeschäft mit Zulieferer). Diese Datenvielfalt muss sich in der Datenbank des Anbieters so aufbereiten lassen, dass jeder Rollenträger beim Kunden und beim Anbieter (!) mit personenbezogenen CRM-Maßnahmen zu gewünschten Verhaltensweisen bewegt werden kann. Eine so aufgebaute Datenbank liefert dann auch die Informationen, **Key-Account-** die dem Verkauf ein wirksames **Key-Account-Management** bei Großkunden (A-**Management** Kunden) ermöglichen.

Die **zentrale Bereitstellung** von sämtlichen kaufbeeinflussenden Kunden-, Markt- und Wettbewerberdaten bringt u. a. folgende **Vorteile:**

Vorteile
- **geringere Kosten** als bei einer dezentralen Datenbereitstellung in den verschiedensten Abteilungen
- **einfache Erfassung und Auswertung** der Kundenreaktionen auf CRM-Maßnahmen
- **kürzere Handlungszeiten** bei Änderungen im Kunden und Kaufverhalten des/der Kunden
- **kürzere Abstimmungs- und Entscheidungszeiten** bei CRM-Aktivitäten durch klare Zugriffsregelungen
- **höhere Transparenz** der CRM-Wirkungen, wenn mehr oder weniger regelmäßige Befragungen des Kunden erfolgen
- **frühzeitiges Erkennen und Reagieren** bei strategischen Veränderungen im Kunden und Kaufverhalten
- **präzise und genaue Informationen** in der zentralen Kundendatenbank aufgrund der fortlaufenden Aktualisierung der Kundeninformationen

Auf diesen Erkenntnissen aufbauend, lassen sich unternehmensspezifische CRM-Konzepte erarbeiten.

5.1.3 Aufgabenorientiertes CRM-Konzept entwickeln

Aufgabenorien- Wie bereits festgestellt, ist das Herzstück eines jeden CRM-Konzepts eine gut struk-**tiertes CRM-** turierte und stets aktualisierte Kundendatenbank. Auf deren Daten basierend, las-**Konzept** sen sich **drei Organisationsformen für CRM-Konzepte** unterscheiden. Sie haben unterschiedliche Aufgabenschwerpunkte und bilden zusammen die **Grundstruktur eines CRM-Konzepts.**

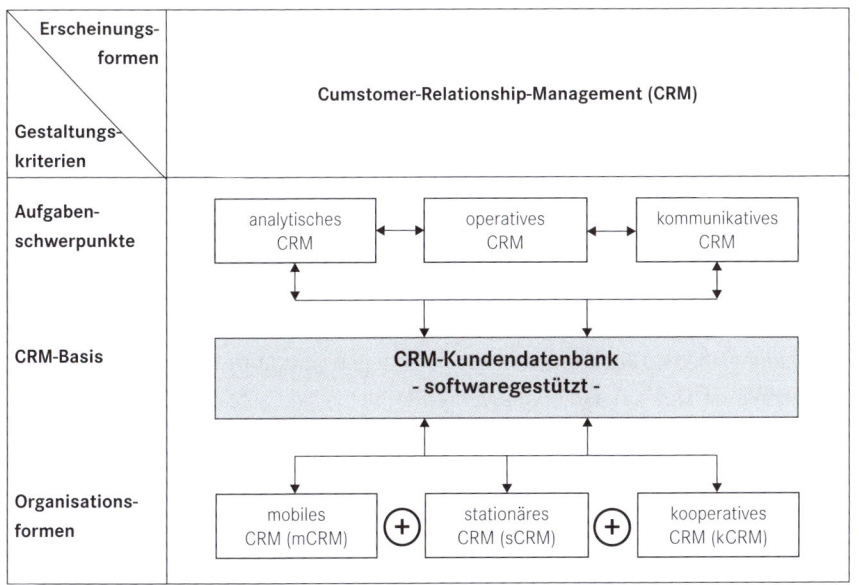

Grundstruktur eines CRM-Konzepts

Die folgenden Teilbereiche eines CRM-Konzepts mit ihren unterschiedlichen Aufgabenstellungen ergänzen sich gegenseitig. Sie sind von einem intensiven Informationsaustausch geprägt. Diese Verknüpfung der Daten und die damit gewonnene hohe Aktualität der Inhalte trägt entscheidend zur **Qualitätssicherung der Kundendatenbank** bei.

1. Analytisches CRM

Durch Analysen von Kundenstrukturen, Kommunikations- und Kaufdaten im Zeitvergleich sollen **typische Kaufentscheidungsinformationen** gewonnen werden. Das betrifft u. a. Betriebs- oder Haushaltsgröße, Entscheidungsstrukturen (Einzel- oder Teamentscheidungen), Rollenträger (Status in der Organisation, Einfluss, Freizeitaktivitäten), Erwartungen bezgl. Mehrwertvorteilen (für die Organisation und für seine Person), Einstellungen zu Umweltentwicklungen (Nachhaltigkeit, Umweltschutz oder Regionalität der Versorgungsquellen), Finanzkraft und Kaufpotenzial, Bereitschaft für Wieder- und Zusatzkäufe, Kaufzeiten u. a. m. Werden diese Daten noch ergänzt mit externen Informationen (Branchen-, Wettbewerbs- und Konjunkturdaten), dann ergibt sich eine hohe und komplexe Informationsdichte als Basis für das operative CRM.

2. Operatives CRM

Die analysierten und kombinierten Daten aus der Kundendatenbank (z. B. Klassifikation in ABC-Kunden, ABC-Aufträge, Marktsegmente, Teilmarktstrukturen, Kaufanlässe) werden hier umgesetzt in konkrete, auf Zielgruppen und Zielpersonen ausgerichtete CRM-Aktivitäten. Solche verkaufsunterstützenden Maßnahmen sind z. B. personalisierter oder elektronischer Versand von Newslettern, postalischer Versand von Kundenzeitschriften, Nachfassaktionen bei Direktmarketings, das Einrichten von Service-Hotlines u. v. m. Die aus dem Kundenfeedback gewonnenen neuen Informationen verbessern die Aktualität und den Umfang des Datenbestands. Damit entsteht ein qualitätssteigernder **Informationsring** zwischen analytischem und operativem CRM; beide sind aufeinander angewiesen.

Interessant ist noch, dass CRM-Softwareanbieter um bis zu 40 % bessere Ergebnisse bei der Bearbeitung/Erledigung offener Angebote, hohe Produktivitätssteigerungen bei den Mitarbeitern sowie verbesserte Werte bei Kundenzufriedenheit und Kundenbindung „versprechen".

3. Kommunikatives CRM

Hier geht es um das Festlegen der Informationsempfänger, der Kommunikationsinhalte und der Kommunikationswege für kommunikationsbezogene CRM-Aktivitäten: „Wer soll mit welchen Informationen auf welchen Wegen versorgt werden, um bestimmte Verhaltensweisen zu erreichen?" Da hier alle Kommunikationskanäle eingesetzt werden können und wegen des veränderten Kommunikationsverhaltens der Kunden auch eingesetzt werden sollten, ist diese Art des CRM als **„Multi-Channel-CRM"** zu konzipieren und umzusetzen (Näheres hierzu siehe Abschnitt 3.3.2 „Multi-Channel-Marketing entwickeln"). Besonderes Gewicht hat hierbei die Direktkommunikation über Telefon (fest oder mobil), Fax, E-Mails oder Nutzung der Social-Media-Kanäle. Wichtig ist die persönliche Ansprache mit den Informationen, die für den Empfänger einen persönlichen Mehrwertvorteil haben. Das muss nicht immer einen Bezug zu den angebotenen Haupt- und Nebenleistungen des Anbieters haben. Manchmal erzielt man eine bessere (psychologische) Wirkung, wenn man z. B. Informationen zum Hobby des Empfängers sendet, die er sonst nicht erhalten hätte.

4. Stationäres CRM (sCRM)

Diese Organisationsform besagt, dass die **CRM-Aktivitäten zentral** am Firmensitz des Unternehmens geplant und umgesetzt werden. Etwaige Außenstellen, wie Filialen, Niederlassungen, Verkaufsbüros oder Außendienst, können keine CRM-Maßnahmen durchführen. Sie verfügen nicht über die Berechtigung, obwohl deren (bessere) Kundenkenntnisse vor Ort manchmal zu anderen CRM-

Aktivitäten führen würden als die von der Zentrale beschlossenen. Oftmals verfügen die Außenstellen nicht einmal über die Information, mit welcher Maßnahme der Kunde gerade aktiviert oder gepflegt wird. Diese „Besonderheit" macht stationäres CRM nicht kundenorientiert und nicht besonders motivierend für die Mitarbeiter; es ist letztlich ineffizient. Heute ist mCRM die zeitgemäße Lösung.

5. **Mobiles CRM (mCRM)**

Darunter versteht man, dass **operatives und kommunikatives CRM** über den **Einsatz mobiler digitaler Medien** wie Notebooks, Tablets und Smartphones durchgeführt wird. Das ermöglicht auch die Nutzung der Social-Media-Kanäle für CRM-Aktivitäten. Durch Vernetzung der Medien untereinander entsteht eine hohe Informationsdichte direkt beim Kunden vor Ort. Infolge der heute möglichen **Multi-Channel-Kommunikation** kann der Kunde entscheiden, wann er sich mit welchen CRM-Informationen befasst. Auch dieser Service erhöht die Kundenzufriedenheit.

Mobiles CRM ermöglicht ein **aktuelles und aktives CRM** mit situativ gebotenen Mehrwertvorteilen für den Kunden. Eine **dezentrale Umsetzung** von analytischen Ergebnissen aus einer **zentraler Datenbank** ist äußerst kundenfreundlich, höchst effizient und höchst motivierend für die Kunden und die eigenen Mitarbeiter.

CRM ist in der Ausprägung als mobiles CRM ein **hoch effizientes Instrument** zur Umsetzung der **„Strategie der sachlichen, räumlichen, zeitlichen und persönlichen Kundennähe"** (siehe Abschnitt 2.1.1.3).

Eine aktuelle Studie bei mittelständischen Unternehmen hat ergeben, dass diese beim Einsatz von mobilem CRM einen Nachholbedarf haben. Die großen industriellen Unternehmen und die besten mittelständischen Unternehmen setzen mobiles CRM in den Bereichen Vertrieb (63 %), Kundenservice (60 %) und bei Außendienstmitarbeitern (51 %) mit großem Erfolg ein. So haben und erwarten die befragten Unternehmen (in %) weitere **Vorteile** in Form von

- erhöhter Produktivität des persönlichen Verkaufs (77 %),
- verbesserten Kundenerlebnissen (74 %),
- gesteigerter Kundenzufriedenheit (73 %),
- kundenorientiert optimierten Prozessabläufe (73 %) sowie
- reduzierten CRM-Kosten (68 %).

Der Einsatz von mobilem CRM bringt echte Wettbewerbsvorteile, denn man kann auf Basis aktueller Datenbankinformationen direkt beim Kunden vor Ort aktive Überzeugungs- und Akquisitionsarbeit leisten.

Mobiles CRM

Vorteile von mobilem CRM

6. Kooperatives CRM (kCRM)

Diese Organisationsform ist eine Weiterentwicklung des mobilen CRM. Hier sind Partner bei **gemeinsamen CRM-Maßnahmen** aktiv. Dies ist der Fall, wenn z. B. bei einem Exklusiv-Vertrieb oder bei einer Vertragswerkstätte der (Marken-) Hersteller sich an den CRM-Maßnahmen des Vertriebs- oder Servicepartners beteiligt (z. B. im Kfz- oder Steuerungsbereich). So könnte der Hersteller spezielle Maßnahmen zur Steigerung der Kundenzufriedenheit und der Kundenbindung für die Endkunden der Werkstätte bereitstellen und zusammen mit der Werkstätte umsetzen. Auch gemeinsame Aktionen zur Anregung von Wieder- oder Zusatzkäufen sind denkbar.

Kooperatives CRM bewirkt durch die Imagewirkung des (Marken-)Partners eine höhere Attraktivität bei den Endkunden und Motivationssteigerung bei den Mitarbeitern. Als weiterer Vorteil kommt die Kostenteilung hinzu.

5.2 Mit CRM die Kundenzufriedenheit erhöhen

5.2.1 Qualitätsmanagement ausbauen

Die Beurteilung von **Qualität im Sinne von „Null-Fehler"** bei Leistungen, Geschäftsprozessen und Verhalten von Führungskräften und Mitarbeitern eines Unternehmens spielt bei den **Bewertungen der Kundenzufriedenheit** eine zentrale Rolle. Dabei wird Qualität verstanden als „den Erwartungen des Kunden entsprechend"; ein höchst subjektiver, kein objektiver Begriff. Bei technischen Leistungen ist Qualität im Vergleich mit (DIN-)Normen oder Planvorgaben objektiv messbar. Bei den Geschäftsprozessen werden die Abläufe standardisiert und mit Prüfsiegel (z. B. „TÜV Rheinland geprüft") versehen, sodass eine stets gleiche **„Null-Fehler"- Qualität der Abläufe** und der Ergebnisse erzielt werden sollte. Das „sollte" zeigt an, dass **technische und vor allem menschliche Störfaktoren** wirken können, die zu Qualitätseinbußen und somit zu Defiziten bei der Kundenzufriedenheit führen. Diese durch permanente Überwachung zu verhindern ist **Aufgabe des Qualitätsmanagements.** Der Kunde beurteilt im Rahmen seiner Kunden-Lieferanten-Beziehung nicht einzelne Leistungen und Prozesse, sondern die Erfüllung der Gesamtheit seiner Erwartungen aus dieser Beziehung. Damit die vom Kunden gewünschte **„Null-Fehler"-Kundenbeziehung** erreicht wird, sollte die gesamte Unternehmensorganisation im Aufbau und in den Geschäftsprozessen kundenorientiert ausgerichtet und „gelebt" werden:

> „Der Kunde mit seinen Bedürfnissen und Wünschen bestimmt das Denken und Handeln aller Führungskräfte und Mitarbeiter des Unternehmens."

Zur Sicherstellung einer Null-Fehler-Kundenbeziehung ist daher ein umfassend **kundenorientiertes Qualitätssicherungs- und Qualitätsüberwachungssystem,** ein sog. „Totales Qualitätsmanagement" (TQM), erforderlich. Ein solches **kundenorientiertes TQM** bedeutet.

Totales Qualitätsmanagement (TQM)

- **„T" = Total:** Umfassende Einbeziehung der Führungskräfte, der Mitarbeiter und der Geschäftsprozesse des eigenen Unternehmens, beim Kunden und bei den Lieferanten zur Sicherstellung einer kundenbezogenen „Null-Fehler"-Gesamtqualität in der Kundenbeziehung.
- **„Q" = Qualität:** „Null-Fehler"-Erfüllung der Anforderungen und Erwartungen des/der Kunden während der gesamten Geschäftsbeziehung, bis hin zum Wiederkauf.
- **„M" = Management:** Funktionsübergreifende Planungs- und Steuerungsaufgabe zum Erreichen, Sichern und Verbessern der kundenorientierten Qualitäten in den Prozessen sowie kundenbezogenes Teamdenken und Teamhandeln von Führungskräften und Mitarbeitern fordern und fördern.

Für die Kundenzufriedenheit sind die wichtigsten **Aufgaben des TQM** hinsichtlich Marktleistungen, Marketingaktivitäten, Marketingprozessen und kundenbezogenem Verhalten der Mitarbeiter:

Aufgaben TQM

- **Qualitätsverbesserung:** Unter Einbeziehung der Mitarbeiter soll mithilfe von betrieblichem Vorschlagswesen (BVW), kontinuierlichen Verbesserungsprozessen (KVP) oder speziellen Qualitätszirkeln eine Optimierung bei kundenbezogenen Leistungen, Prozessen und Verhalten erreicht werden.
- **Qualitätssicherung:** Mit Steuerungsmaßnahmen zur Sicherstellung der kundenbezogenen Qualität bei Leistungen, Prozessen und Verhalten (z. B. „Null-Fehler-Programme im Marketing") soll bei Kunden und Mitarbeitern Vertrauen, Identifikation und Loyalität geschaffen werden.

Jeder **Qualitätsverlust** ist eine **reale Belastung** (Mehrkosten zur Ersatzbeschaffung und zur künftigen Qualitätssicherung). Es ist auch eine **psychologische Belastung** der bisherigen Kundenbeziehungen (Vertrauen- und Imageverlust beim Kunden). Außerdem belasten Qualitätsdefizite die Kundenzufriedenheit und können **gefährdete Geschäftsbeziehungen** auslösen. **Frühindikatoren** liefert das analytische CRM mit folgenden Alarmsignalen für das operative CRM:

Qualitätsverlust

Frühindikatoren

- Bestellrhythmus verändert sich,
- Auftragsvolumen stagniert oder geht zurück,
- Kunde reagiert nicht auf Kontakte (telefonisch, elektronisch oder persönliche Anschreiben),
- Kunde sagt Termine mehrfach ab oder nimmt sie nicht wahr,

- Anfragen oder Angebote bleiben ohne Reaktion/unbeantwortet,
- Kunde verleugnet sich bei Kundenbesuch oder
- Kunde lässt nachgeordnete Mitarbeiter ohne Kompetenz agieren.

Die hier in der Kundenbeziehung aufgetretenen Störungen zeigen, dass das TQM nicht funktioniert hat. Hier müssen Reklamations- und Beschwerdemanagement aktiv eingreifen, um den Abbruch der Geschäftsverbindung zu verhindern.

Jede Störung in der Kundenbeziehung zeigt dem Kunden, dass man keinen „guten Job" gemacht hat. Die Folgen sind Reklamationen und Beschwerden, was nicht nur zu höheren Kosten und Imageverlust führt. Das gilt es dann durch verstärkte CRM-Aktivitäten zu korrigieren; es entstehen erhöhte „Reparaturkosten".

5.2.2 Reklamationsmanagement optimieren

Reklamations-management

Auch im betrieblichen Alltag gilt „Nobody is perfect", überall können Fehler passieren. Wichtig ist, dass diese Qualitätsmängel umgehend und möglichst vollständig beseitigt werden, bevor sie zu einer tiefgreifenden Kundenunzufriedenheit führen. Das zu verhindern ist Aufgabe des **Reklamationsmanagements.** Es plant, realisiert und überwacht alle Maßnahmen, die zu einer raschen und den Kunden zufriedenstellenden Beseitigung des Mangels führen. Dabei spielt es keine Rolle, ob die Ansprüche auf Fehlerbeseitigung auf einer gesetzlichen oder vertraglichen **Garantiezusage** basieren oder aus **Kulanz** erfolgen.

Wichtig ist, dass Kunden voll und ganz zufrieden sind und es zu keiner negativen Mund-zu-Mund-Werbung und zu strategisch wirkenden Imageverlusten (z. B. durch negative Äußerungen auf Social-Media-Plattformen) kommt. Durch entsprechende CRM-Maßnahmen ist der Kunde emotional wieder positiv zu stimmen. Reklamationen dürfen nicht zu Kundenverlusten führen.

Anforderungen/ Organisation

Die **Organisation** des Reklamationsmanagements sollte folgenden Anforderungen gerecht werden:

- ein Ansprechpartner für den Kunden (One-to-one-Kontakt)
- permanente Erreichbarkeit (während der Geschäftszeiten auf allen Kommunikationskanälen)
- zeitnahe Reaktion und Erledigung (Kunde erwartet rasche Antwort)

- umfassende Erläuterung und Beratung mit dem Kunden (Ursachenanalyse)
- Einhaltung des Zeitpunkts/Zeitraums zur Mängelbeseitigung
- keine neuen Probleme für den Kunden bei der Mängelbeseitigung
- problemlose Rückabwicklung, falls erforderlich
- Qualitätssicherung bei der Reklamationsbearbeitung eingebaut
- Verknüpfung mit dem Marketingreporting sicherstellen
- Abschlussgespräch des Ansprechpartners mit dem Kunden
- Kundenzufriedenheit erfragen und auswerten
- kleine Zugaben als Belohnung für die erlittenen Unannehmlichkeiten.

Reklamationen sind die sachlich-fachliche Seite von Qualitätsmängeln. Beschwerden sind die eher psychologisch begründeten Komponenten einer Kundenunzufriedenheit.

5.2.3 Beschwerdemanagement verbessern

Kundenbeschwerden ergeben sich aus dem psychologischen Erleben von (1) Qualitätsmängeln bei Leistungen, Prozessen oder Verhalten von Mitarbeitern oder Führungskräften und (2) einem meist sehr gravierenden, negativen Erleben der Mängelbeseitigung. Beschwerden sind Ausdruck großer Verärgerung und können bei starker Kommunikation in der Öffentlichkeit (z. B. über Social Media) sehr schnell strategische Negativwirkungen auslösen. Dagegen ist operativ mit einem gut organisierten **Beschwerdemanagement** vorzugehen. Wichtige **Ziele** sind

Beschwerde-management

- Verbesserung des Kundenservice (zeitnahes Befassen mit der Beschwerde),
- Beruhigen und Erzeugung einer emotionalen Positivstimmung beim Kunden,
- Minimierung der Negativwirkungen durch unzufriedene Kunden,
- Vermeiden und Reduzieren von Fehlverhalten und weiteren Kosten,
- Nutzung der Beschwerdeinformationen zur Qualitätsverbesserung und Qualitätssicherung generell und im Marketing speziell.

Ziele

Gezieltes Beschwerdemanagement hat stark emotionale Wirkung bei betroffenen Kunden. Es stärkt das Gefühl der Verbundenheit mit dem Unternehmen („Da werde ich ernst genommen. Da kümmert man sich um mich!"). Kunden, deren Beschwerden zu ihrer Zufriedenheit gelöst wurden, sind – so die Erfahrungen – dauerhaft loyaler als solche, die nie Anlass zu einer Beschwerde sahen oder hatten.

Die 10 „goldenen Regeln" bei der Behandlung von Beschwerden

1. Bewahren Sie Ruhe!

2. Hören Sie erst einmal nur zu!

3. Lassen Sie den Kunden ausreden!

4. Zeigen Sie Verständnis!

5. Bleiben Sie stets sachlich!

6. Fühlen Sie sich nicht persönlich angegriffen!

7. Seien Sie freundlich!

8. Machen Sie sich Notizen!

9. Bieten Sie eine angemessene Entschuldigung an!

10. Melden Sie den Vorfall intern, damit Maßnahmen eingeleitet werden können!

Die 10 „goldenen Regeln" für erfolgreiches Beschwerdemanagement

Kunden, deren Beschwerden gut gelöst wurden, zeigen danach eine größere Bereitschaft zur Kundenbindung und zur positiven Kommunikation über das Unternehmen in der Öffentlichkeit. Deshalb sollte die **Organisation** des Beschwerdemanagements folgenden Anforderungen gerecht werden:

- Eine Kontaktstelle (Verantwortliche/r) für Beschwerden deutlich machen.
- Freundliche, höfliche Annahme und Dokumentation der Beschwerde.
- Kompetentes Zuhören und Fragen macht den Beschwerdegrund erkennbar.
- Zeitnahe Bearbeitung und Rückfragen bei betroffenen Personen.
- Kundengerechte Lösung des Beschwerdeproblems.
- Verknüpfung mit dem Marketingreporting herstellen.
- Gespräch des Verantwortlichen oder des Chefs mit dem Kunden über die Problemlösung.
- Nutzung der Beschwerdeinformation zur Qualitätsverbesserung.
- Anerkennung des Kundenengagements durch „Zugaben".

Beschwerden sind **Ausdruck einer persönlichen und psychologischen Unzufriedenheit** des Kunden. Aber nicht jede Unzufriedenheit wird zur Beschwerde; meist kommt es zu einer vom Kunden nicht angekündigten Abwanderung. Das lässt dem Unternehmen keine Chance, sich zu dem Vorfall zu erklären und den (Image-)Schaden zu beheben. Um das zu vermeiden, sind Kunden ausdrücklich zur **Beschwerdeführung** aufzufordern. Ohne Kenntnis eines Beschwerdegrunds wird meist auch nichts am Qualitätsmanagement verbessert, obwohl dies erforderlich wäre. Mögliche **Beschwerdewege** sind:

- persönliche, schriftliche oder elektronische Information eines persönlichen Ansprechpartners mit Entscheidungskompetenz
- Hotlines als Free-Call-Einrichtungen (z. B. 0180-/0190er-Telefonnummern) mit direktem Anschluss zum Ansprechpartner
- Call-Center-Lösungen (problematisch bei mangelnder Entscheidungskompetenz des Ansprechpartners)
- schriftliche Meldung über Homepage/E-Mail
- Nutzung einer auf der Homepage genannten Beschwerdehotline.

Egal welchen Weg man wählt, wichtig ist die Herbeiführung einer raschen und kompetenten, den Kunden zufriedenstellenden Lösung. Bei sehr gravierenden Fällen oder bei strategisch wichtigen Kunden haben Zugaben (soweit steuerlich zulässig), z. B. in Form von Blumengebinden, Kino-, Theater- oder Konzertkarten emotional positive Wirkungen. Diese wird noch verstärkt, wenn sich der Chef persönlich um eine kundenorientierte Regulierung kümmert. Dieses **„Kümmern" und „Versprechen"**, die Schwachstelle zu beseitigen, werden kundenseitig erwartet.

Ein gut organisiertes und gut praktiziertes Beschwerdemanagement kann durch die damit ausgelösten positiven Impulse durchaus ein wirksames Instrument zur Kundenbindung werden.

5.3 Mit CRM eine Kundenbindung erreichen

5.3.1 Ziele der Kundenbindung festlegen

Durch Kundenbindung soll bei zufriedenen Kunden eine weiterreichende **psychologische Bindung** an das Unternehmen aufgebaut werden. Kunden sollen zu **begeisterten Kunden** werden, die nicht nur Gutes über das Unternehmen sagen, sondern darüber hinaus aus Überzeugung meist auch potenzielle Kunden für das Unternehmen zu gewinnen versuchen. Zur Aktivierung der Kunden in dieser Richtung gibt es dazu im operativen CRM spezielle Aktionen wie das **„Empfehlungsmarketing"** – Kunden werben Kunden! Dieses Ziel ist in sozialen Medien relativ leicht zu erreichen, denn dort glaubt man Aussagen (und Empfehlungen) von vertrauenswürdigen Kommunikationspartnern mehr als den Werbeaussagen der Unternehmen.

Um das Ziel langfristiger **Kundentreue** zu erreichen, erhalten diese Kunden viele und vielfältige „Zuwendungen" mit hohen emotionalen Mehrwertvorteilen. Es sind oftmals Leistungen, die in dieser Art nicht auf dem Markt erhältlich sind. Sie sind einzigartig und erhöhen somit die Attraktivität dieser Geschäftsbeziehung für den/

die Kunden. Das sicherzustellen ist eine der Hauptaufgaben des operativen CRM, das auch für die quantitative Entwicklung dieser speziellen Kundengruppe verantwortlich ist.

So haben empirische Untersuchungen im B2B-Geschäft gezeigt, dass die Neukundengewinnung bis zu fünfmal höhere Kosten verursachen kann, als einen Bestandskunden zu einem treuen Kunden zu machen. Die Wiedergewinnung verlorener Kunden kostet noch mehr. Insofern ist es sinnvoll, derzeitige Kunden zu halten und zu Folge- oder Zusatzkäufen bei bisherigen Leistungen oder anderen Leistungen zu bewegen.

Stammkunden

Da die zur Kundenbindung erforderlichen Maßnahmen ebenfalls mit Kosten verbunden sind, sollte man sich nicht um alle Kunden und auch nicht um Kundenbindung „um jeden Preis" bemühen. **Stammkunden** sind **„gute Kunden"** und von besonderem Interesse, denn sie

- sind auftragsbezogen rentabel,
- geben sich loyal und wenig(er) preissensibel,
- haben für das Unternehmen Umsatz-, Wachstums- und Gewinnpotenzial,
- besitzen Innovationspotenzial – auch für ihre Lieferanten,
- eignen sich als Referenzkunden,
- harmonieren mit den betrieblichen strategischen Zielsetzungen,
- pflegen eine offene, vertrauensvolle Kommunikation,
- zeigen eine geringe Wechselneigung,
- möchten eine beidseitige Mehrwert-Geschäftsbeziehung.

5.3.2 Bindungsinstrumente anwenden

Kundenbindungsinstrumente

Zum Aufbau einer Kundenbindung besonders geeignet sind **Maßnahmenbündel**

- zur Sicherung der Kundenzufriedenheit (TQM),
- für wertvolle Kundenvorteile (sog. „Mehrwert-Services"),
- zur Festigung von persönlich geprägten Geschäftsbeziehungen,
- für wirtschaftliche und soziale Vorteile für treue Kunden,
- zum Aufbau von Wechselbarrieren für Kunden.

Maßnahmen zur Erreichen von Kundenbindung

Diese Maßnahmen müssen geeignet sein, folgende **Ziele** zu erfüllen:

- Gewährleistung eines permanenten Kontakts zum Unternehmen
- Steigerung der Identifikation des Kunden mit dem Unternehmen und dessen Leistungen
- Erhöhung der Kundenmotivation zu fortdauernden Wieder-, Ersatz- und Zusatzkäufen bei gleichen und anderen Leistungen des Unternehmens.

Aus der Vielzahl der möglichen Maßnahmen zur Kundenbindung werden folgende **Instrumente** als besonders wirksam eingesetzt:

- **Kundenzeitschriften**
  Durch spezielle Informationen über neue Leistungen, neue oder verbesserte Einsatzmöglichkeiten und Trendinformationen über die Branche sind Kundenzeitschriften für Kunden leistungsbezogen wertvoll. Sie werden heute in Papierform und vermehrt online (Newsletter, Internet, E-Mail) bereitgestellt. Ziel ist es, über Fachbeiträge mit Anfragekarten, sonstige attraktive Beiträge (Reisen, Mode, Kultur) mit Kontaktadressen, Hotline-Nummern oder E-Mail-Adressen den Kunden einen fortlaufenden Dialog mit den Experten zu ermöglichen.

- **Kundenhobby-Newsletter**
  Newsletter, die sich mit den Hobbys der Kunden befassen, können rein informativer Art mit umfangreichen Background-Informationen sein, die nicht auf dem Markt erhältlich sind. Auch Videos oder Videoclips können z. B. als Podcast durch das Unternehmen im Internet bereitgestellt und mit einem Zugangscode

vom Kunden jederzeit abgerufen werden. Ein Service mit sehr hohem persönlichem Mehrwertvorteil.

- **Kundenkarten**

  Kundenkarten sind im Privatkundengeschäft sehr verbreitet. Sie bieten einen hohen „Mehrwert-Service". Dieses Instrument ist durch seine Anreizfunktion als **Zahlungsinstrument** (Bank- oder Kreditkarte), als **Rabatt- oder Bonuskarte** (Preisnachlass- oder Rabattsammelkarte) oder als **Berechtigungskarte** (Mitgliedskarte) für den Kunden bequem, wirtschaftlich und sozial vorteilhaft wie auch wertvoll.

- **Kundenklubs**

  Hierbei handelt es sich um eine ganz spezielle, aber sehr wirksame Kundenbindungsmaßnahme im Privatkundengeschäft. Als Klubmitglied wird eine sehr persönliche Bindung zum Unternehmen aufgebaut. Man könnte fast sagen, der Kunde gibt sich als „Fan" des Unternehmens zu erkennen, für den die emotionalen und ökonomischen Vorteile aus dieser Geschäftsbeziehung sehr wertvoll sind. Für die Zielgruppe werden u. a. kulturelle Events (z. B. Konzerte, Musicalbesuche, Opernaufführungen o. Ä.) angeboten.

  Solche Kundenklubs werden auch zunehmend für ausgewählte Geschäftskunden eingerichtet, um eine Plattform für die Diskussion künftiger technischer Entwicklungen und Anwendungen zu schaffen (z. B. als **„Techno Circle"**). Diese Klubmitglieder sind in aller Regel auch die Erstkäufer von Innovationen, da sie mitunter in die Entstehung eingebunden waren und von der Leistungsfähigkeit des Geschäftspartners überzeugt sind. Klubmitglieder sind begeisterte Kunden, die sich durch hohe Identifikation mit dem Unternehmen und dessen Leistungen auszeichnen. Diese Exklusivität erhöht den sozialen Status der Klubmitglieder und ist auch daher sehr wertvoll für den Kunden.

> Nachhaltiges CRM sichert den Kundenbestand und damit langfristig Umsatz, Gewinn und Weiterentwicklung des Unternehmens.

Beispiel für eine Handlungssituation

Rollladenbauer Emil Schattig hat in seinem Betrieb zehn angestellte Mitarbeiter, davon sind acht im Außendienst als Monteure tätig. Bei Bedarf werden diese noch von drei bis vier Teilzeit-Beschäftigten unterstützt. Seine Leistungspalette umfasst Verkauf, Reparatur und Wartung von Rollläden, Markisen, Rollgitter- und Garagentoren bei Privatkunden (Umsatzanteil 70 %) und Geschäftskunden (30 %) aus Industrie, Handel und Gewerbe. Die Auftragslage ist gut, und – so sein Eindruck – die Kunden scheinen mit der gebotenen Qualität zufrieden zu sein; beschwert hat sich bei ihm noch niemand. Sein Stellvertreter (Leiter der Arbeitsvorbereitung) war beim letzten Gespräch sehr mürrisch.

Auf Nachfrage gab er an, dass er sich wegen immer mehr Beschwerden sehr geärgert hat, denn laut den Monteuren ist immer alles in Ordnung. Emil Schattig wusste davon nichts. Es wurde ihm auch nicht gemeldet, dass die Reklamationen in letzter Zeit ebenfalls zugenommen hatten. Man wollte ihn damit nicht belästigen. „Das lässt sich nicht vermeiden, das gehört zum Geschäft", meinte sein Stellvertreter. Er hat keine Erklärung für die Zunahme, da in den Abschlussprotokollen zwar eine verbindlich auszufüllende Rubrik „Besonderheiten/Kundenverhalten" vorhanden ist, er aber dort meist keine Vermerke findet.

Emil Schattig findet diese Informationen leicht alarmierend, denn zufriedene Kunden melden keine Reklamationen und führen auch keine Beschwerden. Er fürchtet um das Qualitätsimage seiner Firma und entschließt sich zu einer Ursachenanalyse, um Informationen für Verbesserungen im Kundenmanagement zu bekommen. Emil Schattig will von Ihnen Antworten und Vorschläge auf folgende Fragen:

Situationsbezogene Fragen:

- Wie können Reklamationen und Beschwerden so aussagekräftig erfasst und bewertet werden, dass sie als Informations- und Steuerungsinstrument taugen?
- Ist eine weitergehende Kundensegmentierung unter diesen und Marketinggesichtspunkten sinnvoll? Wie könnte diese aussehen?
- Wie könnte die Kundenzufriedenheit ohne großen Aufwand ermittelt und gemessen werden?
- Was könnte/sollte Emil Schattig tun, um die Kundenzufriedenheit wieder zu festigen und weiter zu erhöhen?

- Worauf sollte Emil Schattig bei „Verbesserung der Geschäftsprozesse und der Ergebnisse" besonderes Gewicht legen?
- Wie könnte das Reporting im neuen Kundenmanagement aufgebaut und praktikabel organisiert werden?

6. Einkäufe und Lagerhaltung planen, Logistik als Wertschöpfungsprozess verstehen

Kompetenzen

Nach Durcharbeiten dieses Kapitels sollten Sie umfassende Grundkenntnisse besitzen,

- Systeme zur Erfassung und Verwaltung von Lagerbeständen, Materialverbrauch und -bedarf zu entwickeln.

- Materialbedarf und optimale Bestellmengen zu ermitteln.

- Kriterien für die Auswahl von Lieferanten zu entwickeln und zu bewerten sowie Lieferanten unter Berücksichtigung der CSR auszuwählen.

- Möglichkeiten der Lagerung von Materialien und zur Qualitätsprüfung und -sicherung darzustellen und zu bewerten.

- Möglichkeiten zur Optimierung der Organisation und Technik des Lagers darzustellen und zu bewerten.

6.1 Mit optimierter Logistik die Materialversorgung sichern

6.1.1 Logistik in mehrstufigen Wertschöpfungsketten bewusst gestalten

Logistik

Unter Logistik versteht man vereinfacht formuliert den Güter- und Materialfluss und die damit verbundenen Informationsprozesse.

Interne Logistik

(1) **Interne Logistik** in einem Unternehmen und seinen Zweigbetrieben, Niederlassungen und Filialen. Dies beginnt mit dem Wareneingang (incl. Mengen und Qualitätskontrolle), geht über alle Zwischenlager und Transporte (Produktionslogistik) bis hin zum Fertigerzeugnis, das evtl. im Fertigwarenlager magaziniert wird.

Externe Logistik

(2) **Externe Logistik** ist der Teil der Gesamtlogistik, der als **Beschaffungslogistik** alle operativen Tätigkeiten umfasst, die vom Lieferanten in seinem Auslieferungslager beim Prüfen, Lagern, Kommissionieren und Transportieren bis zum Wareneingang beim Kunden zu erledigen sind.

Die **Vertriebslogistik** umfasst das Einstellen und Kommissionieren der verkauften und versandfertigen Erzeugnisse im Auslieferungslager, das Bereitstellen für den Transport zum Kunden durch Spediteur, Selbstabholer oder Auslieferung.

Diese Teillogistiken sind zeitlich so zu gestalten und aufeinander abzustimmen, dass die eigene Wertschöpfung mit geringsten Kosten realisiert werden kann. **Je schlechter die Koordination** der An- und Auslieferung über das Informations- und Planungssystem erfolgt, **desto größer sind die Lager** im Unternehmen. Dies meint auch das Zitat eines Praktikers „Alle Unwissenheit trifft sich bei den Lagerbeständen". Am besten wäre für Kunden eine Null-Lagerhaltung mit viel „Lager auf der Straße" und qualitätsgesicherter Anlieferung am Bedarfstermin oder Bezug bei einem Großhändler mit umfassender Lagerhaltung.

Wertschöpfung

Logistik ist eine Gestaltungsaufgabe, die wesentlich die Wirtschaftlichkeit und Rentabilität der eigenen Wertschöpfung beeinflusst. Noch deutlicher wird dies, wenn man die eigene Wertschöpfung als **Teil einer mehrstufigen Wertschöpfungskette** versteht. Je geringer der Veredelungsgrad (Komplexität) der eingekauften Materialien und Erzeugnisse, desto mehr **Arbeitsschritte zur Wertschöpfung** sind vom eigenen Unternehmen zu erbringen, um das vom Kunden gewünschte Endprodukt zu erhalten. Die hier vorliegende große Fertigungstiefe ergibt zwar eine hohe Flexibilität beim Erarbeiten des eigenen Wertschöpfungsanteils, des sog. Mehrwerts, aber auch höhere Produktions- und Logistikkosten. Die **Kostensenkungseffekte** der spezialisierten (Vor-)Lieferanten wurden nicht genutzt. Dies ist über eine **vertikale Verlagerung von Arbeitsaufgaben** zu den Lieferanten oder zu den Kunden möglich. So werden z. B. weniger Material und Kleinteile eingekauft, dafür mehr Bauteile, Komponenten oder halbfertige Waren; typische Make-or-buy-Entscheidungen. Die Preise der zugekauften Teile sind geringer als die Kosten bei Eigenproduktion, und das Enderzeugnis wird letztlich kostengünstiger erstellt. Der Nachteil ist eine geringere Flexibilität, um auf spezielle Kundenwünsche einzugehen, denn es wird mehr montiert statt selbst produziert. Der Vorteil ist eine Produktivitätssteigerung, die in eine Gewinnsteigerung überführt werden kann.

Wertschöpfungskette

Die angesprochene **vertikale Verflechtung zur Kostenoptimierung in mehrstufigen Wertschöpfungsketten** kann gestaltet werden als

- Arbeitsverlagerung auf Lieferanten (vermehrter Einkauf von Bauteilen und Komponenten anstelle von Rohmaterialien und Kleinteilen),
- Arbeitsverlagerung auf Kunden (Auslagerung von Tätigkeiten, z. B. Selbstabholung, Lagerung von Ersatzteilen, Selbstausdruck von Rechnungen, telefonische Fernwartung statt Besuch vom Techniker u. a. m.) und
- exklusive Einbindung spezieller Lieferanten (Gewinnung von Imagevorteilen beim Kunden, wenn z. B. die Marke eines Lieferanten oder des Einbauteils für Qualität und Zuverlässigkeit bekannt ist; vgl. den Einbau von INTEL-Chips bei Tablets und Notebooks oder SIEMENS-Steuerungen im Maschinenbau).

6.1.2 Lager, Transport und Handling optimieren

In der gesamten **Logistik** (intern und extern) geht es zum einen um die **Erhaltung des Materialflusses** und die Sicherstellung der „Lieferbereitschaft" in Beschaffung, Produktion und Vertrieb. Das Unternehmen legt diese **Lieferbereitschaft als Servicegrad** selbst fest. Dieser besagt pro Periode, wie viel % der von Bedarfsträgern gemeldeten Abrufe und wie viel % der von Kunden eingehenden Bestellungen aus den Lagerbeständen gedeckt werden können. Zum anderen sollten möglichst geringe Logistikkosten anfallen. Hier ergibt sich ein Zielkonflikt: Je mehr Lager unterschiedlichster Art mit unterschiedlichen Lagerbeständen in der eigenen Wertschöpfung und in der mehrstufigen Wertschöpfungskette insgesamt eingebaut werden, desto höher ist die gesamte Flexibilität, desto höher sind aber auch die eigenen Logistikkosten und die Einkaufspreise für Material, Teile und Komponenten.

Materialfluss

> Lagerhaltung erhöht die Flexibilität und die Kosten in einer mehrstufigen Wertschöpfungskette und damit auch die Einstandspreise im Einkauf des eigenen Unternehmens.

Lagerhaltung

Kostensenkungen bei den internen und externen Logistikkosten (Lagerhaltung und Transport) können erreicht werden über

- Reduktion des Umfangs an logistischen Leistungen (z. B. weniger Lagerhaltung, weniger häufige Lageraufüllungen und -entnahmen oder verstärkt Sammeltransporte),
- Einsatz leistungsstarker Betriebsmittel bei Handling und Transport und
- verstärkten Einsatz von vernetzten Informations-, Planungs- und Steuerungssystemen zur möglichst lagerlosen Wertschöpfung (Anlieferung nach Bedarf, Fertigung nach Auftragseingang).

Die **Lagerhaltung** ist der Hauptkostenverursacher der betrieblichen Logistik. Dabei entstehen **Lagerkosten** (Kosten durch Lagerart und Lagereinrichtungen) und **Lagerhaltungskosten** (Kosten der Kapitalbindung entsprechend Umfang und Wert der Lagerhaltung, Kosten durch Bestandsverlust infolge Schwunds – z. B. Verdunsten oder Diebstahl –, Verderb oder Überalterung der Lagergegenstände). Welche Lager mit welchen Funktionen zum Einsatz kommen können, zeigt nachstehende Darstellung.

Kosten

Lagertypen

Funktionen des Lagers	unmittelbar wertschöpfende	Produktion	Transport	Kommissionierung/ Umschlag	Lagerung	
	mittelbar wertschöpfende	Bündelung	Entbündelung	Flussglättung	Reihenfolgeoptimierung	Unsicherheitsreduzierung
Position im Wertschöpfungsprozess		Urproduktion	Vormaterial-/Halbfabrikate	Montage-/Fertigprodukte	Distribution	Recycling
Standortbezug im logistischen Netz		zentral	regional	lokal		
Lagerbautyp	nach Gebäudeart	Freilager	Silo-/Tanklager	Flachbaulager	Hochbaulager	
	nach Lagertechnik	Bodenlager	Regallager	statisches Lager	dynamisches Lager	
Lagerobjekttyp	nach Gestalt/Konsistenz	Flüssiggut	Schütt-/Rieselgut	anonymes Stückgut (neo-bulk)	spezifiertes Stückgut (nach Auftrag, Kunde)	
	Nach Menge/Größe/Funktion	Kleinmengenlager	Massenlager	Betriebsmittellager	Werkstofflager	Hilfs- und Betriebsstofflager
Lagerorganisation	Lagerplatzordnung	chaotisch	systematisch	Greiflager	Reservelager	
	Wegeführung	Mann zur Ware	Ware zum Mann			
	Entnahmeprinzip	FIFO	LIFO			
	Stufigkeit der Kommissionsaktivitäten	einstufig	zweistufig	mehrstufig		
Rechtliche Zuordnung	Lagergebäude und Aktivitäten	Eigenlager	Fremdlager			
	Lagerobjekte	Eigenlager	Kommissionslager			

Analyse von Lagertypen nach Aufgaben und Eigenschaften (Quelle: www.daswirtschaftslexikon.com)

Die **Ausgleichsfunktionen** der Lager im Wertschöpfungsprozess – vom Warenein-
gangslager über die produktionsbedingten Zwischenlager bis hin zum Auslieferungslager –, ergibt sich aus zeitlichen und mengenmäßigen Differenzen im Materialfluss,
z. B.

- Liefertermin ≠ Bedarfstermin
- Anlieferort ≠ Bedarfsort
- Liefereinheit ≠ Lagereinheit
- Lagereinheit ≠ Bedarfseinheit
- Lagermenge ≠ Bedarfsmenge
- Sammellieferung ≠ Einzelbestellmenge.

Neben dem Servicegrad und den Ausgleichsfunktionen der Lager entscheidet
auch die **Gestaltung der betrieblichen Durchlaufzeit** über Art und Umfang der
erforderlichen Lagerhaltungen und die dadurch entstehenden internen Lager- und
Transportkosten.

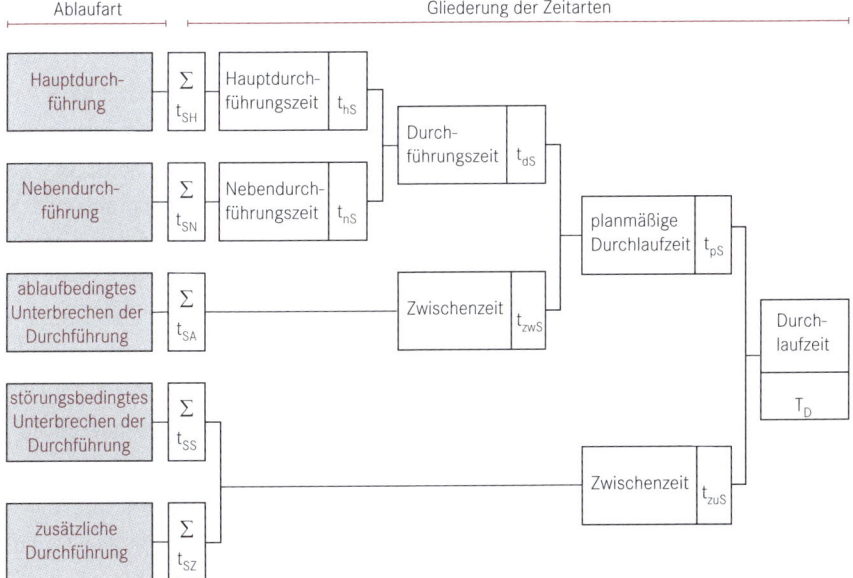

Gestaltungselemente der Durchlaufzeit (Quelle: www.wikipedia.org/wiki/durchlaufzeit)

Durchlaufzeit ist der Zeitbedarf (Soll/Ist) vom Beginn des internen Warenflusses (Lagerentnahme) bis zur Fertigstellung des Enderzeugnisses und dessen Bereitstellung
zur Einlagerung oder Auslieferung an den Kunden. Die **Durchlaufzeit** zeigt den zeitlichen Aufwand aller fertigungstechnischen und logistischen Arbeiten im Wertschöpfungsprozess und setzt sich aus folgenden **beeinflussbaren Teilzeiten** zusammen:

Elemente der Durchlaufzeit

- **Rüstzeiten:** Zeitaufwand zum Einstellen eines Betriebsmittels (z. B. Werkzeugwechsel an einer Maschine) für die zu erledigenden Arbeiten; Rüstzeiten = Rüstkosten als fertigungsbezogene Fixkosten. Rüstzeitendegression ist nur möglich über große Lose; nicht möglich bei Einzel- oder Sonderfertigung.
- **Bearbeitungszeiten:** Fertigungsgesamtzeit zur Erstellung einer Marktleistung, inkl. „gewollte" Liegezeit (z. B. Trockenzeit nach Lackiervorgang).
- **Liegezeiten:** Ungeplante Ist-Lagerzeiten bei den Folgearbeitsplätzen infolge Kapazitätsengpässen, Maschinen-, Werkzeug- oder sonstigen Ablaufstörungen.
- **Transportzeiten:** Teil der internen Logistik zwischen den Bearbeitungsstellen; Transport der Enderzeugnisse ins Fertigwarenlager zur Kommissionierung für die Auslieferung an Kunden, Filialen oder Verkaufsstellen, auch Rücktransport von „Altwaren" in die Zentrale gehören hierher.

Ansatzpunkte zur Optimierung der Durchlaufzeit und zur Kostensenkung in der eigenen Wertschöpfung sind z. B.:

Kostensenkungspotenziale

- **Erhöhung der Arbeitsplatzkapazitäten:** Produktivitätssteigerung bei Arbeitsplätzen durch Realisierung des technischen Fortschritts bei Maschinen, Werkzeugen und Handlinggeräten; Einsatz von Universalmaschinen und/oder Automaten (oder umgekehrt) verringert Liege- und Transportzeiten; es müssen aber auch die Kapazitäten der Folgearbeitsplätze angepasst werden, sonst gibt es strukturbedingte Engpässe mit erhöhten Durchlaufzeit- und Kostenproblemen.
- **Erhöhung der Arbeitsintensität:** Steigerung der persönlichen oder maschinellen Arbeitsleistung pro Zeiteinheit ohne Qualitätseinbußen; bei Mitarbeitern nur kurzzeitig möglich, da Ermüdungsgefahr mit erhöhtem Fehlerrisiko; bei überproportionalem Werkzeugverschleiß können Qualitätsfehler auftreten und zusätzliche Rüstkosten anfallen.
- **Zusammenfassen verschiedener Aufträge:** Durch „Vorziehen" späterer Aufträge werden (größere) Fertigungslose gebildet, um Rüst- und Umrüstkosten zu vermeiden; einer Stückkostendegression stehen jedoch höhere Lager- und Transportkosten entgegen; auch könnten sich auftragsbezogene Durchlaufzeiten verlängern.
- **Verringerung des eigenen Wertschöpfungsanteils:** Durch zusätzliche Verlagerung einzelner Arbeiten an Lieferanten (oder Kunden), die diese kostengünstiger ausführen können, werden eigene Durchlaufzeiten reduziert und Gesamtkosten gesenkt; durch die strategische Entscheidung zu mehr „Einbau statt Eigenfertigung" steigen zwar die Einkaufskosten, aber durch die verkürzte Durchlaufzeit erhöht sich bei guter Planung die zeitliche und preisliche Flexibilität gegenüber Kundenwünschen, verbessert sich die Kundennähe und später auch die Kundenzufriedenheit.

- **Das größte durchlaufzeitbezogene Kostensenkungspotenzial:** Dies liegt in einer kundenorientierten Organisation des mehrstufigen Wertschöpfungsprozesses, speziell des eigenen Arbeits- und Fertigungsprozesses, einer digital vernetzten Auftragsbearbeitung, Arbeitsvorbereitung und Fertigungssteuerung bzw. Einsatzplanung mit integrierter Einkaufs-, Lager- und Bestellplanung bis hin zur Rechnungsstellung und Zahlungsabwicklung. Die internen und externen Informationsprozesse werden mit Softwareprogrammen inhaltlich, zeit- und mengenmäßig so vernetzt, dass sich kostenoptimale Lager- und Durchlaufzeiten ergeben.

> Bei gewinnorientierten Wertschöpfungsprozessen werden Logistikprozesse durch Informationsprozesse ersetzt.

Als zusätzlicher Logistikkostenfaktor ist der Einsatz von Handlinggeräten zur Erleichterung von Lager-, Fertigungs- und Transportaufgaben zu nennen. **Handlinggeräte** (sog. **„Manipulatoren"**) sind Handhabungshilfen für Mitarbeiter in den genannten Bereichen, um (1) den Materialfluss zu beschleunigen, (2) die Arbeitsproduktivität zu steigern und (3) Ermüdungs- und Verletzungsgefahren zu verringern. Diese Geräte kommen zur Anwendung als

Manipulatoren

- stationäre Manipulatoren (Hilfsgeräte zum Heben, Senken und Lagern von schweren Lasten am Arbeitsplatz),
- mobile Manipulatoren (Hilfsgeräte mit Schienensystem zum zusätzlichen Bewegen schwerer Lasten zwischen verschiedenen Arbeitsplätzen; oftmals kommen auch Fließbänder oder Transportroboter zum Einsatz) und
- sog. „Pick-and-place"-Roboter (Hilfsgeräte, die z. B. bei digital gesteuerten Werkzeugmaschinen etwa den Werkzeugwechsel, das Aufnehmen und Einsetzen des Rohlings und nach Fertigstellung die Entnahme und das Absetzen des fertigen Teils in eine Transporteinheit automatisiert vornehmen).

Diesen Vorteilen steht als wesentlicher Nachteil die Abhängigkeit vom Bediener gegenüber: Ist er erkrankt, können diese Geräte – im Gegensatz zu Robotersystemen – keine Leistung erbringen; Kosten fallen dennoch an.

6.1.3 Material- und Teileversorgung über Bestellpolitik steuern

Materialbedarf

Ausgehend von einem realen oder geplanten Bestand an Kundenaufträgen, die in dieser und den Folgeperioden ausgeliefert werden sollen, ergibt sich für das Unternehmen – je nach Art und Fertigungstiefe – ein rechnerischer **Primärbedarf** an Material, Teilen und Komponenten zur Erfüllung der Kundenaufträge. Dies ist ein Bruttobedarf, aus dem unter Berücksichtigung von Lagerbeständen der **Nettobedarf einer Periode pro Materialien, Teilen und Komponenten** zu ermitteln ist:

Bestellmengen-ermittlung

Bruttobedarf (rechnerischer Bedarf laut Aufträge)

./. Lagerbestand (gesamte Menge am Lager)

./. Sicherheitsbestand (nicht disponierbar, Notreserve, „eiserner Bestand")

./. Werkstattbestand (Zwischenlager an den Arbeitsplätzen)

./. Bestellbestand (Bestellung wird in dieser Periode geliefert)

+ Vormerkungen (Reservierungen, z. B. für Ersatzteilelieferungen)

+ Überhänge (Fehlmengen aus Vorperioden infolge Lieferstörungen)

= **Nettobedarf** (Bestellbedarf) einer Periode

Bestellbedarf

Nettobedarf oder Bestellbedarf ist die Lagermenge, die über Zukäufe mit **Lieferungen in dieser Periode** zu decken ist. Dies kann in einer oder in mehreren Bestellungen erfolgen. Es gilt die Versorgung des Betriebs mit Lagerhaltung zu minimalen Kosten zu sichern. Hierzu dient die **Bestellmengenermittlung.**

Über eine Bedarfsanalyse nach Verbrauchsverläufen in einer Periode oder nach Durchschnittsverbrauch pro Zeiteinheit (z. B. Tag, Woche, Monat) erkennt man, dass die Disposition der Lagerbestände über Bestellmengen oder über Bestelltermine erfolgen kann. Das beutet: Eine kostenoptimale Lagerhaltung/Lagerbewirtschaftung ist nach dem Bestellpunktverfahren oder nach dem Bestellrhythmusverfahren möglich. Bei kontinuierlichem Verbrauch über einen längeren Zeitraum ist auch die Anwendung der Formel „optimale Bestellmenge" denkbar.

Bestellpunktver-fahren

(1) Bestellpunktverfahren

Bei Lagerentnahme wird geprüft, ob ein bestimmter Meldebestand erreicht oder unterschritten wurde. Dies löst dann eine Bestellung mit fester Bestellmenge aus. Die Lieferung muss spätestens bei Erreichen des Sicherheitsbestands eintreffen. Erfolgt dies nicht, ist die nächste Bestellung entsprechend zu erhöhen.

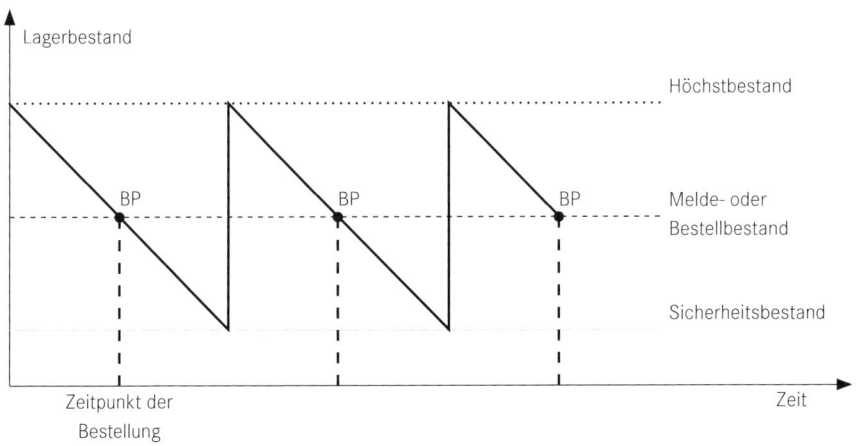

Lagerentwicklung bei Anwendung des Bestellpunktverfahrens

Errechnet wird der **Bestellpunkt (BP)** nach der Formel

$$BP = \frac{LA}{ZE} \times (BZ + LZ) + SB$$

wobei:

LA	=	Lagerabgang
ZE	=	Zeiteinheit
LA/ZE	=	Durchschnittsverbrauch pro Zeiteinheit (Tag/Woche/Monat)
BZ	=	Bestellzeit (intern, von der Bedarfserkennung bis zum Auslösen der Bestellung)
LZ	=	Lieferzeit (inkl. Prüfzeiten im Wareneingang für Mengen- und Qualitätskontrolle)
SB	=	Sicherheitsbestand (Durchschnittsverbrauch für 1 x [BZ + LZ])

(2) Bestellrhythmusverfahren

Hier wird innerhalb gewisser Zeitabstände geprüft, ob die Lagerbestände durch eine Bestellung/Lieferung ergänzt werden müssen. Der Sicherheitsbestand darf nicht unterschritten werden. Die Bestellmenge ist variabel; sie richtet sich nach der Lagerobergrenze.

Bestell-
rhythmus-
verfahren

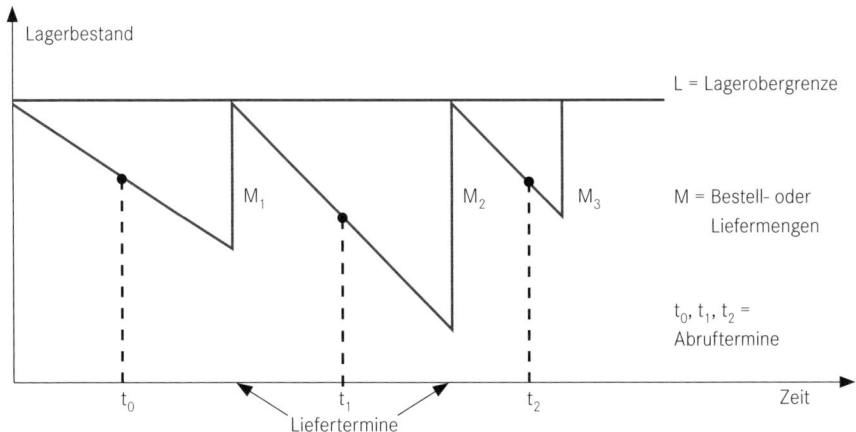

Lagerentwicklung nach dem Bestellrhythmusverfahren

Kontrolltermin

Unterstellt man bei diesem Verfahren, dass bei jedem **Kontrolltermin** (z. B. 30 Tagen nach Eintreffen einer Lieferung) eine Bestellung ausgelöst wird, um das Lager wieder voll aufzufüllen, dann ergeben sich bei unterschiedlichen Verbräuchen in den Perioden auch unterschiedliche Bestellmengen pro Periode. Eine Sicherheitsreserve muss nicht (aber kann) berücksichtigt werden.

Die Bestell- und Liefermengen einer Periode ermitteln sich beim Bestellrhythmusverfahren wie folgt:

Die erste Bestellung geht über die gesamte Lagermenge. Die folgenden regelmäßigen Kontroll- und Bestelltermine richten sich nach dem Durchschnittsverbrauch in der Periode und den Lieferzeiten.

$$BM = LH - \frac{V}{ZE} \times (BR + BZ + LZ)$$

wobei:

LH	=	Lagerhöchstbestand
V/ZE	=	Verbrauch pro Zeiteinheit (z. B. Stück/Tag oder kg/Tag)
BR	=	Bestellrhythmus (z. B. in Tagen)
BZ	=	Bestellzeit (interne Bearbeitungszeit nach Auslösen einer Bestellung)
LZ	=	Lieferzeit (externe Zeit bis Lagereingang der Bestellung)

Die so ermittelten Bestellmengen ergänzen jeweils das Lager bis zur Obergrenze.

(3) Kostenoptimale Bestellmenge

Diese Formel zur Ermittlung der kostenoptimalen Bestellmenge wird häufig angewandt bei unterstelltem, gleichmäßigem Verbrauch (z. B. bei Büromaterial oder bestimmten Betriebshilfsstoffen).

$$X_{opt} = \sqrt{\frac{200 \times K_f \times M}{P_E \times LHK}}$$

wobei:

X_{opt}	=	kostenoptimale Bestellmenge
K_f	=	Fixkosten pro Bestellung
M	=	Periodenbedarf
P_E	=	Preis pro Einheit
LHK	=	Lagerhaltungskosten in %

Beispiel

K_f = 62,50 €

M = 100.000 Einheiten

P_E = 5,00 €/Stück

LHK = 10 % des Durchschnittslagerbestandswerts

$$X_{opt} = \sqrt{\frac{200 \times 62,50 \text{ €} \times 100.000}{5,00 \text{ €} \times 10}}$$

X_{opt} = 5.000 Einheiten/Bestellung (das entspricht 20 Bestellungen pro Periode)

Voraussetzung zur Anwendung dieser Formel ist eine möglichst genaue Schätzung des Jahresbedarfs, gleichmäßiger Verbrauch, Kenntnis der bestellfixen Kosten und der Lagerhaltungskosten.

6.2 Bedarfsbezogene Einkaufsstrategien entwickeln

6.2.1 Methodische Bedarfsermittlung durchführen

Bedarfs-ermittlung

Die für den Einkauf wichtigen Bedarfsarten, das Einkaufsprogramm an Materialien, Teilen und Komponenten ist aus den Aufträgen des Fertigungsprogramms abzuleiten. Hierzu bedient man sich des **Strukturbaumverfahrens.** Es zeigt, in welchen Fertigungsstufen welche Teile, Baugruppen oder Hauptbaugruppen in welchen Mengen benötigt werden. Aufgelöst nach Dispositionsstufen kann man pro Enderzeugnis eine Mengenstückliste erstellen und dann über eine Mengenübersichtsliste den **Einkaufsbruttobedarf** ermitteln, wie folgendes Beispiel zeigt:

Bruttobedarf

1. Schritt: Erstellen einer Strukturstückliste:

Strukturstück-liste

Strukturstückliste	Erzeugnis A
Fertigungsstufe 0	A
benötigte Anzahl Fertigungsstufe 1	1 2 1 c d 1
benötigte Anzahl Fertigungsstufe 2	1 3 1 2 5 1 2 1 3 5

Struktur/Zusammensetzung von Erzeugnis „A"
Legende: A = Fertigerzeugnisse; c = Baugruppe; 1- n = Teile

2. Schritt: Erstellen einer Mengenstückliste:

Mengenstück-liste

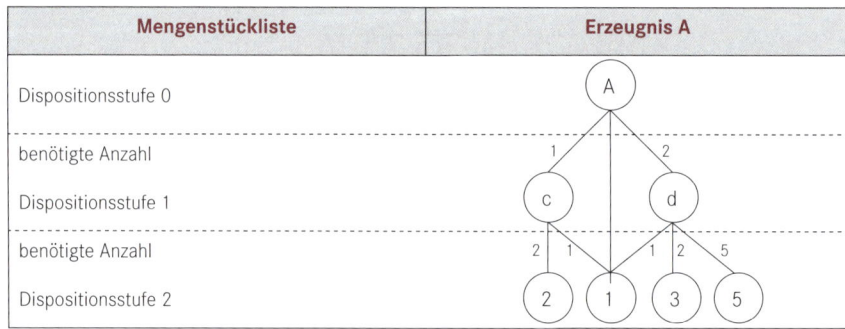

Mengenstückliste	Erzeugnis A
Dispositionsstufe 0	A
benötigte Anzahl Dispositionsstufe 1	1 2 c d
benötigte Anzahl Dispositionsstufe 2	2 1 1 2 5 2 1 3 5

Mengenstückliste von Erzeugnis „A"

3. Schritt: Erstellen einer Mengenübersichtsliste:

Mengenübersichtsliste	Erzeugnis A	
Dispositionsstufe	Sach-Nr.	Menge
1 Bau-	c	1
1 gruppen	d	2
2	1	4
2 Teile-	2	3
2 bedarf	3	4
2	5	10

Mengenüber-
sichtsliste

Teilebedarf (brutto) für Erzeugnis „A"

Die Ermittlung des **Nettobedarfs** wurde bereits in Abschnitt 6.1.3 im Zusammenhang mit der Bestellmengenermittlung dargestellt.

Nettobedarf

Für die Entwicklung von wirtschaftlich sinnvollen Einkaufsstrategien sind hauptsächlich folgende Bestimmungsfaktoren zu beachten:

(1) Die zu beschaffenden Nettomengen, die bei Bedarf in Bestellmengen oder Abrufmengen aufgeteilt werden können.

(2) Der Wert der einzelnen Nettobedarfe und ihr Anteil am Gesamteinkaufsvolumen sind entscheidend, mit welcher Intensität die Einkaufsaktivitäten durchgeführt werden sollen, um Preis-, Kosten- und Servicevorteile zu erreichen. Mithilfe einer **ABC-Analyse** lassen sich wirtschaftliche Bedarfsgruppen (A = bedeutend, C = weniger bedeutend) bilden.

(3) Die Vorhersagegenauigkeit des Verbrauchs und des Verbrauchsverlaufs in einer Periode, denn Schwankungen können Versorgungsrisiken auslösen. Daher führt man bei den Bedarfsarten Risikoanalysen, die sog. **XYZ-Analyse** durch. So erhält man Bedarfsklassen mit unterschiedlicher Berechenbarkeit des künftigen Verbrauchs (X = gut berechenbar, Z = nicht berechenbar).

6.2.2   Einkaufsgerechte Bedarfsklassifikationen festlegen

Kombiniert man die Erkenntnisse der ABC-Analyse und der XYZ-Analyse, erhält man gute Anhaltspunkte für **bedarfsgruppenorientierte Einkaufsstrategien.**

- **Durchführung einer ABC-Analyse**

ABC-Analyse

Das nachfolgende Beispiel zeigt ein Unternehmen mit 10 verschieden Bedarfen (x_1 – x_{10}), deren Bedarfsmengen und Bedarfswerte pro Position ermittelt und als %-Anteil an der Gesamtzahl der Positionen (100 %) sowie als %-Anteil am Gesamtbedarfswert (100 %) ermittelt werden. Zur Klassifikation in A-, B- und C-Bedarfe werden diese in einer wertmäßig fallenden Reihe dargestellt und in Wertegruppen (A, B, C) zusammengefasst. Ein Zahlenbeispiel zeigt die Schritte der Vorgehensweise:

(1) Rangreihenbildung der Bedarfswerte

(2) Ermittlung der ABC-Klassifikation

(3) Ergebnisse der ABC-Analyse

(4) ABC-Analyse als Diagramm

Schritt 1:

Bedarfsart	Bedarfs-einheiten (Stck., m, Std.)	Preis/Einheit in €	Bedarfswert in €	Rang
X_1	20.000	0,15	3.000,-	6
X_2	7.500	0,90	6.750,-	5
X_3	36.000	0,05	1.800,-	10
X_4	21.000	1,80	37.800,-	1
X_5	50.000	0,14	7.000,-	4
X_6	2.000	1,00	2.000,-	9
X_7	4.000	2,00	8.000,-	3
X_8	11.000	0,25	2.750,-	7
X_9	35.000	0,07	2.450,-	8
X_{10}	19.500	1,90	37.050,-	2
10 Positionen	–	–	**108.600,-**	-

Rangordnung der Bedarfsarten

Schritt 2:

Bedarfs-art	Bedarfs-wert in €	kumulierte Werte in €	kumulierte Werte in %	Bedarfswerte pro Klasse in %	kumulierte %-Anteile Positionen	Klasse
X_4	37.800,-	37.800,-	34,8			A
X_{10}	37.050,-	74.850,-	68,9	68,9	20,0	A
X_7	8.000,-	82.850,-	76,3			B
X_5	7.000,-	89.850,-	82,7			B
X_2	6.750,-	96.600,-	88,9	20,0	30,0	B
X_1	3.000,-	99.600,-	91,7			C
X_8	2.750,-	102.350,-	94,4			C
X_9	2.450,-	104.300,-	96,5			C
X_6	2.000,-	106.800,-	98,3			C
X_3	1.800,-	108.600,-	100,0	11,1	50,0	C

ABC-Klassifikation der Bedarfsarten

Schritt 3:

Bedarfs-gruppen %-Anteile	% der Positionen	%-Anteil am Gesamtwert	effektive Werte pro Klasse in €
A-Bedarfe	20 %	70 %	74.850,–
B-Bedarfe	30 %	20 %	21.750,–
C-Bedarfe	50 %	10 %	12.000,–
10 Positionen	100 %	100 %	108.600,–

Ergebnis der ABC-Analyse

Schritt 4:

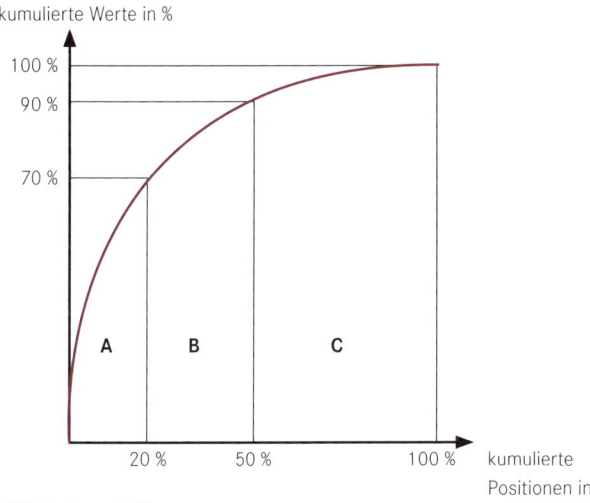

ABC-Analyse als Diagramm

- **Durchführung einer XYZ-Analyse**   **XYZ-Analyse**

Diese Analyse ist eine gute Ergänzung der Mengen- und Wertanalyse der Bedarfe. Bedarfe werden hier nach ihrer Vorhersagegenauigkeit differenziert und folgenden Kategorien zugeordnet:

X = Bedarfe, deren Verbrauch relativ genau vorhersehbar ist, da in der Vergangenheit ein gleichmäßiger Verbrauchsverlauf erkannt wurde, der auch für die Zukunft gelten dürfte. Tendenz: möglichst keine eigene Lagerhaltung.

Y = Bedarfe, die einen saisonal schwankenden oder trendartigen Verlauf aufweisen. Tendenz: angepasste Lagerhaltung zur Versorgungssicherung.

Z = Bedarfe, die sich durch unregelmäßigen, nicht vorhersehbaren Verbrauch auszeichnen; sie fallen mehr zufällig an (z. B. bei Sonderaufträgen). Tendenz: keine eigene Lagerhaltung; Beschaffung im Bedarfsfall.

6.2.3 Differenzierte Einkaufsstrategien anwenden

Bedarfsgerechte Einkaufsstrategien

Kombiniert man die Ergebnisse der ABC-Analyse mit den Ergebnissen der XYZ-Analyse und stellt das als Grafik dar, dann erhält man als erste Anhaltspunkte **9 Felder zur Entwicklung bedarfsgerechter Einkaufstrategien:**

	A	B	C
X	1.1	2.1	3.1
Y	1.2	2.2	3.2
Z	1.3	2.3	3.3

Kombinierte ABC- und XYZ-Klassifikation von Einkaufsbedarfen

- **Feld 1.1**

  Mögliche Einkaufsstrategie: **Lieferantenkonzentration** als Zusammenarbeit mit einem oder wenigen Lieferanten (sog. A-Lieferanten) und Lieferung zum Bedarfszeitpunkt; keine eigene Lagerhaltung; Sicherheitslager beim Lieferanten.

- **Feld 1.2**

  Mögliche Einkaufsstrategie: **Einkauf mit Lieferung auf Abruf**; Basis könnte ein Rahmenvertrag sein; nur Sicherheitslager; Bestellmengen nach dem Bestellrhythmusverfahren.

- **Feld 1.3**

  Mögliche Einkaufsstrategie: **Einkauf im Bedarfsfall;** keine Lagerhaltung; Aufbau eines Lieferantenpools mit hohem Servicegrad beim Auftreten eines Bedarfs; Voraussetzung ist eine möglichst frühe Vorabinformation, wenn ein Bedarf auftreten könnte (Ziel: Reservierung von Fertigungskapazitäten beim Lieferanten).

  Ganz andere Einkaufsstrategien lassen sich bei Bedarfen der C-Kategorie feststellen. Hier gilt es über Zusammenfassung von Bedarfen (Sammelbestellungen) und Konzentration auf möglichst wenige Lieferanten Kostenvorteile zu erreichen sowie den Einkauf und die Abwicklung möglichst zu standardisieren, z. B. durch E-Commerce.

- **Feld 3.1**

  Mögliche Einkaufsstrategie: **Lieferantenkonzentration;** Einkauf bei einem Lieferanten mit periodischen Lieferungen; Rahmenvertrag und Lagerauffüllung durch Lieferanten nach dem Bestellpunktverfahren.

- **Feld 3.2**

  Mögliche Einkaufstrategie: **Einkauf bei Mehrproduktlieferanten,** um mengenorientierte Kostenvorteile zu erreichen; eigene Lagerhaltung zur Versorgungssicherung.

- **Feld 3.3**

  Mögliche Einkaufsstrategie: **Einkauf über Rahmenverträge bei Mehrprodukt-lieferanten;** Bestellauslösung durch Bedarfsträger selbst; standardisierter Einkauf (z. B. über digitale Kataloge im Internet); keine eigene Lagerhaltung.

Bei den sog. B-Bedarfen sind Einkaufsstrategien schwierig festzulegen, denn bei diesen Bedarfen ist erst noch zu klären, ob sie in Richtung A-Bedarfe wachsen, was dann eine größere Intensität bei den Einkaufsbemühungen rechtfertigen würde. Sind die B-Bedarfe wertmäßig eher in Richtung C-Bedarfe zu sehen, sind mehr standardisierte Einkaufsverfahren mit geringerem Arbeits- und Kostenaufwand und eigene Lagerhaltung einzusetzen.

Die bisherigen Betrachtungen reichen jedoch noch nicht aus. Sie müssen noch um eine weitere Komponente ergänzt werden: Wie hoch ist das **Schadensrisiko bei Eintritt von Versorgungsstörungen,** z. B. Lieferschwierigkeiten oder Insolvenz bei derzeitigen Lieferanten der A-, B- oder C-Bedarfe?

Schadensrisiko bei Engpässen

Unter Berücksichtigung des Bedarfswerts und dem möglichen Schadensrisiko lassen sich weitere Bedarfskategorien unterscheiden, denen entsprechende Einkaufsnormstrategien zugeordnet werden können.

Ordnet man die Wertanteile der Bedarfe am gesamten Einkaufsvolumen vereinfachend mit „hoch" und „niedrig" und unterteilt das mögliche Schadensrisiko bei Versorgungsstörungen ebenfalls mit „hoch" und „niedrig", dann lassen sich vier Bedarfsarten mit unterschiedlichem Risikopotenzial erkennen. Diese sind in nachstehender Abbildung beispielhaft dargestellt und als **Standardbedarfe** und **Hebelbedarfe** mit geringem Schadensrisiko und **Engpassbedarfe** und **strategische Bedarfe** mit hohem Schadensrisiko bei Versorgungsstörungen bezeichnet. Überträgt man die Wertigkeit der Bedarfe auf die dafür zuständigen Lieferanten, dann gibt es für das Unternehmen relativ bedeutende und weniger bedeutende Lieferanten mit hohem oder niedrigem Schadenspotenzial. Dies zeigt folgende Abbildung, in der auch die dafür geeigneten **Einkaufsnormstrategien für die genannten Bedarfskategorien** vermerkt sind.

Bedarfsarten

Bedarfe und Schadenspotenzial

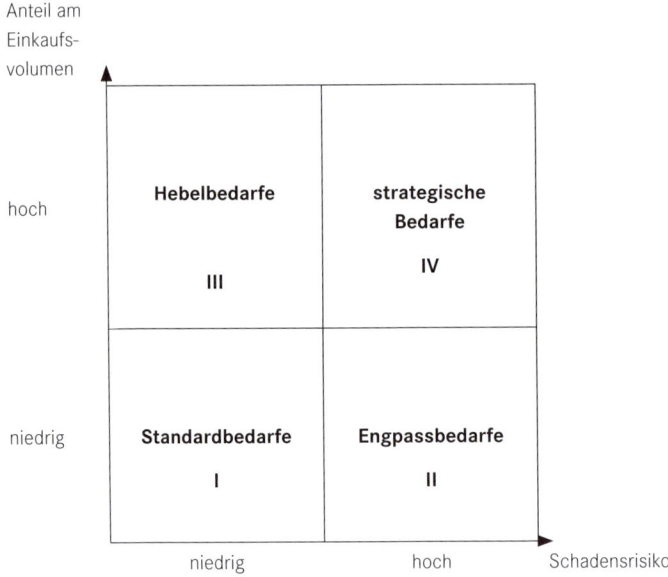

Bedarfe mit unterschiedlichem Schadenspotenzial

Bedarfe und Einkaufsnormstrategien

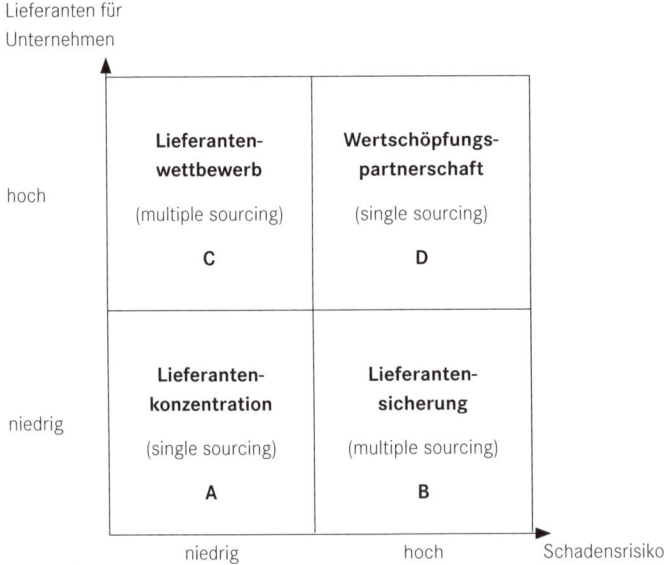

Einkaufsnormstrategien für oben genannte Bedarfe

Solche Einkaufsstrategien sind:

- **A/I: Strategie der Lieferantenkonzentration**

  Diese Strategie eignet sich bei problemlosen Standardbedarfen (z. B. C-X- und C-Y-Bedarfen), die als standardisierte Leistungen von einer Vielzahl von Lieferanten angeboten werden. Hier sind Preis-, Kosten- und Servicevorteile über Bedarfs-bündelung zu erreichen; der Einkaufsaufwand ist zu minimieren, die Prozesse zu standardisieren und zu digitalisieren (elektronischer Einkauf); Konzentration auf Mehrproduktlieferanten mit Trend zu single sourcing (Einquellenversorgung). Lieferanten-konzentration

- **B/II: Strategie der Lieferantensicherung**

  Diese Strategie eignet sich bei Engpassbedarfen, deren Versorgung und Belie-ferung gesichert werden muss. Es geht um die Sicherstellung der Lieferfähigkeit und Lieferbereitschaft der Lieferanten, deren Ausfall ein großes Schadensrisiko darstellt. Zur Risikostreuung empfiehlt sich die Strategie eines multiple sourcing (Mehrquellenversorgung) mit Auswahl zuverlässiger Lieferanten; u. U. langfristige Lieferverträge zur Lieferantenbindung. Lieferanten-sicherung

- **C/III: Strategie des Lieferantenwettbewerbs**

  Das ist die wirksamste Einkaufsstrategie bei hochwertigen Hebelbedarfen, für die keine Lieferengpässe vorliegen oder zu erwarten sind. Die Bedarfsmenge ist in den Einkaufsverhandlungen als „Hebel" für Preis-, Kosten- und Servicevorteile einzusetzen. Hierzu sind größenmäßig passende Lieferanten zu suchen; anzu-streben ist eine Position als A- oder B-Kunde des Lieferanten; keine Lieferanten-bindung; Spotkäufe; den Angebotswettbewerb nutzen; möglichst keine eigene Lagerhaltung. Lieferanten-wettbewerb

- **D/IV: Strategie der Wertschöpfungspartnerschaft**

  Dieses Vorgehen ist im Einkauf bei hochwertigen strategischen Bedarfen mit ho-hem Schadenspotenzial bei Lieferstörungen geeignet. Dies sind keine Standard-erzeugnisse, sondern in aller Regel spezielle Teile und Komponenten von ausge-wiesenen Lieferanten; Ersatzbeschaffungen sind äußerst schwierig, zum Teil gar nicht möglich infolge Festlegung durch den eigenen Endkunden. Daher wird oft auch von **strategischen Lieferanten** gesprochen, die es für eine langfristige Zusammenarbeit zu gewinnen gilt. Ihre Leistungen und Innovationen sind von zentraler Bedeutung für die Wertschöpfung und die technische Weiterentwick-lung des Kunden. Er gibt einen Teil seiner Wertschöpfung durch Verlagerung auf einen Lieferanten auf. Es gilt, bei diesen Bedarfen eine von Vertrauen und Offen-heit geprägte langfristige **Wertschöpfungspartnerschaft** wie im industriellen **Zuliefergeschäft** zu erreichen. Lieferanten und Kunden unterliegen gegensei-tig strengen Beurteilungs- und Auswahlprozessen, denn speziell für den Kunden sind solche Einkaufs- und **Lieferantenbindungsentscheidungen** oft nur mit Wertschöp-fungspartner-schaft

**Premium-
lieferanten**

großen Verlusten wieder aufzulösen. Gesucht werden Premiumlieferanten mit großer Innovationskraft und starker Servicekomponente zur Unterstützung des Kunden.

6.3 Mehrwertorientierte Lieferantenwahl praktizieren

6.3.1 Lieferantenklassifikation einführen

**Lieferanten-
ABC-Analyse**

Da jede Lieferantenbeurteilung und Lieferantenwahl mit Arbeit und Kosten verbunden ist, gibt eine **Lieferanten-ABC-Analyse** erste Hinweise, für welche Lieferantenkategorie sich mehr oder weniger Aufwand lohnt.

Lieferantenklassifikation	Anteil (%) an Einkaufspositionen	Anteil (%) am Gesamt-Einkaufsvolumen
A-Lieferanten	< 15 %	> 70 %
B-Lieferanten	< 25 %	< 20 %
C-Lieferanten	< 60 %	< 10 %
alle Lieferanten	100 %	100 %

ABC-Analyse der Lieferanten

A-Lieferanten

- **A-Lieferanten:** Wenige Lieferanten, hoher Umsatz pro Lieferant; auch wenige Prozentpunkte kostensenkender Verhandlungserfolge wirken überproportional auf den Betriebsgewinn; hohe Intensität der Einkaufsaktivitäten; sehr wichtig ist Kontrolle, damit keine Abhängigkeit vom Lieferanten entsteht; können Ein- oder Mehrproduktlieferanten sein; Lieferantenbeziehungen pflegen, besonders bei A-X-Bedarfen.

B-Lieferanten

- **B-Lieferanten:** Mehrere Lieferanten, mittelgroße Umsätze pro Lieferant; meist harter Anbieterwettbewerb, um in eine A-Lieferantenposition zu kommen; Intensität der Einkaufsverhandlungen von der (strategischen oder operativen) Bedeutung der Bedarfsart abhängig; oftmals Anbieter von Hebelbedarfen; bei geringer Bedeutung der Bedarfe ist bei diesen Lieferanten eine vereinfachte Einkaufstrategie und vereinfachte Abwicklung (digitaler Einkauf) anzuwenden.

C-Lieferanten

- **C-Lieferanten:** Viele Positionen, geringe Umsätze pro Lieferant; diese Lieferanten sind von wirtschaftlich geringer Bedeutung für das Unternehmen, oftmals nur einmalige Lieferung oder Deckung von Kleinbedarfen; Einkaufsaktivitäten und Abwicklung weitestgehend standardisieren, denn wesentliche Kostenvorteile können meist nur über Reduktion der internen und externen Logistikkosten (standardisierte Abläufe und Abrufe) erreicht werden; Einkaufsstrategie auf Abbau der Lieferantenzahl ausrichten, um auch die Einkaufs- und Bestellkosten zu senken.

6.3.2 Methodisch abgesicherte Lieferantenwahl durchführen

Die **ABC-Lieferantenstruktur** und die Lieferanten, mit denen das Unternehmen Lieferbeziehungen pflegt, sind das **Ergebnis** von **Lieferantenwahl** mit/ohne vorgeschalteter **Lieferantenbeurteilung.** Der Aufwand für die Lieferantenbeurteilung als „Eignungstest" ist abhängig von der wirtschaftlichen und strategischen Bedeutung der zu beschaffenden Bedarfe und des Schadensrisikos bei gravierenden Versorgungsstörungen (z. B. Lieferantenausfall infolge Insolvenz). Dies führt zu folgendem elektronisch unterstütztem Vorgehen bei der **Lieferantenbeurteilung mit anschließender Lieferantenwahl:**

- **Standardbedarfe => einfache Lieferantenwahl**
  (geringe wirtschaftliche Bedeutung mit geringem Schadensrisiko) Lieferant ist bei Ausfall leicht durch andere Lieferanten zu ersetzen infolge der vorliegenden Standardisierung; einfache und standardisierte Verfahren: einfacher Preis- oder Angebotsvergleich.

  Standardbedarfe

- **Engpassbedarfe => differenzierte Lieferantenwahl**
  (geringe wirtschaftliche Bedeutung mit hohem Schadensrisiko) Ausgewählte Lieferanten haben die Versorgung zu sichern, da bei Störungen oder Lieferantenausfällen mit gravierenden Schäden zu rechnen ist; wichtig sind u. a. Lieferfähigkeit, Liefertreue, Solidität und Kontinuität im Fortbestand des Lieferanten; empfohlene Verfahren: qualifizierter Angebotsvergleich oder Lieferantenwahl nach dem Punktbewertungsverfahren.

  Engpassbedarfe

- **Hebelbedarfe => vorteilsorientierte Lieferantenauswahl**
  (hohe wirtschaftliche Bedeutung mit geringem Schadensrisiko) Es gilt den Anbieterwettbewerb zum eigenen Vorteil zu nutzen; neben Preisen und Konditionen werden weitere Faktoren wie Zuverlässigkeit, Flexibilität, Services und sonstige Vorteile zur Vermeidung versteckter Kosten berücksichtigt; empfohlene Verfahren: Lieferantenbeurteilung und Auswahl nach Punktbewertungsverfahren oder Profilanalyse.

  Hebelbedarfe

- **Strategische Bedarfe => wertschöpfungsorientierte Lieferantenwahl**
  (hohe wirtschaftliche Bedeutung mit hohem Schadensrisiko) Die besondere Bedeutung dieser „Premiumlieferanten" mit langfristigen Wertschöpfungsbeziehungen verlangt eine umfangreiche und gewissenhafte Gesamtanalyse des Lieferanten, seiner Leistungspotenziale und seiner sozialen Kompetenz („does it fit

  Strategische Bedarfe

to me?"); empfohlene Verfahren: Lieferantenwahl mithilfe der Nutzwertanalyse, hilfsweise auch nach dem Punktwertverfahren.

Die angeführten Beurteilungs- und Auswahlverfahren zeichnen sich durch folgende Besonderheiten aus:

Preis- und Angebotsvergleich

(1) Einfacher Preis- und Angebotsvergleich

Für Kleinbedarf oder Einfachartikel genügt in der Praxis oftmals der **einfache Preisvergleich;** der günstigste Anbieter erhält – häufig auch mündlich – den Auftrag, vorausgesetzt alle anderen Konditionen sind bei allen Anbietern gleich.

Der **Angebotsvergleich** ist bereits etwas aufwendiger, denn neben Preis, Menge, Qualität und Lieferzeit werden weitere kostenwirksame Faktoren wie Liefer- und Zahlungsbedingen verglichen. Gesucht ist das kostengünstigste Angebot auf der Vergleichsbasis „Kosten pro Einheit im Wareneingang". Dieses Verfahren eignet sich für Standardprodukte, da diese Vergleichsart problemlos standardisiert, automatisiert und digital durchgeführt werden kann.

Qualifizierter Angebotsvergleich

(2) Qualifizierter Angebotsvergleich

Bei dieser Art von Angebotsvergleich werden zusätzliche Aspekte der Liefer- und Leistungsfähigkeit des Lieferanten berücksichtigt. Das sind z. B. Informationen über Termin- und Mengenflexibilität, mögliche Teillieferungen, integrierte Qualitätskontrollen, Lieferpünktlichkeit bei früheren Verträgen u. a. m. Der Lieferant mit dem besten Gesamteindruck wird ausgewählt. Diese Art der Auswahl eignet sich für Engpassbedarfe und technisch wenig anspruchsvolle Hebelbedarfe. Ein wesentlicher Nachteil dieses Verfahrens ist, dass alle Beurteilungskriterien gleichrangig behandelt werden.

Scoring-Modell

(3) Punktbewertungsverfahren (Scoring-Modell)

Hier werden zunächst die Kriterien zur Beurteilung festgelegt und vom Einkauf nach der Wichtigkeit für die Lieferantenwahl mit Punkten gewichtet (z. B. 10 = sehr wichtig, 1 = relativ unwichtig). Danach werden die Ausprägungen bei den einzelnen Beurteilungskriterien ebenfalls mit Punkten bewertet (z. B. 10 = sehr gut, 1 = ungenügend). Eine „1"-Ausprägung bei einem hochgewichtigen Beurteilungskriterium ist ein K.-o.-Kriterium für diesen Anbieter. Das nachfolgende Beispiel verdeutlicht dieses Verfahren. Es eignet sich gut für die Lieferantenwahl bei Engpass- und Hebelbedarfen.

Bestellteil X:	Lieferantenbeurteilung und Lieferantenwahl				
	Gewichtung	Lieferant A		Lieferant B	
Beurteilungskriterien	Punkte 10 – 1	Ausprägung 10 – 1	gewichteter Wert	Ausprägung 10 – 1	gewichteter Wert
Preis	10	9	90	7	70
Qualität	10	6	60	10	100
Konditionen	6	4	24	8	48
Mengentreue	7	3	21	5	35
Lieferzeit	9	7	63	8	72
Service	4	8	32	7	28
Gesamtpunktzahl des Lieferanten			290		353
Bewertungen: 10 = sehr wichtig/sehr gut; 1 = relativ unwichtig/genügend					

Lieferantenwahl nach dem Punktwertverfahren

Im vorliegenden Beispiel hat der Anbieter B die besseren Punktwerte. Er wird deshalb als Lieferant ausgewählt oder als **„qualifizierter Lieferant"** in den Lieferantenpool aufgenommen.

(4) Nutzwertanalyse

Bei diesem Verfahren geht es um eine ganzheitliche Beurteilung des Anbieters. Hierzu werden die einzelnen Beurteilungskriterien nach deren Wichtigkeit für das Unternehmen mit einem %-Anteil gewichtet (insgesamt 100 %). Danach gilt es, die Ausprägungen bei den festgelegten Kriterien mit Punkten zu bewerten (z. B. 10 = sehr guter Wert, 1 = ungenügender Wert). Durch Multiplikation erhält man dann das relative Gewicht der Ausprägung für die Entscheidungsfindung. Es wird derjenige Anbieter als möglicher Lieferant gewählt, der den besseren Vergleichswert erreicht. Dieses Verfahren ist aufwendiger als die anderen, erlaubt jedoch eine sehr detaillierte Eignungsanalyse mit quantitativen und qualitativen Kriterien. Die Nutzwertanalyse eignet sich besonders für die Auswahl von Lieferanten für Engpassbedarfe und strategische Bedarfe. Hier werden den operativen Beurteilungskriterien (siehe vorhergehendes Beispiel „Punktwertverfahren") weitere, für eine längerfristige Zusammenarbeit wichtige (qualitative) Kriterien hinzugefügt. Folgendes Beispiel zeigt das Vorgehen.

Bestellteil X:	Lieferantenbeurteilung und Lieferantenwahl				
	Gewichtung in %	Lieferant A		Lieferant B	
Beurteilungskriterien		Ausprägung 10 – 1	gewichteter Wert	Ausprägung 10 – 1	gewichteter Wert
a) operative Kriterien					
Qualität	20	10	2,00	9	1,80
Lieferzeit	10	9	0,90	9	0,90
Mengentreue	10	10	1,00	9	0,90
Preis	15	9	1,35	10	1,50
Konditionen	2	8	0,16	8	0,16
Service	5	6	0,30	7	0,35
a) strategische Kriterien					
Innovationskraft	10	10	1,00	10	1,00
Flexibilität	10	7	0,70	9	0,90
Kooperationsbereitschaft	5	8	0,40	8	0,40
Unternehmensgröße, Finanzkraft	3	7	0,21	9	0,27
technologisches Potenzial	10	9	0,90	8	0,80
„Wertigkeit" des Lieferanten	**100**		**8,92**		**8,98**
Bewertungen: 10 = sehr wichtig/sehr gut; 1 = relativ unwichtig/genügend					

Lieferantenwahl unter Einsatz der Nutzwertanalyse

Auch in diesem Zahlenbeispiel hat der Anbieter B den höheren Gesamtwert erzielt und würde als Lieferant ausgewählt werden. Sollte sich allerdings in den ersten Gesprächen zeigen, dass die beteiligten Führungskräfte von Anbieter und Kunde nicht „zusammenpassen", dann würde man mit dem Lieferanten A sprechen (wenn die erreichte Wertigkeit ausreicht) oder eine neue Nutzwertanalyse mit anderen Anbietern durchführen.

Profilanalyse

(5) Profilanalyse

Bei diesem Verfahren werden zwei oder mehrere Anbieter an den Anforderungen des Kunden gemessen, die als sog. „Nulllinie" dargestellt werden. Der/die Anbieter sind bei den vorgegebenen Beurteilungskriterien entweder „besser" (0 bis +3) oder „schlechter" (0 bis -3) als die vom Kunden gewünschte Ausprägung. Stellt man die Beurteilungen grafisch dar, erhält man **„Fieberkurven der Lieferanten"**, welche die Abweichungen optisch verdeutlichen. Solche Profile eigen sich sehr gut als **Grundlage für Lieferantengespräche,** denn sie zeigen sehr deutlich die Stärken und Schwächen der einzelnen Anbieter bzw. Lieferanten (siehe nachfolgende Abbildung). Dieses Verfahren eignet sich bei der Auswahl von Mehrproduktlieferanten bei Standardbedarfen und technisch wenig anspruchsvollen Hebelbedarfen. Außerdem kann das Verfahren sehr gut (als Soll/Ist-Vergleich) zur Kontrolle der Vertragserfüllung von Lieferanten eingesetzt werden. Ungeeignet ist dieses Verfahren zur Lieferantenwahl bei Engpass- und strategischen Bedarfen.

Bewertungs-kriterien	Bewertungsstufen						
	-3	-2	-1	0	+1	+2	+3
Qualität	mangelhaftes QM-System			QM-System nach ISO			TQM ist geübte Praxis
Preis	> 20 % über Mittelwert			Mittelwert			> 15 % unter Mittelwert
Zuverlässig-keit	> 10 % Abweichungen von Zusagen			Zusagen werden eingehalten			auch bei kurzfristigen Änderungen zuverlässig
Lieferzeit	> 10 Tage nach Abruf			3 Tage nach Abruf			1 Tag nach Abruf
Service	kein Service			Holine für Anfragen			Umfassende Beratung und 24h Service

Lieferant B   Lieferant A

Profilanalyse von zwei Lieferanten

Die Kurven zeigen, dass die Lieferanten noch Defizite bei der Preisgestaltung haben. Lieferant A muss dringend sein Qualitätsmanagement (QM) und seine Zuverlässigkeit bei Mengenänderungen verbessern. Lieferant B muss mindestens eine Service-Hotline einrichten, um den Mindesterwartungen zu entsprechen.

6.3.3 Lieferantenbewertung nicht vergessen

Bewertung der Lieferanten

Die Lieferantenbeurteilung erfolgt **vor** der Lieferantenwahl und der Auftragsvergabe und kann als Soll-Vorgabe für den Lieferanten gesehen werden. Die **Lieferantenbewertung** erfolgt nach den **Ist-Werten** der Auftragsabwicklung oder nach einem bestimmten Zeitraum. Die Lieferantenbewertung ist **ein Kontroll- und Steuerungsinstrument** in den Lieferantenbeziehungen, speziell bei Hebel- und strategischen Bedarfen.

Zur Ermittlung der Soll-Ist-Unterschiede bei den Lieferantenbeurteilungskriterien eignet sich die erwähnte **Profilanalyse.** Sie zeigt im Verlauf der Soll- und Ist-Kurven deutlich die Abweichungen sowie die Stärken und Schwächen des Lieferanten in der abgelaufenen Periode. Das führt zu einer Korrektur der Beurteilung bei späteren Bedarfsfällen oder im Extremfall zur Aussortierung dieses Lieferanten.

Ergebnisse der Lieferantenbewertung

Die **Ergebnisse der Lieferantenbewertung** sollten dem/den Lieferanten mitgeteilt werden. Nur so kann er intern an seinen Stärken und Schwächen arbeiten. Außerdem erhält der Lieferant im Rahmen seines kundenorientierten Marketings die Möglichkeit, aus einem „Kunden" einen „zufriedenen Kunden" und mit etwas CRM-Glück einen „begeisterten Kunden" zu machen.

Beispiel für eine Handlungssituation

Handwerksmeister Siegfried Fröhlich hat vor der Jahresbesprechung mit seinem Steuerberater beschlossen, eine ABC-Analyse seiner Einkaufsteile und Komponenten des 1. Halbjahres durchzuführen. Da er eine relativ hohe eigene Wertschöpfung hat, umfasst sein Einkaufsprogramm nur 10 Positionen mit folgenden Mengen, Preisen/Einheiten und den angegebenen Einkaufswerten für diese Periode.

Positionen	Artikel-Nr.	Mengen (Einheiten)	Preis in €/ Einheit	Wert in €	%-Anteil am Gesamtwert
1	61	800	9,50	7.600,-	3,04 4
2	62	310	100,00	31.000,-	12,4 8
3	63	200	460,00	92.000,-	36,8 10
4	64	700	10,00	7.000,-	2,8 3
5	65	50	610,00	30.500,-	12,2 7
6	66	100	420,00	42.000,-	16,8 9
7	67	900	30,00	27.000,-	10,8 6
8	68	3.500	0,20	700,-	0,28 2
9	69	400	30,00	12.000,-	4,8 5
10	70	2.000	0,10	200,-	0,08 1
100 %				250.000,-	100 %

(Anhaltspunkte zur Erstellung finden Sie in Abschnitt 6.2.2)

Siegfried Fröhlich stellt Gartengeräte für Hobbygärtner her, die er zu einem Nettopreis von 75,- € an Gärtnereien und Baumärkte verkauft. Die erforderlichen variablen Kosten betragen 35,- € pro Gerät. Zusätzlich fallen erzeugnisbezogene Fixkosten in Höhe von 50.000,- € sowie unternehmensfixe Kosten von 100.000,- € in einer Periode an. Die Fertigungskapazität beträgt

8.000 Stück pro Periode. Diese ist mit einer Produktion von 6.000 Geräten, für die Festbestellungen vorliegen, nur teilweise ausgelastet.

Siegfried Fröhlich möchte im Hinblick auf das Gespräch mit dem Steuerberater den Deckungsbeitrag I und II sowie den Betriebsgewinn dieser Periode ermitteln.

Gleichzeitig überlegt er, ob er für eine Verkaufsförderungsaktion eines Baumarkts ein Zusatzauftrag eines Baumarkts über 500 zusätzliche Gartengeräte zu einem Verkaufspreis von 40,- € pro Stück annehmen soll.

Außerdem stellt er fest, dass sich im europäischen Auslandsmarkt XY der Absatz seiner Geräte durch starke Wettbewerbsaktivitäten verschlechtert. Als Reaktion denkt er über zwei bis drei Aktionswochen für die dortigen Händler nach. Hierfür müsste er die Preise senken. Welche kostendeckenden Niedrigpreise (Preisuntergrenzen) könnte Siegfried Fröhlich bei einem geplanten Absatz von 6.000 Geräten den Verhandlungen mit den Kunden zugrunde legen?

Situationsbezogene Fragen

1. Erstellen Sie eine tabellarische ABC-Analyse mit Grafik für Siegfried Fröhlich. Wie viele Einkaufspositionen in % von den 10 Positionen entsprechen den Werteklassen A, B und C? Welchen kumulierten Wertanteil (in % vom Gesamtwert) haben die einzelnen Klassen?

2. Welche Konsequenzen lassen sich für Siegfried Fröhlich aus dieser Mengen-/Wertekonstellation für seine Lagerhaltung ableiten?

3. Soll er seine bisherige Einkaufspolitik „Pro Artikel einen Lieferanten ergibt die besten Preise" beibehalten?

4. Wie hoch sind die Deckungsbeiträge I und II sowie der Betriebsgewinn beim Absatz von 6.000 Geräten in der Periode?

5. Soll Fröhlich den Zusatzauftrag annehmen? Würde sich das lohnen?

6. Welche Preisuntergrenzen können Sie Herrn Fröhlich nennen, mit denen er in die Verhandlungen gehen könnte? Sind diese Preise auch für längerfristige Verträge geeignet?

Lösungshinweise

1. Die ABC-Analyse bei Siegfried Fröhlich ergibt folgendes Bild (gerundete Werte):

Wertkategorie	Positionen		Wertigkeit	
	Anzahl effektiv	kumuliert in %	kumuliert in %	effektiver Wert in €
A	2	20 %	54 %	134.000,-
B	3	30 %	40 %	100.500,-
C	5	50 %	6 %	15.500,-
insgesamt	10	100 %	100 %	250.000,-

2. Konsequenz für die Lagerhaltung:

Bei den hochwertigen A-Teilen sollte wegen der Kapitalbindung und den daraus resultierenden hohen Lagerhaltungskosten möglichst keine Lagerhaltung erfolgen (soweit möglich, Just-in-time-Lieferungen oder Abruf nach Bedarf; d. h., der Lieferant sollte die Versorgung von S. Fröhlich über eigene Lagerhaltung sicherstellen).

Die C-Teile sollten mit möglichst wenig Zeit- und Arbeitsaufwand disponiert und bevorratet werden. Hier sind möglichst automatisierte Bestellverfahren wie Bestellpunkt- oder Bestellrhythmusverfahren anzuwenden.

Bei den B-Teilen ist im Einzelfall zu entscheiden, ob sie wie A- oder wie C-Teile zu handhaben sind, abhängig vom jeweiligen Einkaufswert und den Bedingungen auf dem Beschaffungsmarkt.

3. Die bisherige Einkaufspolitik war bei den einzelnen Artikeln weder preis- noch kostenoptimal. Siegfried Fröhlich hat keine bzw. geringe Skaleneffekte (Preissenkung durch größere Einkaufs- oder Bestellmengen) realisiert. Diese sind u. a. abhängig von der Kapazität (Größe) des Lieferanten in Bezug zur Nachfrage (Mengen und Wert) von Siegfried Fröhlich.

Ist Fröhlich aus Sicht des Lieferanten ein Klein- oder C-Kunde, musste er u. U. sogar (nicht ausgewiesene) Kleinmengenzuschläge, d. h. höhere Preise bezahlen. Bei einem kleineren Lieferanten könnte Fröhlich evtl. die Position eines B- oder sogar A-Kunden haben. Da die Lieferantenstruktur von S. Fröhlich nicht bekannt ist, kann nur ein genereller Hinweis gegeben werden: Bei höherwertigen A-Teilen sind in der Regel langfristige Verträge mit spezialisierten Herstellern vorteilhafter als kurzfristige und häufiger Lieferantenwechsel, um Preisvorteile zu realisieren. Bei C-Teilen ist ein standardisiertes, automatisiertes Einkaufen angeraten, um z. B. über Rahmenverträge bei Mehr-Produkt-Lieferanten mengenbezogene Preisvorteile zu erreichen.

Siegfried Fröhlich sollte seine Einkaufspolitik überdenken, überprüfen und rasch ändern.

4. Bei den vorliegenden Zahlen sind:

   Deckungsbeitrag I: 240.000,- €

   Deckungsbeitrag II: 190.000,- €

   Betriebsgewinn: 90.000,- €

5. Siegfried Fröhlich sollte den Auftrag annehmen, denn er verbessert den Betriebsgewinn auf 92.500,- €.

6. Um kostendeckende Preise zu erzielen, kann S. Fröhlich mit drei Preisuntergrenzen (PU) in die Verhandlungen um 6.000 Gartengeräte gehen:

   - mit Deckung der Gesamtkosten: PU = 60,00 €/Stück
   - ohne Deckung der Unternehmensfixkosten: PU = 43,33 €/Stück
   - ohne Deckung der gesamten Fixkosten: PU = 35,00 €/Stück.

   Keiner der genannten Preise ist für längerfristige Verträge geeignet, denn es sind alles Preise ohne Gewinnbeiträge.

7. Wettbewerbsfähigkeit und Marketing-prozesse analysieren und optimieren

Hinweis: Insbesondere zum Abschluss des Handlungsbereichs „Marketing nach strategischen Vorgaben gestalten" sollen die Teilnehmer in den Vorbereitungslehrgängen mit Arbeitsaufträgen zu komplexen betrieblichen Problemstellungen konfrontiert werden. Im Rahmen dieser Arbeitsaufträge soll die Kompetenz aufgebaut werden, betriebliche Herausforderungen ganzheitlich – und damit lernsituationübergreifend – zu lösen und Felder zur Optimierung bestehender Strukturen zu identifizieren und zu optimieren.

Bei intensivem Durcharbeiten der vorangegangenen Ausführungen sollten Sie nunmehr in der Lage sein, in folgender praxisnaher Handlungssituation

- Marketingmaßnahmen im Hinblick auf Optimierungsmöglichkeiten zu analysieren und Maßnahmen zur Optimierung vorzuschlagen sowie
- die Wettbewerbsfähigkeit des Unternehmens im Hinblick auf betriebliche Prozesse zu bewerten und Maßnahmen zur Optimierung vorzuschlagen.

Komplexe betriebliche Problemstellung zur Analyse und Optimierung von Marketingprozessen sowie der Wettbewerbsfähigkeit

Beispiel für eine Handlungssituation

Handwerksmeister Heinz Klug hat sich vor 10 Jahren selbstständig gemacht und führt zwischenzeitlich bei Kunden und Mitbewerbern ein gut angesehenes mittelständisches Unternehmen als GmbH mit zurzeit 20 Vollzeit- und 5 Teilzeitbeschäftigten. Den guten Ruf haben er und seine hoch qualifizierten Mitarbeiter und Mitarbeiterinnen sich erworben durch

- hohe und innovative Kompetenz bei kundenindividuellen Problemlösungen und erbrachten Leistungen,
- Freundlichkeit und Höflichkeit gegenüber Interessenten und Kunden,
- qualitative und zeitliche Zuverlässigkeit bei der Ausführung und
- guten Nachkaufservice.

Die Produkte und Dienstleistungen von Klug werden zum Ausbau, zum Erhalt und zur Qualitätsverbesserung von Wohn-, Fabrikations-, Verkaufs-, Büro- und Lagerräumen eingesetzt. Der derzeitige Umsatz beträgt 1,6 Mio. € und kommt zu 70 % von Geschäftskunden und zu 30 % von Privatkunden, wobei die Privatkunden meist von sich aus auf Fritz Klug zukommen.

Seine Kunden kommen im Moment noch hauptsächlich aus Baden-Württemberg. Die Geschäftskunden kommen aus den Bereichen Industrie, insbesondere Automobil- und Maschinenbau, Handel, Handwerk und öffentlicher Bereich, wie z. B. Krankenhäuser, Schulen und Stadtwerke. Die Struktur der Privatkunden muss Klug noch ermitteln; eine Aufteilung liegt nicht vor.

Im Vergleich über die letzten Jahre hat Heinz Klug feststellen müssen, dass bei den Geschäftskunden, speziell den A-Kunden, die Verhandlungen zum Kaufabschluss immer schwieriger wurden. Zunehmend progressives Verhalten von Wettbewerbern aus anderen Bundesländern hat zu sinkenden Erlösen geführt. Auch die Betreuung und Kontaktpflege zu Altkunden sowie die Neukundengewinnung wurden trotz des guten Rufs von Heinz Klug immer arbeits- und damit kostenintensiver. Die bei Geschäftskunden erzielten Deckungsbeiträge sind insgesamt rückläufig. Je größer der Kunde, desto geringer sind die erzielten Preise. Bei den Privatkunden konnten die gut kalkulierten Preise bislang noch realisiert werden.

Bei seinem Hauptmitbewerber K. V. musste Heinz Klug feststellen, dass dieser bei der Auftragsgewinnung bei Geschäftskunden nicht mehr so häufig und wenn, dann nicht mehr so preisaggressiv auftritt. Doch Investitionen in den Ausbau seines Fuhrparks in Form von Kleintransportern zeigt, dass K. V. am Markt erfolgreich unterwegs ist. Als Heinz Klug in seinem Briefkasten einen Werbeprospekt von K. V. als Postwurfsendung vorfindet, vermutet er, dass K. V. wohl seine Unternehmensstrategie geändert hat.

Heinz Klug bringt diese Maßnahme zum Nachdenken. Er stellt fest, dass die Abschlussgespräche bei seinen Privatkunden stets qualitäts- und leistungsbezogen waren. Harte Preisverhandlungen gab es bislang nie. Dies gilt auch bei der Neukundengewinnung, bei der Fragen nach zusätzlichen Dienstleistungen vor und nach dem Kauf in jüngster Zeit immer häufiger gestellt wurden, insbesondere von älteren Interessenten.

Firmenchef Klug kommt nach weiterem Nachdenken zum Ergebnis, dass er seine bisherige Marketingstrategie überprüfen und evtl. neu ausrichten sollte. Hierzu müssen Alternativen aufgezeigt und verschiedene Fragen beantwortet werden:

Situationsbezogene Fragen

1. Macht es für Heinz Klug Sinn, seinen Markt zu segmentieren und Kundengruppen zu bilden? Nach welchen Gesichtspunkten könnte man segmentieren, und welche Kundengruppen würden Sie Heinz Klug vorschlagen?

2. Welche Wachstumsstrategien sollte Heinz Klug in seinem bisherigen Geschäftsfeld verfolgen? Würden Sie Schwerpunkte bei einzelnen Kundengruppen setzen, und wenn ja, mit welcher Begründung?

3. Nach welchen Gesichtspunkten könnte Heinz Klug eine Strategie der Preisdifferenzierung entwickeln? Welchen Ansatz der Preisdifferenzierung würde Sie Heinz Klug vorschlagen? Welche Wirkung könnte dies für die Ertragslage des Unternehmens haben?

4. Welche Produktgestaltungsstrategie zur Leistungsdifferenzierung sollte Heinz Klug bei den Hauptkundengruppen „Geschäftskunden" und „Privatkunden" verfolgen, um die Deckungsbeiträge bei diesen Gruppen zu steigern?

5. Mit welchen Dienstleistungen beim verwendungsbezogenen Nachkaufservice könnte Heinz Klug die angestrebte Leistungsdifferenzierung bei Privatkunden umsetzen? Warum wäre dies sinnvoll?

Lösungshinweise zu den situationsbezogenen Fragen

zu Frage 1:

Marktsegmente sind Kundengruppen mit ähnlichem Kaufentscheidungskriterium (z. B. Preis- oder Qualitätsbewusstsein, Kaufmotive oder Entscheidungsstrukturen) und Kaufverhalten (mehr emotional oder mehr rational geprägt), die sich wesentlich von anderen Kundengruppen unterscheiden.

Als Segmentierungskriterien bei **Privatkunden** kommen infrage:

- geografische Verteilung (z. B. standortnahe oder ferne Kunden, Gebiete mit hoher/geringer Kundendichte)
- demografische Struktur (z. B. Eigentümer/Mieter von Wohnungen/Häusern; Besitzer von Wohn-, Ferien- oder Geschäftshäusern)
- soziopsychografische Struktur (z. B. preis- oder qualitätsbewusste Kunden, gebrauchs- oder prestigeorientierte Kunden).

Segmentierungsgesichtspunkte bei **Geschäftskunden** können z. B. sein:

* Branchenzugehörigkeit oder zusammengefasste Branchen mit ähnlichen Bedarfsanforderungen
* Auftragsgrößen (A-, B- oder C-Kunden)
* Nachfrageintensität (z. B. Einmal-, Wiederholungs-, Dauer-/Stammkunden)
* Komplexität der nachgefragten Leistungen (z. B. Gesamtleistungen „Alles aus einer Hand" oder überwiegend einzelne Haupt- oder Serviceleistungen)
* Kombinationen aus verschiedenen Segmentierungsgesichtspunkten (z. B. standortferne Kunden für bestimmte, strategisch bedeutsame Leistungen).

Heinz Klug könnte seine künftigen Marketingaktivitäten auf folgende Marktsegmente ausrichten:

Privatkunden

Der Umsatz ist stark ausbaufähig, zumal er überwiegend durch Selbstnachfrage der Kunden geprägt ist. Hier sind mit qualitätsbewussten Leistungen bessere Renditen zu erzielen als im gewerblichen Bereich. Daher dürfte diese Kundengruppe für Heinz Klug langfristig-strategisch wichtiger sein als das Geschäft mit öffentlichen und gewerblichen Kunden.

Geschäftskunden

70 % des Jahresumsatzes kommen aus diesem derzeitig dominierende Marktsegment von Heinz Klug. Durch preisaggressiven Wettbewerb sind die erzielbaren Preise, Deckungsbeiträge und auftragsbezogenen Gewinne insgesamt rückläufig. Heinz Klug sollte zur besseren Transparenz dieses Marktsegment weiter gliedern, um feststellen zu können, bei welchen Kundengruppen mit welchen Leistungen in Zukunft noch tragbare Preise erzielt werden könnten. Eine mögliche Gliederung in die Kundengruppen (1) Automobil- und Maschinenbau, (2) Industrie, Handel und Handwerk sowie (3) öffentliche Auftraggeber (Krankenhäuser, Schulen, städt. Betriebe u. a.) wäre denkbar. Auf diese könnte Klug dann sein Marketing gezielt ausrichten.

zu Frage 2:

Da Heinz Klug kein neues Geschäftsfeld aufbauen will, kommen für die Entwicklung seines Unternehmens bei beiden Kundengruppen (Privat- und Geschäftskunden) nur zwei Wachstumsstrategien infrage:

(1) Strategie der Marktdurchdringung
Umsatz- und Gewinnsteigerung durch zielgruppengerechte Marketingaktivitäten zur Absatzsteigerung bei den bisherigen Leistungen (Wachstum durch Steigerung der Absatzmengen).

(2) Strategie der Produktentwicklung
Umsatz-, Absatz- und Gewinnsteigerung bei den bisherigen Kundengruppen durch Angebot von neuen (zusätzlichen) Haupt- und Nebenleistungen oder Leistungspaketen (Wachstum durch Innovationen und Leistungsvarianten).

Beide Strategien sind geeignet, um in den Marktsegmenten Privatkunden und Geschäftskunden bisherige Kunden, Interessenten und Kunden von Mitbewerbern zu aktivieren und als neue Kunden zu gewinnen.

Für Heinz Klug könnte beim Segment **Geschäftskunden** vor allem eine **Strategie der Produktentwicklung** hilfreich sein, wenn den Kunden durch innovative Einzelleistungen und/oder innovative Leistungsbündel (kombinierte Sach- und Dienstleistungspakete, ganzjährig oder saisonal begrenzt) wesentliche Nutzenvorteile angeboten werden könnten. Durch eine solche Strategie würden neue Impulse für die Kunden- und Auftragsgewinnung gesetzt und es könnte dem Preisdruck ausgewichen werden. Hier ist eine Strategie der Marktdurchdringung nicht angeraten, da weitere Aufträge in der gegebenen Marktsituation (meist) nur über Preiszugeständnisse erreicht werden können.

Für das Marktsegment **Privatkunden** dürfte für Heinz Klug primär eine **Strategie der Marktdurchdringung** erfolgversprechend sein, um zu mehr Aufträgen bei alten Kunden und zusätzlichen Aufträgen bei neuen Kunden zu kommen. Es ist aber auch zu prüfen, ob die Ergebnisse der **Strategie der Produktentwicklung** nicht auch für Privatkunden interessant sein könnten. Meist sind Innovationen für Privatkunden hoch attraktiv (Prestigedenken) und für das Unternehmen langfristig (sehr) ertragssteigernd.

zu Frage 3:

Strategien der Preisdifferenzierung lassen sich gestalten als:

- räumliche Preisdifferenzierung (z. B. Stadt/Land, Inland/Ausland)
- zeitliche Preisdifferenzierung (z. B. jahreszeitabhängig, Urlaubs-/Nichturlaubs-zeit, Tag/Nacht)
- verwendungsbezogene Preisdifferenzierung (z. B. Industrie- und Haushaltsstrom)
- zielgruppenbezogene Preisdifferenzierungen (z. B. Geschäftskunden oder Privat-kunden; Schüler, Studenten, Rentner)
- mengenmäßige Preisdifferenzierung (z. B. Groß- und Kleinpackungen).

Werden diese Kriterien **kombiniert** angewendet, erschwert dies die Markt- und Preisübersicht für Kunden und Konkurrenten erheblich, was unterschiedliche Preise ermöglicht.

Für Heinz Klug wäre zunächst eine **zielgruppenbezogene Preisdifferenzierung** zu empfehlen, um bei Privatkunden deren Kaufkraft besser für seinen Betrieb zu nut-zen. Außerdem sollte Herr Klug prüfen, ob über eine **zusätzliche zeitliche Preis-differenzierung** (zeitlich begrenzte Aktionspreise, saisonbezogene Preise o. Ä.) bei den Privatkunden weitere Kaufanreize ausgelöst werden können.

Diese Maßnahmen würden zu einer gleichmäßigeren Auslastung des Betriebs bei-tragen, die unterschiedliche Kaufkraft und Zahlungswilligkeit der einzelnen Kunden besser ausschöpfen und helfen, den Gesamtgewinn zu steigern: „Marktsegmente sind gewinnwirksame Preissegmente."

zu Frage 4:

Heinz Klug kann in den Marktsegmenten sehr verschiedene Erwartungen und Ein-stellungen bezüglich Leistungen und Kaufverhalten feststellen. Bei den **Geschäfts-kunden** dominiert preisorientiertes Verhalten und zögerliche Abschlussbereit-schaft, was bei Klug zu hohen Akquisitionskosten führt. Soll es gelingen, auf dem Verhandlungsweg nicht insgesamt bessere Preise zu erzielen, muss Klug in diesem Marktsegment seine Angebots- und Leistungsstrategie ändern. Dies kann in einem ersten Schritt eine Anpassung der Leistungen an die erzielbaren Preise sein, eine **Standardisierungs- und Vereinfachungsstrategie** zum „Abspecken" des Ange-bots auf sogenannte „lean products" ohne Zusatznutzen für die Kunden.

Sofern diese Maßnahmen zu keiner Stabilisierung der erforderlichen Deckungsbei-träge führen, muss Heinz Klug über einen **geplanten Rückzug** aus diesem Markt-segment und die **Gewinnung neuer Kundengruppen oder neuer Märkte** nach-denken und gegebenenfalls durchführen.

Bei den **Privatkunden** ist eine wesentlich vorteilhaftere Situation gegeben. Der gute Ruf der Firma führt hier zu einem qualitätsorientierten Kaufverhalten, auch verstärkt durch eine wachsende Nachfrage nach neuen und zusätzlichen Dienstleistungen als Ergänzung der bisherigen Haupt- und Zusatzleistungen. Daher sollte sich Heinz Klug künftig verstärkt um diese Zielgruppe bemühen. Hier ist eine **Strategie der Leistungsanreicherung** zum Angebot von individualisierten Leistungen/Leistungspaketen aus Sach- und Dienstleistungen als sogenannte „premium products" angeraten, denn „Premiumprodukte rechtfertigen Premiumpreise" – auch in den Augen der Kunden.

zu Frage 5:

Bei **Privatkunden** könnte Heinz Klug mit **individualisierten Nachkauf-Dienstleistungen** wettbewerbswirksame Vorteile erzielen. Beispielhaft seien genannt: nach Kundenwunsch differenziert gestaltete Kundendienstverträge (von einfacher Inspektion und Wartung bis hin zum komplexen Full-Service), Entsorgung, 24-Stunden-Telefonservice, Schulung in Pflege und Unterhalt; technische Beratung über technische Neuerungen mit hohem Kundennutzen; Betreuung – auch längere Zeit nach dem Kauf, um mögliche Zusatzverkäufe auszulösen.

Solche differenzierten Leistungen sind wichtige Beeinflussungs- und Gestaltungsfaktoren, um bei dieser Zielgruppe **Kundenzufriedenheit und Kundenbindung** zu schaffen, zu festigen und zu vertiefen.

Der Autor

Dr. Heinz Stark, promoviert mit der Arbeit „Beschaffungs-Marketing", arbeitete von 1966 bis 1993 im Bereich Investitionsgüter-Marketing an der Universität Stuttgart und war seit Gründung der Akademie des Handwerks Baden-Württemberg bis 1994 dort als Dozent für Handwerks-Marketing aktiv.

Seit 1993 ist er als selbstständiger Unternehmensberater tätig, wobei er in der Zeit von 1994 bis 2000 eine größere mittelständische Holding in Baden-Württemberg als alleiniger Geschäftsführer leitete. Die Kompetenzen in den Gebieten Consulting, Coaching und Training erstrecken sich auf die Bereiche ganzheitliche Unternehmensberatung sowie auf Absatz- und Beschaffungsmarketing in mittelständischen und handwerklichen Unternehmen.

Heinz Stark ist Veranstalter und Dozent für Fachseminare und Verfasser zahlreicher betriebswirtschaftlicher Aufsätze, Buchbeiträge und Bücher.

Stichwortverzeichnis